The Series of Studies on Innovative Ecological Civilization System in Guangdong-Hong Kong-Macao Greater Bay Area

粤港澳大湾区生态文明体制创新研究丛书

主　编　唐孝炎

粤港澳大湾区海岸带区域生态环境评估与管理示范

大鹏半岛案例

Demonstration of Evaluation and Management for Coastal Ecology and Environment in the GBA

The Case of Dapeng Peninsula

《粤港澳大湾区海岸带区域生态环境评估与管理示范：大鹏半岛案例》编写组 著

科 学 出 版 社

北　京

内 容 简 介

海岸带是陆域和海域生态系统的交界面，是集陆域和海域生态要素为一体的空间地带，生态环境敏感脆弱，与社会经济发展和人居生活关联性强，是践行“生态优先、绿色发展”理念的重要空间载体。本书针对长期以来海岸带区域在生态环境全要素质量评估、统筹监管方面存在碎片化突出、系统性不强、“陆强海弱”等问题，以粤港澳大湾区典型的大鹏半岛海岸带为空间主体，从“生态—社会—经济”复合视角出发，开展全要素调查评估与对策研究，打破了传统生态环境管理的单要素空间界限，为“美丽海湾”建设及海岸带高品质管理提供量化支撑与方案示范。

本书可供从事生态文明建设、海岸带生态、生态产业发展、自然资源管理和大湾区总体规划方面工作的相关科研人员参考使用，可为政府管理与决策部门提供借鉴，亦可作为高等院校相关专业师生的学习参考资料。

审图号：粤 BS（2022）064 号

图书在版编目(CIP)数据

粤港澳大湾区海岸带区域生态环境评估与管理示范：大鹏半岛案例 /《粤港澳大湾区海岸带区域生态环境评估与管理示范：大鹏半岛案例》编写组著．—北京：科学出版社，2022. 11

(粤港澳大湾区生态文明体制创新研究丛书 / 唐孝炎主编)

ISBN 978-7-03-073952-0

Ⅰ.①粤… Ⅱ.①粤… Ⅲ.①海岸带-区域生态环境-研究-广东、香港、澳门 Ⅳ.①X321. 265

中国版本图书馆 CIP 数据核字（2022）第 222884 号

责任编辑：林 剑 / 责任校对：杜子昂

责任印制：吴兆东 / 封面设计：无极书装

科学出版社 出版

北京东黄城根北街 16 号

邮政编码：100717

http://www.sciencep.com

北京中科印刷有限公司 印刷

科学出版社发行 各地新华书店经销

*

2022 年 11 月第 一 版 开本：787×1092 1/16

2023 年 11 月第二次印刷 印张：16 3/4

字数：380 000

定价：198. 00 元

（如有印装质量问题，我社负责调换）

“粤港澳大湾区生态文明体制创新研究丛书”编委会

《粤港澳大湾区海岸带区域生态环境评估与管理示范：大鹏半岛案例》编写组

主　笔　翟生强

副主笔　张郁彬　林　琳

成　员　葛　萍　罗珈柠　白　晶　陈国建
丁　戎　郑维爽　杨晓闽　祁小丽
宋　越　李佳珍　于盛洋

总　序

湾区是指由一个海湾或者相连的若干个海湾及邻近岛屿共同组成的海岸带特定地域单元。由于湾区通常具有较好的海陆枢纽区位，便于全球资源产品的贸易往来和海陆资源的综合开发利用，形成了要素聚集、辐射带动、宜居宜业的滨海经济形态——湾区经济。随着全球经济一体化的发展，以纽约湾区、旧金山湾区和东京湾区为代表的湾区经济，以其开放创新的经济结构、高效的资源配置能力、强大的集聚外溢功能，成为全球经济的核心区域，湾区的社会经济发展模式为全球区域经济发展起到积极的示范作用。

粤港澳大湾区由香港、澳门两个特别行政区和广东省广州、深圳、珠海、佛山、惠州、东莞、中山、江门、肇庆等九市组成，总面积达5.6万平方千米，2018年年末总人口达7000万人。经过改革开放四十多年的发展，这一区域已在国家发展大局中占有重要战略地位，成为中国开放程度最高、经济活力最强的区域之一，但发展带来的生态环境形势较为严峻。2019年年初，国家印发了《粤港澳大湾区发展规划纲要》，明确了粤港澳大湾区在国家经济发展和对外开放中的支撑引领作用，确立了建设与纽约湾区、旧金山湾区和东京湾区比肩的世界级湾区的目标。

未来，粤港澳大湾区的进一步发展将面临更为复杂而艰巨的资源和生态环境挑战。区域发展空间面临瓶颈制约，资源能源约束趋紧，生态环境脆弱将成为粤港澳大湾区可持续发展的主要矛盾。因此，生态文明建设之于粤港澳大湾区未来发展而言至关重要。在粤港澳大湾区经济建设、政治建设、文化建设、社会建设的各方面和全过程中，都必须切实与生态文明建设相融合，牢固树立绿色发展理念。必须坚持严格的节约资源和保护环境的基本国策，坚持严格的生态环境保护制度，坚持严格的生态红线管理、耕地保护和节约用地制度；推动形成绿色低碳的生产生活方式和城市建设运营模式，推进自然资源资产量化评估与生态产业化体系构建，全面恢复生态系统服务，为居民提供良好生态环境，全面实现粤港澳大湾区社会经济的可持续发展。

“粤港澳大湾区生态文明体制创新研究丛书”是围绕粤港澳大湾区生态文明体制建设系列研究成果的集成。本丛书试图从不同角度剖析粤港澳大湾区在可持续发展过程中创新构建的制度机制、理念方法和实际解决的关键问题，并从理论高度予以总结提升。本丛书的价值和意义在于，通过总结粤港澳大湾区生态文明建设的创新体制，提供有效防范因社会经济发展和资源环境的矛盾而引发的区域生态环境风险的制度体系，研究粤港澳大湾区生态文明建设实例，探寻区域协调和海陆统筹策略，提出系统解决相邻陆域和海域资源环境问题、实现湾区经济社会全面协调发展的新模式，为我国社会主义建设提供先行示范。

本丛书致力于客观总结在粤港澳大湾区生态文明建设中所取得成绩与经验，力图为实现绿色发展，构建人与自然和谐共生的美丽中国提供理论依据与实践案例。本丛书可为区域生态、环境管理、城市规划领域学者和政府管理者提供湾区生态文明建设的有益帮助。同时，我们寄希望于粤港澳大湾区生态文明建设的探索与实践，能为世界湾区发展贡献具有中国特色的可持续发展经验。

唐孝炎

2019年9月19日于北京大学

前言

海岸带是陆域和海域生态系统的交界面，是集陆域和海域生态要素为一体的空间地带，生态环境非常敏感和脆弱，与社会经济发展和人居生活关联性强，是推行“生态优先、绿色发展”的高质量发展理念的重要空间载体。海岸带生态环境管理创新，亟须从单要素研究向多要素协同研究，从单一空间监管向精细化空间分型及融合监管转变。

长期以来，海岸带区域生态环境监管对象主要集中于水质、植被及海洋渔获物等方面，对海洋垃圾、沙滩、湿地、珊瑚等要素的关联性研究不足，导致保护和修复策略缺乏宏观统筹，海岸带生态环境监管条块分割、部门归口要素单一。本书率先以海岸带区域作为空间主体，打破传统生态系统管理的单要素界限，针对典型生态空间、重点环境指标、社会经济发展指标、环境风险因子等 4 大类、海域和陆域 17 项生态环境要素、超过 200 个监测点位开展全年不同月度调查监测，并进行综合分析评估，推进实现不同海岸带生态环境要素间互动关系从无到有、从有到优地建立，从而为构建海岸带特色的现代环境治理体系提供科学支撑。

开展海岸带生态保护与修复，需要多方联动、综合施策，包括加强海岸线保护与管控，强化岸线资源保护和自然属性维护，建立健全海岸线动态监测机制；强化近岸海域生态系统保护与修复，开展水生生物增殖放流；推进“蓝色海湾”整治行动，保护沿海红树林，建设沿海生态带；加强湿地保护与修复，开展滨海湿地跨境联合保护等。

本书综合采用定性研究与定量研究相结合的方法，以增强生态环境监管能力建设为纲，开展单要素时空序列、不同要素间的量化关系研究，构建量化分类及定性评级分析体系，明确了不同要素间的影响条件及作用机制，进而提出分类分级的海岸带生态环境要素综合管理措施，拓展了海岸带生态环境监管触角，增强了区域生态环境监管覆盖度，完善了滨海生态环境监管联动模式。

本书主要内容依托北京大学深圳研究院开展的大鹏半岛海岸带年度生态环境调查评估工作成果，相关研究内容及对策方案可为滨海城市开展精细化生态治理提供参考，包括加强海岸线保护与管控，强化岸线资源保护和自然属性维护，建立健全海岸线动态监测机制；强化近岸海域生态系统保护与修复，保护沿海红树林、建设沿海生态带等。

目　录

第1章

导　言

1.1　概念内涵

海岸带在地理上是一个空间范围，泛指陆地向海洋过渡的带状区域。由于海岸带不同区域地形地貌类型不同，海陆交互作用的影响范围就不同，故此海岸带的空间范围与地理特征在不同海岸带区域各不相同。

目前，国际上采用的海岸带划界标准一般包括自然标志、行政边界、环境单元、限定距离等，但是没有任何单一的标准是普遍使用的，需要根据具体情况来权衡。较为公认的划分方式有联合国《千年生态系统评估项目》、国际地圈和生物圈计划（IGBP）、美国《海岸带管理法》等，其界定方式如表1-1所示。

表1-1　国际海岸带范围界定方法

海岸带界定主体	界定标准
联合国《千年生态系统评估项目》	海洋与陆地的交界面，向海延伸到大陆架的中间，在大陆方向包括所有受海洋影响的区域，具体边界为位于平均海深50m与潮流线以上50m之间的区域，或者自海岸向大陆延伸100km范围内的低地，包括珊瑚礁、高潮线与低潮线之间的区域、河口、滨海水产作业区，以及水草群落
国际地圈和生物圈计划（IGBP）	由海岸、潮间带和水下岸坡三部分组成，其上限向陆是200m等高线，向海是大陆架的边坡，差不多是-200m等深线
美国《海岸带管理法》	沿海州的海岸线和彼此相互影响的临海水域和临近的滨海陆地

由于各行政区域的地形地貌不同，一些国家对不同辖区的海岸带空间做了各不相同的差异化范围界定。例如，美国佛罗里达州由于地势低洼，地下水位普遍较高，河流密布，距海超过10km的内陆很少，陆地与沿海之间都存在相互影响，所以全州均列入海岸带范围；新泽西州的规定根据地区而变化，以平均高潮线向内陆延伸16～30m，最多至32km不等。澳大利亚新南威尔士州和塔斯马尼亚州等区域界定的海岸带空间范围为距离最大高潮线1km范围的陆地区域。

我国对海岸带的界定也经历了从限定距离到因地制宜特殊界定的过程。例如，20世纪80年代初全国海岸带综合调查范围为向陆地延伸约10km，向海延伸到10～15m等深线；21世纪初实施的“我国近海海洋综合调查与评估”规定的海岸带专题调查范围为向陆延伸5km，向海延伸至20m等深线。《海洋学术语　海洋地质学》（GB/T 18190—2017）

将海岸带（coastal zone）定义为海洋与陆地相互作用的过渡地带，即范围上限起自现代海水能够作用到陆地的最远界，下限为波浪作用影响海底的最深界，或现代沿岸沉积可以到达的海底最远界限。

随着海洋开发程度的加深，尤其是大规模围填海造地工程的实施，海岸带已不能用具体的空间距离来界定，表1-2为近年部分地区出台的最新海岸带相关政策规定。

表1-2　部分地区最新海岸带相关政策规定

海岸带相关政策	界定标准
《海南经济特区海岸带土地利用总体规划（2013—2020年）》	海岸带向陆地一侧界限原则上以海岸线向陆延伸5km为界，结合地形地貌，综合考虑海岸线自然保护区、生态敏感区、城镇建设区、港口工业区、旅游景区等规划区的具体规定；向洋一侧原则上以海岸线向海洋延伸3km为界，同时兼顾海岸带海域特有的自然环境条件和生态保护需求，在个别区域进行特殊处理
《青岛市海岸带保护与利用管理条例》	海岸带是海洋与陆地的交汇地带。海域范围为自海岸线向海洋一侧至第一条主要航道（航线）内边界，有居民海岛超出上述范围的，应当划入。陆域范围为自海岸线向陆地一侧至临海第一条公路或者主要城市道路
《威海市海岸带保护条例》	向海洋一侧延伸的近岸海域的范围为自海岸线向海一侧延伸至1000m等距线。向陆地一侧延伸的滨海陆地的范围根据保护区域的实际情况划定

1.2　分区特征

海岸带在空间上一般包括潮上带（近岸陆地）、潮间带、潮下带（近岸海域）三个区域。

1.2.1　潮上带

潮上带又叫海岸带陆地区域，一般的风浪和潮汐都达不到，只在极端情况下才有可能受到风暴潮等海洋作用的影响。潮上带在不同底质海岸地貌形态各不相同：①在基岩海岸，山地丘陵受海水侵入淹没，常形成海蚀崖、海蚀阶地、海蚀平台等。②在砂质海岸，在长期海洋堆积作用下，易形成面积较大、地势平坦的滨海平原，又叫海积平原。海积平原向海前缘多分布有滨海沙丘。③在淤泥质海岸，多为河流携带泥沙淤积形成的洪积平原。又叫三角洲平原。三角洲平原地势相对平坦，海岸线平直，河床发育，由分叉河床沉积、天然堤沉积、决口扇沉积以及低地、潟湖的沼泽沉积等类型组成。

1.2.2　潮间带

潮间带是海陆相互作用最为集中的区域。在基岩海岸的潮间带，由于长期受海浪冲刷侵蚀破坏，一些结构破碎或岩性较软的区域被海浪掏挖成凹进岩体，形成海蚀槽或海蚀洞。砂质海岸潮间带底质为结构松散、流动性大的沙砾，当向岸流速大于离岸流速时，海滩沙砾物质向岸输移量大于向海输移量，海滩处于堆积状态，发育成沙滩、沙堤、沙嘴、水下沙坝、潟湖等海滩地貌形态；当离岸流速大于向岸流速时，海滩沙砾物质向海输移，海滩处于侵蚀状态。淤泥质海岸潮间带为范围广阔的淤泥质滩涂湿地，自陆向海地势由高渐低，地貌形态、冲淤性质和生态环境特征具有明显的分带性，依次分为高潮滩带、上淤积带、冲刷带和下淤积带四个地带。冲刷带和下淤积带多为裸露泥滩；上淤积带可能会有稀疏的湿地植物发育；高潮滩带会有芦苇、碱蓬、红树林等相对密集的植被发育。淤泥质海岸潮间带地势平坦，沉积泥沙细，结构松散，营养丰富，是底栖水产品的主要生产区。

1.2.3 潮下带

潮下带处于波浪侵蚀基面以上，海水长期淹没的水下岸坡浅水区域。这一区域阳光充足，氧气充分，波浪活动频繁，沉积物以细砂为主。根据海底地形的局部变异，潮下带可分为局限潮下带和开阔潮下带。局限潮下带海底微微下凹，波浪振幅较小，水流较弱，沉积物较细；开阔潮下带与外海直接连接，海底地形微微凸起，波浪和潮汐对海底沉积物搅动作用大，沉积物较粗，分选及磨圆度均较高。从潮坪及陆架地区带来的丰富养料聚集于潮下带，使潮下带成为海洋生物的聚集带，珊瑚、棘皮动物、海绵类、层孔虫、腕足类及软体动物等大量发育。基岩海岸潮下带地形复杂，凹凸不同，沟槽、暗礁、礁石和岛屿发育丰富。砂质海岸潮下带地形相对平坦，局部海岸存在水下沙坝—槽谷系统。淤泥质海岸潮下带多为水下三角洲平原，沉积物细腻，富含有机质。

第2章

大鹏半岛环境与社会概况

大鹏半岛位于深圳市东南部，三面环海，东临大亚湾，与惠州接壤；西抱大鹏湾，遥望香港新界。辖区面积600km^2，其中陆域面积295km^2，约占深圳市陆域面积的1/6；海域面积305km^2，约占深圳市陆域面积的1/4；海岸线长128. 12km，约占深圳市海岸线总长的1/2（不包含深汕合作区）（图2-1）。

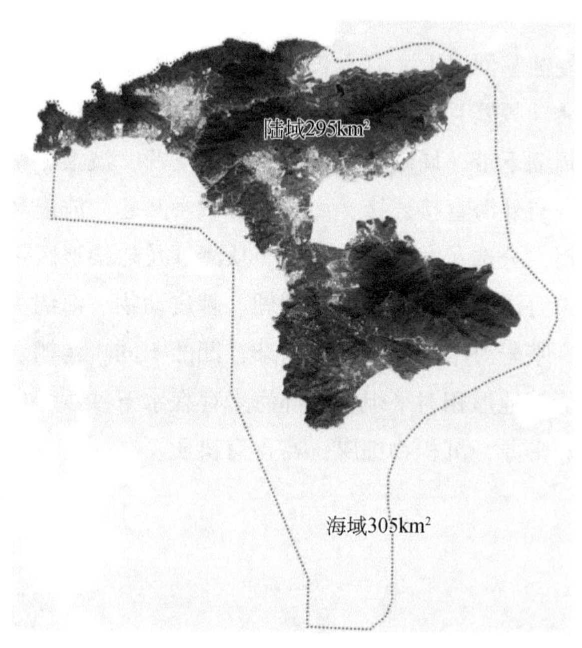

图2-1　大鹏半岛辖区图

2018年，深圳市出台《深圳市海岸带综合保护与利用规划（2018—2035）》，结合沙滩、珊瑚等自然环境因素及海岸带用地用海等的社会经济因素，同时考虑海水入侵、人为景观视角影响范围等，深圳市规划和自然资源局划定出深圳海岸带区域总面积约859km^2，其中陆域面积约299km^2、海域面积约560km^2。其中，1～7号单元位于大鹏半岛，8号单元为大鹏半岛和盐田区共有（图2-2）。

依据规划的划分方式，大鹏岸带单元向海一侧除了南部以外，基本为大鹏半岛辖区范围内海域；大亚湾向陆一侧延伸范围较大，包括排牙山系和七娘山系大部分区域；大鹏湾向陆一侧延伸范围较小，主要是包括岸带重要设施和人类活动区域。

本研究以《深圳市海岸带综合保护与利用规划（2018—2035）》中大鹏半岛7个独有

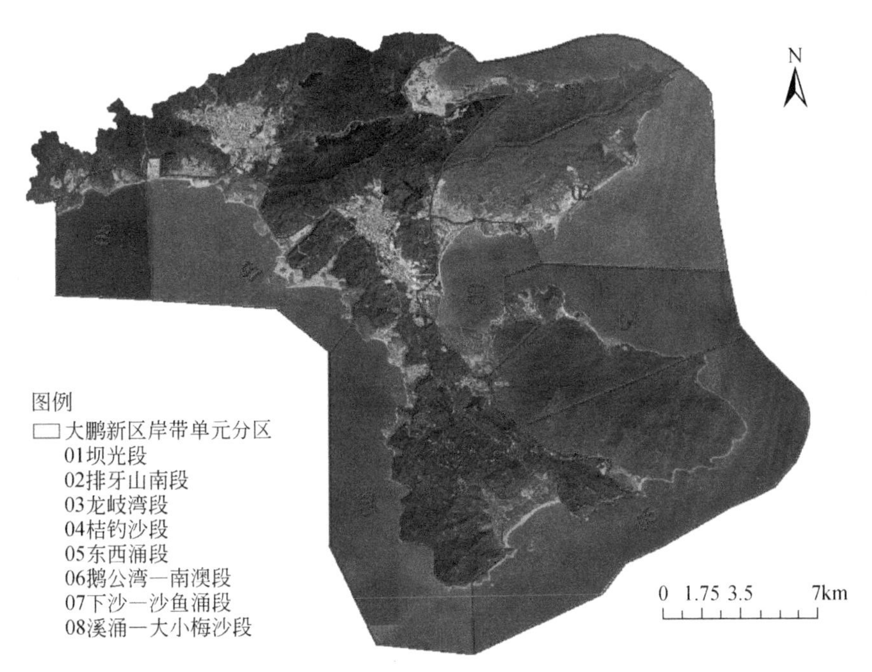

图 2-2 大鹏半岛海岸带单元分布

海岸带湾区单元及 1 个共有海岸带湾区单元作为空间依托，分区域开展生态环境调研及评估工作；但评估区域不限于海岸带区域，对于河流等联通陆海的要素，综合考虑整个辖区的范围（表 2-1）。

表 2-1 大鹏海岸段分区单元及功能定位

序号	分区单元	功能定位	具体要求
1	坝光段	国际生物谷	该岸段应加强对良好山海资源环境的保护，严控围填海工程，严格保护及修复自然岸线，盐灶村东侧应尽量以生态保护为主，减少建设活动，控制人流量，可结合银叶树林湿地公园及山海动植物资源，适度开展生物科普教育活动
2	排牙山南段	核电能源基地	该岸段应加强核电风险影响研究及海洋环境影响监测，优化能源设施取排水口设置，保护海洋生态环境。由于该岸段海域位于大亚湾水产资源保护区缓冲区内，应严控新的围填海工程建设，提升海岸带环境品质
3	龙岐湾段	历史人文展示、海上休闲	该岸段应大力推进大鹏所城旅游区升级改造，充分利用大鹏所城及周边历史文化资源，通过对山海城整体空间的优化设计，对片区开发总量进行合理限制，创造文化体验、度假休闲一体的综合性海岸特色空间。重点结合优良的海湾自然条件，适度缩减渔业用海功能海域，鼓励发展海上休闲活动。同时开展重点岸线和河口的整治修复，保护岸段良好的海洋环境和特有动植物资源
4	桔钓沙段	海洋综合保障、海上运动、科普教育基地	该岸段应重点开展自然岸线整治修复，落实海岸建设管控要求，清退部分被侵占的砂质岸线，加强沿海岸线珊瑚保育工作。研究开展海洋科普教育，策划动植物资源研习路径，构建自然学习系统，丰富科普教育活动类型与内涵。依托现有资源，发展游艇、帆船等海上运动，增加滨海旅游魅力

续表

序号	分区单元	功能定位	具体要求
5	东西涌段	滨海旅游度假、高端国际会展、生态科普教育	该岸段重点利用东西涌优良的沙滩资源，开展适宜的沙滩活动和海上运动，整合提升岸段滨海旅游配套设施，适当开发赖氏洲海岛旅游功能，形成深圳滨海旅游度假新“名片”。综合大鹏半岛国家地质公园景观遗迹及东西涌穿越路线，设置科考路径及安全防护措施，结合周边海域珊瑚礁资源、珍稀动植物资源开展生态科普教育。同时重点开展岸段周边海域珊瑚礁和人工鱼礁养护修复及自然岸线整治修复，维护岸段良好自然生态环境
6	鹅公湾—南澳段	滨海人文小镇、海洋科普教育	该岸段重点是对珊瑚礁进行保育修复，严禁对基岩岸线进行人为破坏，保持原有自然岸线的形态。结合南澳渔港提升改造，再造深圳渔文化平台，创造南澳滨海人文小镇新活力。岸段南部海域将建立国家级海洋公园进行重点保护，应注重对海洋公园陆海进行整体设计，优化配置海洋公园的陆域配套设施，在生态保护的同时，将海洋公园发展成为海洋科普教育、宣传的高地
7	下沙—沙鱼涌段	多元滨海人文旅游度假区	该岸段应控制工业岸线的规模，限制新增危险品设施用地。通过湖湾沙滩公园规划建设，提升片区滨海旅游度假吸引力，研究探索海域市场化出让机制；尝试推进新型用海，丰富海洋空间资源利用。同时结合东江纵队爱国主义教育基地、沙鱼涌村改造及渔港激活，开展岸段周边海域珊瑚礁及人工渔礁养护、沙滩修复，塑造多元滨海人文旅游度假区
8	溪涌—大小梅沙段	滨海旅游、海上运动、旅游口岸	该岸段应严格执行总量控制、退线管控。充分利用小梅沙特有的海域资源，探索新型用海，开展陆海一体综合规划。同时严格保护自然岸线，开展沙滩保护修复工程。公共开放溪涌沙滩，整治修复洲仔岛，适度开展海岛旅游，实施岛岸滨海旅游互动，开展海上运动，增加滨海旅游魅力。布局旅游专用口岸，开通连接香港和深圳东部的水上航线，带动深港澳水上旅游交通发展，承接港澳邮轮、游艇产业外溢效应，促进旅游产业向高端业态转型

2.1 自然环境概况

大鹏半岛气候属于南亚热带海洋性季风气候，四季温和，雨量充足，日照时间长，常年主导风向为东南风，地形东南高，西北低，包括了复杂的山脊网络系统及小型的集水盆地，地势属低山丘滨海区，森林覆盖率达76%，有野生植物1656种，约占深圳市野生植物总量的70%；有陆生脊椎动物218种，约占深圳市陆生脊椎动物总量的44.8%。2019年全年平均气温23.5℃，比2018年气温平均值（22.9℃）高0.6℃。2019年大鹏半岛总降水量2092mm，比2018年（2280.3mm）减少约8.3%。深圳市东部地处新华夏莲花山构造带的西南端，属于紫金—惠阳凹褶断束的组成部分，是加里东褶皱基底上发育而成的晚古生代凹陷，其后又被中、新生代构造叠加、改造，并发生多期断裂和岩浆活动，特别是1.45亿年至1.35亿年前晚侏罗世到早白垩世的多次火山喷发，造成区内地质构造比较复杂。

2.1.1 气候状况

深圳市属南亚热带季风气候，夏长冬短，气候温和，日照充足，雨量充沛。年平均气温23.0℃，历史极端最高气温达38.7℃，历史极端最低气温为0.2℃；一年中1月平均气温最低，平均为15.4℃，7月平均气温最高，平均为28.9℃；年日照时数平均为1837.6h；年降水量平均为1935.8mm，全年86%的降水量出现在汛期（4～9月）。春季天气多变，常出现“乍暖乍冷”的天气，盛行偏东风；夏季长达6个多月（平均夏季长196天），盛行偏南风，高温多雨；秋冬季节盛行东北季风，天气干燥少雨。

深圳市气候资源丰富，太阳能资源、热量资源、降水资源均居广东省前列，但又是灾害性天气多发区，春季常有低温阴雨、强对流、春旱等，少数年份还可出现寒潮；夏季受锋面低槽、热带气旋、季风云团等天气系统影响，暴雨、雷暴、台风多发；秋季多秋高气爽的晴好天气，是旅游度假的最好季节，但由于雨水少，蒸散发大，常有秋旱发生，一些年份还会出现台风；冬季雨水稀少，大多数年份都会出现秋冬连旱，寒潮、低温霜冻是这个季节的主要灾害性天气。

由于深圳市所处纬度较低，属南亚热带季风气候，以气候寒暖为具体指标的气候学季节划分法能够较好地反映深圳的气候状况。按气候学划分标准：以5天滑动平均气温稳定>10℃为冬季结束、春季开始，稳定>22℃为春季结束、夏季开始，稳定≤22℃为夏季结束、秋季开始，稳定≤10℃为秋季结束、冬季开始。根据深圳市气象局官方资料，可得出深圳市各季的大致情况（表2-2）。

表2-2 深圳市各季的入季时间及各季平均天数、气温、降水量统计表

类别	春季	夏季	秋季	冬季
平均入季时间	2月6日	4月21日	11月3日	1月13日
平均季长（d）	76	196	69	24
平均气温（℃）	18.2	27.6	18.2	14.8
平均降水量（mm）	275.4	1562.5	66.0	27.7

资料来源：深圳市气象局

深圳市各区气温呈现“西高东低”分布，高温、寒冷日数呈现“东西部沿海少，北部内陆多”的特征，主要原因是深圳东部多山，森林覆盖率高及东部和西部沿海海洋调节作用明显。各区年降水量和暴雨日数总体呈现“东多西少”分布，主要是受地形等因素影响。2020年大鹏半岛平均降水量为1798.0mm，排深圳市第三。各区平均风速和大风日数大体上“东部沿海和罗湖区大，北部内陆小”，但平均风速西部沿海也比较大，主要受地形影响。大鹏半岛年平均风速为2.3m/s，在深圳市排名第一。

2019年，大鹏半岛年平均气温为23.5℃，降水集中在4～10月，8月降水量达到最大值，为431.3mm。2020年平均气温为23.4℃，降水集中在5～9月，9月降水量达到最大值，为533.5mm（表2-3）。

表2-3　2019～2021年大鹏半岛各月份主要气象要素统计

月份	降水量（mm）			气温（℃）		
	2019年	2020年	2021年	2019年	2020年	2021年
1	5.5	39.8	0	16.8	17.1	14.9
2	37.3	45.1	47.1	18.8	17.2	18.4
3	139.7	35.1	22.5	19.8	20.1	20.7
4	214	64.9	18.5	23.6	20.7	23.0
5	292.5	233.6	33.4	24.5	27.9	28.0
6	255.5	355.3	225.7	28	28.4	28.0
7	292.7	71.7	531.5	28.7	29.4	29.0
8	431.3	417.9	—	28.5	28.2	—
9	172.9	533.5	—	28	27.8	—
10	231.1	30.9	—	25.6	24.6	—
11	0	3	—	21.6	22.5	—
12	19.5	2.1	—	17.9	16.5	—

在全球气候变化影响下，台风越来越频繁地登陆沿海城市，严重影响城市的社会经济系统和自然生态系统等。深圳市地处南海之滨，夏秋季常受台风袭击。从1949年到2000年，共有182次台风对深圳市造成直接或间接灾害。其中，1999年有4次台风在深圳市及附近地区登陆，造成的直接经济损失高达651万元（朱伟华和谢良生，2001）。

近年来深圳市受台风综合影响相对偏弱。2019年，对深圳市造成严重风雨影响的台风有1个（台风“木恩”）；2020年，进入深圳市500km范围的台风有5个，达到明显风雨影响以上等级的台风有2个（台风“森拉克”和“海高斯”）。

2018年9月16日，超强台风“山竹”以中心最大风力65m/s（17级以上）的速度，从距离深圳市仅125km南部掠过，成为1983年以来影响深圳市最为严重的台风。是时深圳市南部和西部沿海地区出现12级阵风，东部的大鹏半岛极大风速达到50.8m/s（16级），大鹏湾湾口浪高达6.6m，大亚湾东涌浪高达到5.7m（田韫钰等，2020）。“山竹”引起的风暴潮、海浪灾害共造成直接经济损失约2.55亿元，主要包括旅游基础设施及娱乐设施经济损失金额约1.48亿元（其中，大梅沙海水浴场经济损失约8000万、小梅沙海水浴场经济损失约4000万、玫瑰海岸经济损失约2000万、悦榕湾溪涌工人度假村经济损失约800万），其他经济损失金额约1.07亿元［其中，毁坏游艇、渔船约36艘，损毁航标1座，损毁大鹏半岛及盐田区海堤、护岸10座（长度约11km）及水产养殖损失约600万元］。

2.1.2 陆上地形地貌

大鹏半岛以古火山遗迹和海岸地貌为主体，兼有典型的火山岩相剖面及古生物产地（包括古文化遗址）、断层褶皱构造、崩塌地质遗迹、海底珊瑚礁等。

深圳市东部排牙山横亘半岛的北部和中部，七娘山则兀立在半岛南端，大亚湾位于半岛东部，大鹏湾位于其西部，由此构成了“三山两湾”的地形格局。

其中，梧桐—马峦山系为东西向延伸形成的一道天然屏障，将大鹏半岛和其他地区分隔；排牙山系位于大鹏半岛中北部，最高海拔707m；七娘山系位于大鹏半岛南端，包括深圳第二高峰七娘山（海拔867m）。

大鹏半岛主要岩石为火山岩及石英砂岩，包括酸性熔岩及火山碎屑岩，主要成景岩石均是各类角砾状火山岩和凝灰岩，主要分布在七娘山及南澳地区。地形地貌主要以剥蚀、残蚀的低山和丘陵及沟谷地貌为主，半岛山势较陡，植被覆盖茂盛，海拔200m以上的地区约占总面积的一半，在山丘之间分布着一些零星的面积较小的盆地。半岛东部海岸线是基岩港湾海岸，曲折多湾，周围常见陡坡直崖没入海中，形成明显的坡度较大的陡崖，陡崖前方有岩滩或砾石滩出现，这也是山地溺谷海岸线的重要特征。南部位于赖氏洲以北的内湾海域，紧靠三门水道，直接面向开敞的海洋，沿岸为花岗岩山地，直接临海，前面有岩滩分布，海域水深与水底坡度均较大，东涌—西涌前沿水域的水深在3~17m。由于从外海传来的波浪作用比较强劲，在海蚀作用下形成了海蚀崖、海蚀柱等典型的海岸地貌。在西涌湾和东涌的岸边，由于花岗岩山地供应的风化碎屑，在这类港湾内形成了纯净的砂质海滩。

1）构造侵蚀中低山：相对高程400~700m，主要分布在梧桐山、笔架山、排牙山等地，植被丰富。

2）剥蚀侵蚀低丘陵：主要分布在大鹏湾东侧、高丘陵的外围。

3）冲积平原：主要分布在大鹏半岛西海岸。

4）海积平原：主要分布在大鹏澳。

5）独特地质景观：秤头角、仙人石、插望旗、穿鼻岩、贵仔角等。

2.1.3 海域地形地貌

大鹏半岛周边海底地貌类型多样，可分为水下浅滩、水下岩礁和珊瑚岩礁三大类。水下浅滩是大鹏半岛东部周围主要的海底地貌，滩面宽阔平坦，由湾顶向湾口略有倾斜，由泥质粉砂和粉砂质泥质组成，沉积厚度20~30m，海底沉积物颗粒较细，分选性好，沉积环境较为稳定。水下岩礁主要分布在大鹏澳南、北两侧，呈片状沿岸分布，岩礁面高低不平，局部尚有岩块堆积，可认为是基岩海岸的水下延伸部分。珊瑚岩礁主要分布在大鹏湾的大澳湾、南澳、东冲—西冲以及杨梅坑等四片海域，已探明分布着面积较大的珊瑚群落，许多珊瑚品种属国家重点保护动物。

2.1.4 森林资源

根据深圳市林业部门数据，大鹏半岛森林覆盖率为77.49%，林木绿化率为78.6%，林业用地面积为21 348.7hm^2。在林业用地中，乔木林地面积为20 106.3hm^2，占林业用地总面积的69.28%；灌木林地面积为1136.1hm^2，占林业用地总面积的3.91%；疏林地面积为47.0hm^2，占林业用地总面积的0.16%；未成林造林地面积为11.5hm^2，占林业用地总面积的0.04%；其他宜林地面积为28.9hm^2，林业用地占总面积的0.10%；其他迹地面积为18.9hm^2，占林业用地总面积的0.09%。

非林地面积为7672.9hm^2，非林地中的森林面积有1553.0hm^2，占非林地面积的20.24%。

大鹏半岛区划生态公益林地16 779.0hm^2，占林业用地总面积的78.59%。其中，特殊用途林有1613.0hm^2，防护林有15 166.0hm^2。

2.1.5 水资源

2019年大鹏半岛水资源总量为31 420.96m^3，其中地表水资源量约31 351万m^3，地下水资源量约6584m^3（重复统计的水资源量约6514万m^3）。大鹏半岛的产水模数为113.99万m^3/km^2［产水模数=地区水资源总量（亿m^3）/地区总面积（km^2）］，人均水资源量为1986.15m^3。2019年参与供水水库年末蓄水总量达20280万m^3，同比减少380万m^3。

截至2018年底，大鹏半岛境内共有蓄水水库25座；其中中型水库2座、小（1）型10座、小（2）型13座。

大鹏半岛河流为雨源性河流，平均长度仅为2.15km，平均流域面积为4.80km^2。由于降雨分配不均与河道空间有限的问题，造成河道水体水量大部分时间偏少甚至干涸，导致河流水环境承载力不足。根据大鹏水务局提供的河流名录，大鹏半岛共有河流62条，其中入海河流43条，大部分河口位于沙滩两侧且面积不大，仅形成小面积淤积。部分河口位置分布有红树林，生物多样性丰富。实际踏勘时发现仍有一些河流未纳入河流名录中，如坝光岸段的坳仔东水、大亚湾核电站的排洪渠、东西涌岸段的大水坑水和高排坑水等。

2.2 产业情况[①]

2020 年大鹏半岛生产总值为 340.35 亿元，比上年（下同）增长 0.2%。其中第一产业增加值为 1.20 亿元，增长 37.1%；第二产业增加值为 200.52 亿元，下降 4.6%；第三产业增加值为 138.64 亿元，增长 8.0%；三次产业比例为 0.35：58.92：40.73（图 2-3）。

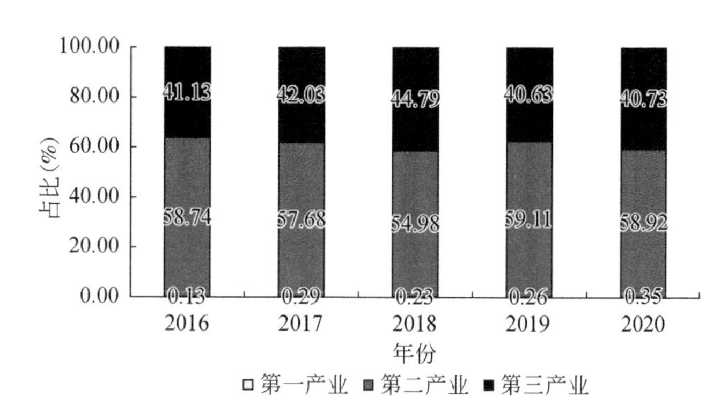

图 2-3 2016～2020 年三次产业增加值占大鹏半岛生产总值比例

数据来源：历年《大鹏新区国民经济和社会发展统计公报》

2020 年，大鹏半岛第三产业中，交通运输、仓储和邮政业下降 0.8%；社会消费品零售总额为 42.29 亿元，下降 6.9%；住宿业营业额为 9.66 亿元，下降 13.0%；餐饮业营业额为 6.86 亿元，下降 18.8%；房地产业增加值为 10.02 亿元，增长 39.9%。

2020 年，大鹏半岛人均生产总值为 21.78 万元，增加 0.1%；万元 GDP 水耗为 5.5m^3/万元，增长 1.0%；万元 GDP 电耗为 351.77kWh/万元，增长 0.1%。

2020 年，大鹏半岛第一产业中，农林牧渔服务业增加值为 700 万元，增长 107.2%。全年水产品总产量为 3852t，其中海产品产量为 3824t；淡水产品产量为 28t。

2020 年，大鹏半岛规模以上工业企业增加值 183.72 亿元。分经济类型看，股份制企业下降 3.5%，外商及港澳台商投资企业下降 6.1%。分门类看，制造业增长 2.6%，电力、热力、燃气及水生产和供应业下降 4.2%。全年规模以上工业企业总产值为 483.49 亿元。按行业分，农副食品加工业总产值下降 18.2%，食品制造业下降 14.1%，纺织业增长 202.4%，纺织服装、服饰业下降 80.3%，家具制造业下降 31.9%，造纸和纸制品业下降 20.6%，文教、工美、体育和娱乐用品制造业增长 47.4%，化学原料和化学制品制造业增长 21.0%，医药制造业增长 86.9%，橡胶和塑料制品业增长 2.7%，非金属矿物制品业下降 4.2%，有色金属冶炼和压延加工业增长 9.6%，专用设备制造业下降 0.2%，电气机械和器材制造业下降 21.1%，计算机、通信和其他电子设备制造业增长 29.2%，仪器、

① 数据来源自《大鹏新区 2020 国民经济和社会发展统计公报》。

仪表制造业下降23.3%，其他制造业下降76.1%，电力、热力生产和供应业下降6.7%，燃气生产和供应业增长6.9%，水的生产和供应业增长2.9%。

2020年，大鹏半岛全年规模以上工业销售产值比上年下降5.4%。其中，出口交货值增长2.6%，出口交货值占规模以上工业销售产值比例为20.4%。规模以上工业企业监测的16种主要工业产品中，7类正增长，9类负增长，主要产品产量如表2-4所示。规模以上工业企业全年实现产品营业收入577.26亿元，下降9.0%；实现利润总额111.31亿元，增长18.8%；劳动生产率为69.77万元/人，下降10.6%；产品销售率98.7%。规模以上工业企业资产负债率为53.7%，比上年末下降2.4%。全年规模以上工业企业每百元主营业务收入中的成本为74.0元，比上年下降3.1元。

表2-4　2020年主要工业产品产量及增长速度

产品名称	计算单位	2020年	同比增长（%）
发电量	万kW·h	5 245 534	0.2
其中：核能发电量	万kW·h	4 765 241	-0.1
印制电路板	m^2	1 148 771	-13.8
电子元件	万只	36 080	29.5
光电子器件	万只（片）	32 961	-3.0
集成电路	万块	110 143	80.8
组合音响	台	753 629	-22.4
铅酸蓄电池	kVA	458 572	6.0
碱性蓄电池	万只	4 954	-24.1
锂离子电池	万只	1 126	-73.0
自来水生产量	万m^3	1 640	4.0
冷冻蔬菜	t	2 746	-14.2
塑料制品	t	2 490	10.0
合成洗涤剂	t	1 725	-1.1
商品混凝土	m^3	620 867	3.3
服装	万件	284	-60.6
糖果	t	34 377	-13.0

2020年，大鹏半岛全年规模以上战略性新兴产业增加值为190.22亿元，下降1.4%，占GDP比例为55.9%。其中，绿色低碳产业增加值为164.47亿元，下降0.4%；新材料产业增加值为14.04亿元，下降12.0%；新一代信息技术产业增加值为9.03亿元，下降2.2%；数字经济产业增加值为1.37亿元，下降4.8%；生物医药产业增加值为1.75亿元，增长63.5%；高端装备制造业增加值为0.05亿元，下降79.3%。

截至2020年末，全区三星级标准酒店1家、五星级标准酒店2家、旅行社15家。全区接待游客总人数为967.91万人次，同比下降9.0%。旅游业总收入为61.69亿元，同比增长 20.7%。国内游客 929.20 万人次，下降 11.8%；国内旅游收入为 44.45 亿元。海外游客 38.71 万人次，增长 268%，国际旅游收入为 17.24 亿元。在入区游客中，过夜游客 95.58 万人次，下降 55.4%，一日游游客 872.33 万人次，增长 2.8%。景点接待人数 870.91 万人次，下降 8.3%。其中，收费景点人数 172.53 万人次，下降 1.0%。按片区分，较场尾片区 220.84 万人次，下降 59.5%；东西涌片区 125.95 万人次，下降 8.1%；杨梅坑片区 110.27 万人次，下降 29.1%；其他片区 241.32 万人次，增长 1.15 倍。大鹏半岛 2020 年全年，每月总游客人次如图 2-4 所示。

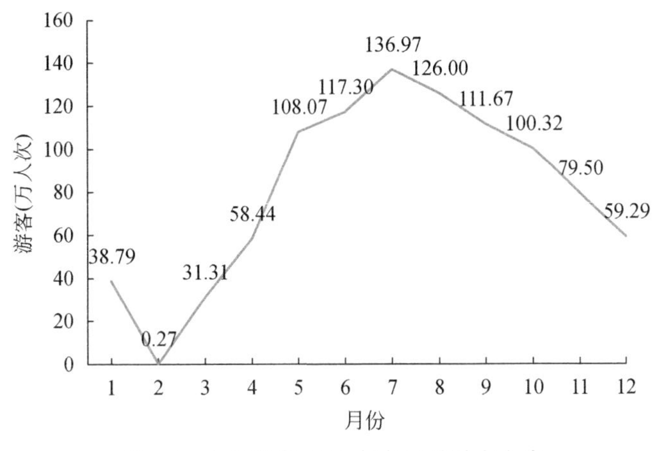

图 2-4　大鹏半岛 2020 年各月总游客人次

2020 年大鹏半岛旅游业热门景点游客人次对比 2019 年如表 2-5 所示。其中，南澳墟镇同期上升 1047.6%、东涌同期上升 64.87%、杨梅坑同期下降 29.09%、大鹏所城文化旅游区同期下降 59.50%、玫瑰海岸同期上升 235.66%、官湖同期上升 932.69%、西涌同期下降 26.12%、金沙湾同期上升 31.05%。

表 2-5　大鹏半岛 2020 年全年旅游业热门景点分析

热门景点	2020 年（万人次）	2019 年（万人次）	同比（%）
南澳墟镇	114.76	10.0	1047.60
东涌	44.68	27.1	64.87
杨梅坑	110.27	155.5	-29.09
大鹏所城文化旅游区	220.84	545.3	-59.50
玫瑰海岸	172.53	51.4	235.66
官湖	87.77	8.5	932.59
西涌	81.27	110.0	-26.12
金沙湾	38.79	29.6	31.05

注：数据来源自《大鹏新区文化广电旅游体育局旅游人口分析报告》

2.3 岸线特征

2.3.1 自然岸线保有率高，类型丰富

目前大鹏半岛海岸带自然岸线占岸线总长度的65.61%，远高于深圳市自然岸线保有率（40%）的控制目标和全市自然岸线率平均水平（38.53%）。同时，自然岸线类型也比较丰富，其中基岩岸线占73.61%，砂质岸线占23.25%，粉砂淤泥占2.43%。

大鹏半岛海岸带基岩岸线所占比例最高，整体状态良好，保持自然风貌，景观效果良好；但交通可达性低的岸段存在管理盲区，有垃圾堆积的现象，如排牙山南段核电北部岸线。

大鹏半岛砂质岸线多呈点状分布，沙滩数量较多，多数为小沙滩，已统计入沙滩名录的共有54处（其中2处被侵占）。旅游活动集中的岸段包括较场尾沙滩、西涌沙滩、鹿咀沙滩、官湖沙滩、金沙湾沙滩、桔钓沙沙滩及玫瑰海岸等。

2.3.2 岸线湿地景观丰富，多处有红树林分布

大鹏半岛海岸线湿地类型丰富，生态条件良好。丰富的湿地资源不仅为生物提供栖息场所，还具有很高的景观价值。大鹏半岛沿海红树林种类丰富，分布广泛，代表性片区有坝光片区、东涌河河口及鹿咀河河口等。

目前大鹏半岛开展多处红树林保护修复工作，包括在坝光滩涂、新大河、西涌河河岸开展红树植物补植等，但是在开展红树林保护工作的过程中仍存在银叶树拓展演替修复空间受限的问题。另外，红树林保护方面，缺乏内部深入管理，存在垃圾堆积及绞杀植物威胁红树健康等问题。

2.3.3 河口水环境复杂，管理困难

大鹏半岛共有入海河流43条，河口岸线0.059km。河流入海口是河水和海水交汇处，受河流终端和近海海域影响，环境复杂且敏感。同时，河口既是鸟类聚集的重要区域，也是浮游性植物、软体动物、鱼类、微生物等水生生物关系复杂的水域，是各类生物的栖息场所。大鹏半岛河口位置常分布于沙滩两侧，为旅游活动密集区，人类活动频繁，交通、贸易、娱乐、水产等活动都对河口生态环境影响较大。

第3章

海岸带区域水环境调查评估

水环境综合治理是海洋生态文明建设的基础任务。长期以来，陆域与海域水环境监管相对分离，仍存在海域监测布点和监测结果难以与陆域入海河流控制断面水质联动，入海污染通量监测体系未形成，海水水质溯源困难等问题。

在半岛地区推动建立海域—流域—陆域水环境控制单元，以海洋环境容量为约束，打破行政管理限制，提出海域污染控制要求，加强区域之间、陆海之间的联防联治，实现从海域环境治理目标到陆域控制单元的对接，有利于形成从源头到末端的全系统管理路径。

3.1 水环境监测方案

选取风速、风向、水色、水深、透明度、水温、悬浮物、pH、盐度、溶解氧、化学需氧量、无机磷、活性硅酸盐、亚硝酸盐、硝酸盐、氨氮、无机氮、总氮、总磷、油类、铜、铅、锌、镉、铬、汞、砷和叶绿素a等28项指标，开展日常监测。

监测站位和监测断面的布设根据监测计划确定的监测目的，结合水域类型、水文、气象、环境等自然特征及污染源分布，综合诸因素提出优化布点方案，在研究和论证的基础上确定。采样的主要站点应合理地布设在环境质量发生明显变化或有重要功能用途的海域，如近岸河口区或重大污染源附近。在海域的初期污染调查过程中，可以进行网格式布点。影响站点布设的因素很多，主要遵循以下原则：①能够提供有代表性的信息；②站点周围的环境地理条件；③动力场状况（潮流场和风场）；④社会经济特征及区域性污染源的影响；⑤站点周围的航行安全程度；⑥经济效益分析；⑦尽量考虑站点在地理分布上的均匀性，并尽量避开特征区划的系统边界；⑧根据水文特征、水体功能、水环境自净能力等因素的差异性，来考虑监测站点的布设。同时，还要考虑到自然地理差异及特殊需要。

3.1.1 海水水质常规监测点位

海水水质常规监测点位如图3-1所示。

3.1.2 海水水质增量监测点位

海水水质增量监测点位如图3-2所示。

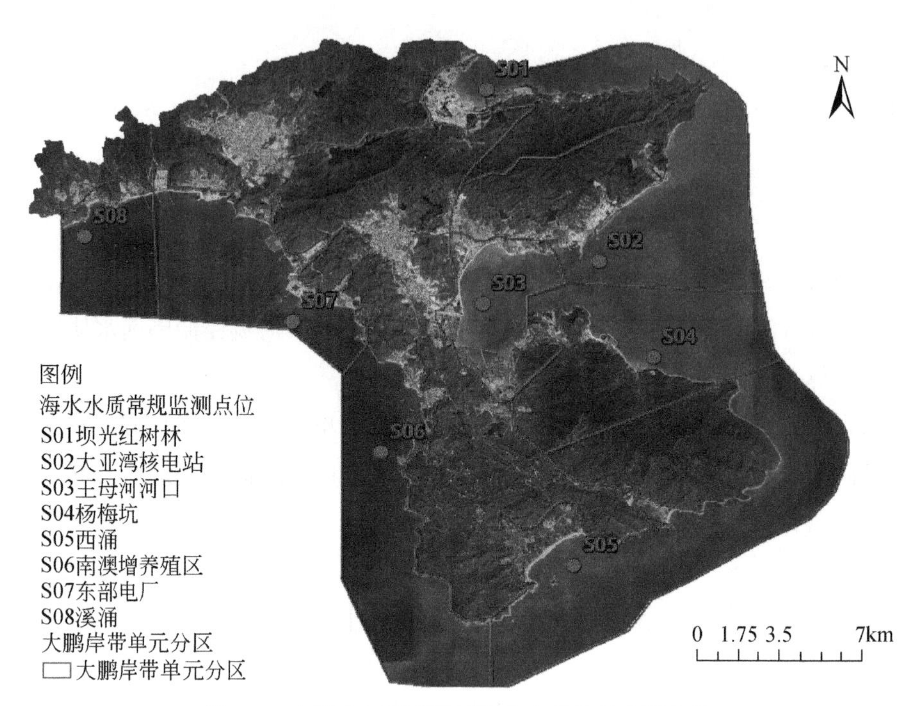

图 3-1 大鹏半岛近岸海域海水水质常规监测点位

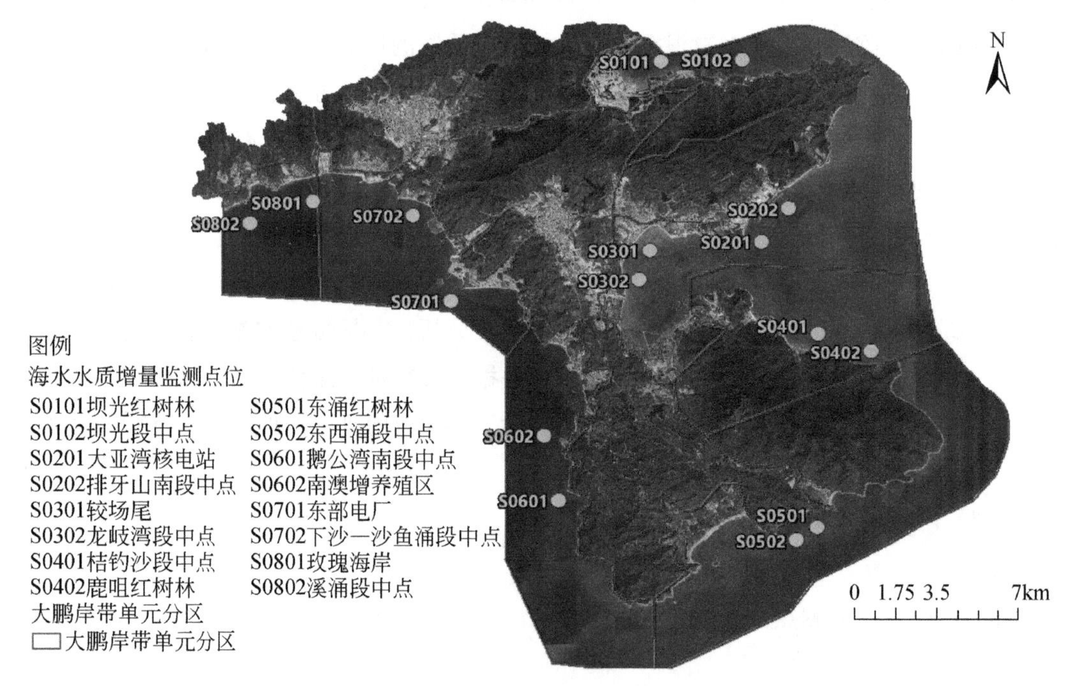

图 3-2 大鹏半岛近岸海域海水水质增量监测点位

3.2 大鹏半岛河流概况

3.2.1 河流分布

大鹏半岛河流为雨源性河流，平均长度仅为2.15km，平均流域面积为4.80km²。河流存在降雨分配不均与河道空间有限的问题，河道水体水量不足导致水环境承载力不足。

大鹏半岛共有河流62条，其中入海河流43条，大部分河口位于沙滩两侧，部分河口分布有滩涂和红树林，生物多样性丰富（图3-3）。

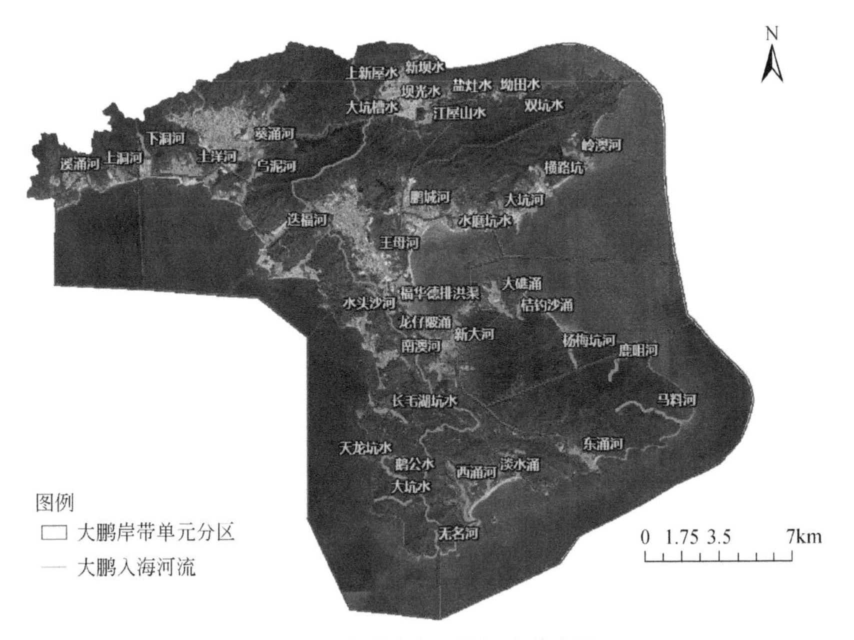

图3-3　大鹏半岛入海河流分布图

半岛各岸带单元入海河流情况如表3-1所示（按照各岸带单元顺序，从坝光段开始，以逆时针方向给各入海河流编号，以入海口位置划分岸带单元归属）。其中，流域面积超过10km²的河流有葵涌河、王母河、新大河、鹏城河和杨梅坑河。

表3-1　大鹏半岛入海河流概况表

河流编号	河流名称	流域面积（km²）	河流长度（km）	岸带单元名称
1	新坝水	2.2	0.75	01 坝光段（9条）
2	上新屋水	3.29	1.32	
3	大坑槽水	2.15	1.66	
4	坝光水	3.97	1.83	

续表

河流编号	河流名称	流域面积（km^2）	河流长度（km）	岸带单元名称
5	江屋山水	4. 17	1. 26	01 坝光段（9 条）
6	盐灶水	3. 61	0. 33	
7	河贝坑水	3. 37	0. 34	
8	坳田水	1. 21	0. 26	
9	双坑水	1. 85	0. 49	
10	岭澳河	4. 36	1. 70	02 排牙山南段（4 条）
11	横路坑	1. 77	1. 68	
12	岭澳西排洪渠	1. 93	1. 74	
13	大坑河	5. 97	1. 51	
14	水磨坑水	3. 46	1. 93	03 龙岐湾段（6 条）
15	鹏城河	10. 34	3. 01	
16	王母河	16. 12	6. 98	
17	福华德排洪渠	1. 28	1. 09	
18	龙仔陂涌	1. 52	2. 33	
19	新大河	12. 7	3. 6	
20	大碓涌	3. 87	2. 46	04 桔钓沙段（3 条）
21	桔钓沙涌	1. 24	1. 6	
22	杨梅坑河	10. 19	2. 93	
23	鹿咀河	2. 5	2. 12	05 东西涌段（6 条）
24	马料河	3. 74	3. 68	
25	东涌河	15. 2	1. 61	
26	南门头河	1. 07	1. 14	
27	淡水涌	3. 66	3. 06	
28	西涌河	9. 52	4. 66	
29	无名河	1. 05	1. 12	06 鹅公湾—南澳段（7 条）
30	大坑水	1. 15	1. 92	
31	鹅公水	1. 23	1. 52	
32	天龙坑水	2. 96	2. 19	
33	长毛湖坑水	2. 36	2. 27	
34	南澳河	8. 64	1. 77	
35	水头沙河	3. 39	2. 3	
36	迭福河	4. 19	2. 68	07 下沙—沙鱼涌段（5 条）
37	乌泥河	4	2. 89	
38	葵涌河	42. 59	6. 97	
39	土洋河	2. 76	2. 14	
40	下洞河	3. 47	2. 25	

河流编号	河流名称	流域面积（km^2）	河流长度（km）	岸带单元名称
41	上洞河	3.8	1.21	08 溪涌—大小梅沙段（3 条）
42	东头坑水	2.24	2.43	
43	溪涌河	5.69	1.72	

3.2.2 河流水质

2020 年，大鹏半岛共监测河流水质断面 67 个。监测数据显示，溪涌河左支河口等 42 个断面水质符合地表水Ⅱ类标准，约占 62.7%；溪涌河入海口等 18 个断面水质符合地表水Ⅲ类标准，约占 26.9%；土洋河河口等 5 个断面水质符合地表水Ⅳ类标准，约占 7.5%；三溪河金葵中路断面水质符合地表水Ⅴ类标准，占 1.5%；鹏城河右支河口断面水质劣于地表水Ⅴ类标准，约占 1.5%。

对 2020 年 7 月 ~2021 年 6 月期间大鹏半岛河流水质监测断面总计 199 个，其中坝光段最多，为 45 个，其次是龙岐湾段，为 40 个，排牙山南段最少，为 8 个。

整体而言，大鹏半岛河流水质断面以Ⅲ类水质最多，达到总数的 42%，其次是Ⅱ类水质，占总数的 33%。各岸带单元中，排牙山南段、桔钓沙段、东西涌段、鹅公湾—南澳段已全部达到Ⅳ类水质以上；坝光段出现 2 次Ⅴ类水质；龙岐湾段出现 8 次Ⅴ类水质和 1 次劣Ⅴ类水质；下沙—沙鱼涌段出现 1 次劣Ⅴ类水质；溪涌—大小梅沙段出现 1 次Ⅴ类水质和 3 次劣Ⅴ类水质（图 3-4）。

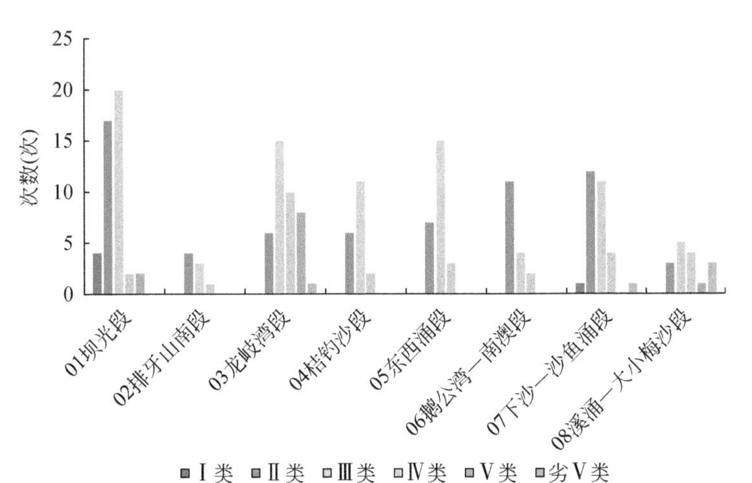

图 3-4　2020 年 7 月 ~2021 年 6 月各岸带单元河流水质情况

3.3 近岸海域概况

3.3.1 近岸海域功能分区

根据《广东省海洋功能区划（2011—2020 年）》，大鹏半岛近岸海域共包括 9 个功能区，分别属于 5 个功能区类型。各功能区空间分布和管理要求见图 3-5 和表 3-2。

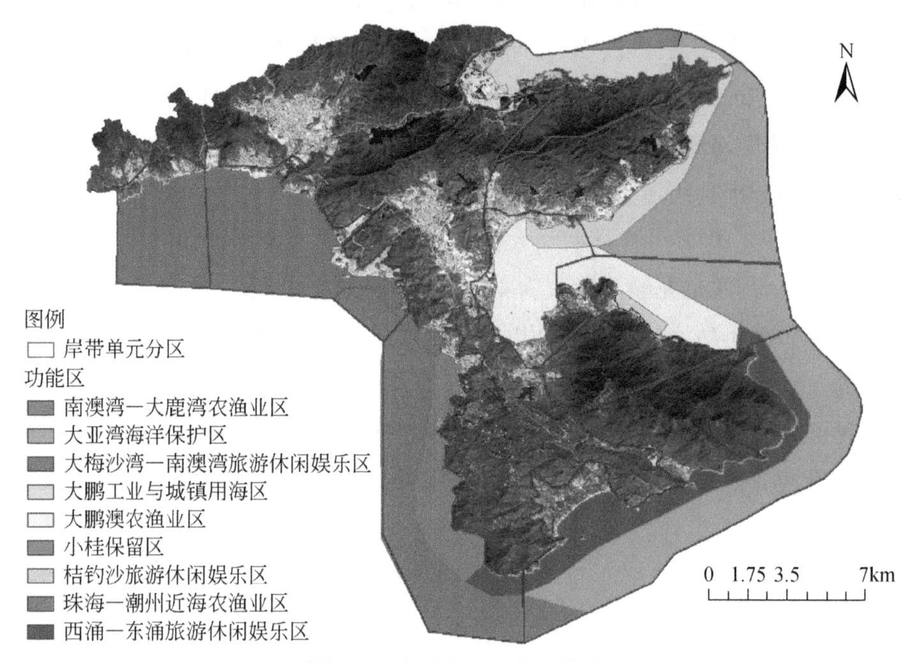

图 3-5 大鹏海域功能区分布

表 3-2 大鹏海域功能区管理要求

功能区名称	功能区类型	管理要求	
		海域使用管理	海洋环境保护
大梅沙湾—南澳湾旅游休闲娱乐区	旅游休闲娱乐区	相适宜的海域使用类型为旅游娱乐用海；适当保障港口航运、口岸区用海需求；保护砂质海岸、基岩海岸；依据生态环境的承载力，合理控制旅游开发强度；围填海须严格论证，优化围填海平面布局，节约集约利用海域资源	生产废水、生活污水须达标排海；加强海域生态环境监测；执行海水水质二类标准、海洋沉积物质量一类标准和海洋生物质量一类标准

续表

功能区名称	功能区类型	管理要求	
		海域使用管理	海洋环境保护
南澳湾—大鹿湾农渔业区	农渔业区	相适宜的海域使用类型为渔业用海； 适当保障旅游娱乐用海需求； 合理控制养殖规模和密度； 近岸不得设置排污口、工业排水口或其他污染源	保护沙丁鱼等重要渔业资源及其生境； 严格控制养殖自身污染和水体富营养化，防止外来物种入侵； 加强海域生态环境监测，对区内投放的人工鱼礁进行定期评估； 执行海水水质二类标准、海洋沉积物质量一类标准和海洋生物质量一类标准
西涌—东涌旅游休闲娱乐区	旅游休闲娱乐区	相适宜的海域使用类型为旅游娱乐用海； 保障休闲渔业用海需求； 保障防灾减灾体系建设用海需求； 保护砂质海岸、基岩海岸，禁止在沙滩上建设永久性构筑物； 禁止炸岛等破坏性活动； 依据生态环境的承载力，合理控制旅游开发强度	生产废水、生活污水须达标排海； 执行海水水质二类标准、海洋沉积物质量一类标准和海洋生物质量一类标准
大鹏澳农渔业区	农渔业区	相适宜的海域使用类型为渔业用海； 保障旅游娱乐用海需求； 保护大鹏澳西北部砂质海岸； 合理控制养殖规模和密度	保护海马、海参、紫海胆等重要渔业品种及其生境； 加强海域生态环境监测，对区内投放的人工鱼礁进行定期评估； 严格控制养殖自身污染和水体富营养化，防止外来物种入侵； 执行海水水质二类标准、海洋沉积物质量一类标准和海洋生物质量一类标准
桔钓沙旅游休闲娱乐区	旅游休闲娱乐区	相适宜的海域使用类型为旅游娱乐用海； 优先发展游艇、帆船、垂钓等旅游项目； 保护砂质海岸，禁止在沙滩上建设永久性构筑物； 依据生态环境的承载力，合理控制旅游开发强度	生产废水、生活污水须达标排海； 执行海水水质二类标准、海洋沉积物质量一类标准和海洋生物质量一类标准
大鹏工业与城镇用海区	工业与城镇用海区	相适宜的海域使用类型为造地工程用海、工业用海； 保障坝光新兴产业基地、核电站用海需求； 适当保障港口航运用海需求； 围填海须严格论证，优化围填海平面布局，节约集约利用海域资源； 工程建设期间与营运期间采取有效措施降低对大亚湾水产资源省级自然保护区的影响； 加强对围填海、温排水的动态监测和监管	该区域开发须经严格论证，按自然保护区管理有关规定，妥善处理好与自然保护区的关系，加强海洋生态修复； 减少温排水对海域生态环境的影响； 加强海洋环境监测，建立完善的应急管理体系； 执行海水水质三类标准、海洋沉积物质量二类标准和海洋生物质量二类标准

功能区名称	功能区类型	管理要求	
		海域使用管理	海洋环境保护
小桂保留区	保留区	通过严格论证，合理安排相关开发活动； 严格控制围填海，严格限制设置明显改变水动力环境的构筑物	保护马氏珍珠贝等珍稀水产资源； 生产废水、生活污水须达标排海； 海水水质、海洋沉积物质量和海洋生物质量等维持现状
大亚湾海洋保护区	海洋保护区	相适宜的海域使用类型为特殊用海； 保障深水网箱养殖和人工鱼礁建设的用海需求； 保留北扣渔港、增养殖等渔业用海； 适度保障旅游娱乐用海需求； 维持航道畅通； 严格按照国家关于海洋环境保护及自然保护区管理的法律、法规和标准进行管理	保护大亚湾重要水产资源及其生境； 加强保护区海洋生态环境监测； 执行海水水质一类标准、海洋沉积物质量一类标准和海洋生物质量一类标准
珠海—潮州近海农渔业区	农渔业区	相适宜的海域类型为渔业用海； 禁止炸岛等破坏性活动； 40m 等深线向岸一侧实行凭证捕捞制度，维持渔业生产秩序。 经过严格论证，保障交通运输、旅游、核电、海洋能、矿产、倾废、海底管线及保护区等用海需求； 有限保障军事用海需求	保护重要渔业品种的产卵场、索饵场、越冬场和洄游通道； 执行海水水质一类标准、海洋沉积物质量一类标准和海洋生物质量一类标准

3.3.2 近岸海域水质

大鹏半岛近岸海域以二类、三类功能区为主，共布设 6 个监测点位，分别为白沙湾—长湾、核电近海、东西涌近海、望鱼角—盆仔湾口、下沙近海和乌泥湾湾口。其中，白沙湾—长湾、东西涌近海和下沙近海属二类功能区，核电近海、望鱼角—盆仔湾口和乌泥湾湾口属三类功能区。2020 年开展了枯水期、丰水期和平水期近岸海域功能区水质监测。从大鹏半岛近岸海域布设的 6 个监测点位监测结果分析，2020 年大鹏半岛近岸海域总体水质优良，白沙湾—长湾、东西涌近海 2 个监测点符合海水一类标准，其余 4 个监测点符合海水二类标准，所有监测点水质均符合相应功能区要求。

2020 年 7 月 ~2021 年 6 月期间，大鹏半岛各岸带单元近岸海域水质均值均达到二类水质以上标准，其中坝光段、桔钓沙段、鹅公湾南段为二类水质，其他为一类水质。水质分布如图 3-6 所示。

2021 年 1 月 20 日，大鹏大鹏湾大澳湾附近出现海域海面水色异常现象，异常海域面积约 0. 2km^2。监测结果表明，此次海水异常是由棕囊藻（Phaeocystis. sp）群体胶质囊所

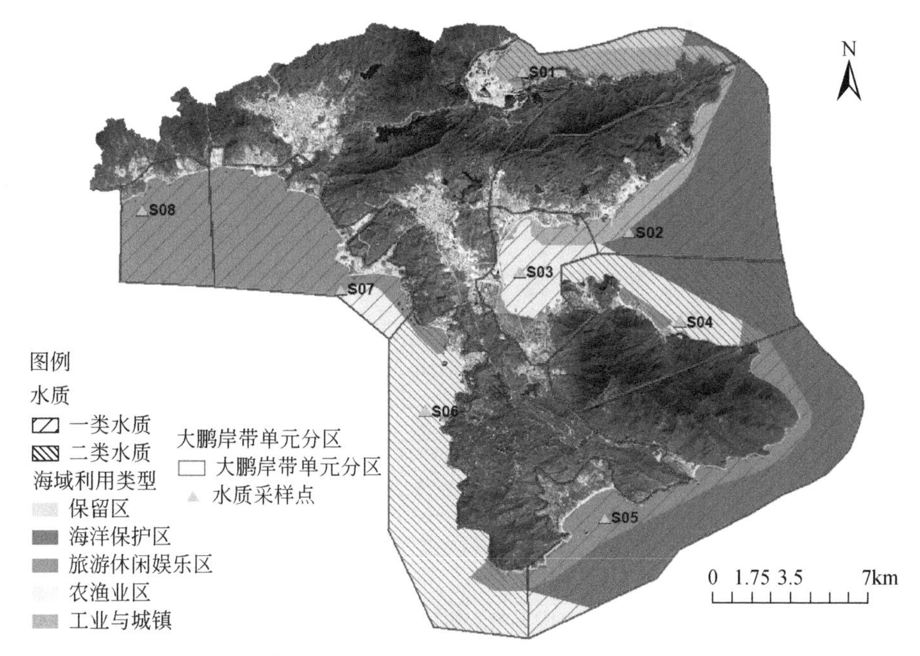

图 3-6　2020 年 7 月 ~ 2021 年 6 月大鹏半岛近岸海域水质分布图

引起。2021 年 1 月 23 日，大鹏大亚湾杨梅坑附近海域出现水色异常，呈红褐色，海面未见鱼类死亡现象。监测结果表明，此次海水异常是由夜光藻（*Noctiluca scintillans*）和血红哈卡藻（*Akashiwo sanguinea*）引起的赤潮。赤潮成片分布，面积约 $6km^2$。

3.4　重点水质指标情况

2020 年 7 月 ~ 2021 年 6 月，大鹏半岛各岸带单元近岸海域水质均值均达到二类水质以上，其中坝光段、桔钓沙段、鹅公湾南段为二类水质，其他为一类水质。

大鹏半岛近岸海域 8 个点位监测年度营养状态均值均为贫营养；从月度变化看，仅在 2020 年 11 月时，有 5 个监测点出现轻度富营养化现象（主要是硝酸盐偏高），分别为桔钓沙段、东西涌段、鹅公湾南澳段、下沙-沙鱼涌段和溪涌段。

从空间看，大鹏半岛近岸海水水质综合污染指数从年度均值以坝光段水、溪涌段最低；大鹏湾水质污染综合指数略低于大亚湾。从月份变化看，汛期（4 ~ 9 月）水质污染综合指数明显低于旱季。

监测年度内，近岸海域海水主要超标因子为无机氮、石油类、铜和铅。

3.4.1　水温

大鹏半岛近岸海域水温在 18.05 ~ 30.83℃，其中 1 月份水温最低，7 月份水温最高。

近海海域水温变化趋势和大鹏气温月度变化基本一致，但比气温略高，这可能是因为采样时间均在白天所导致（图 3-7，图 3-8）。

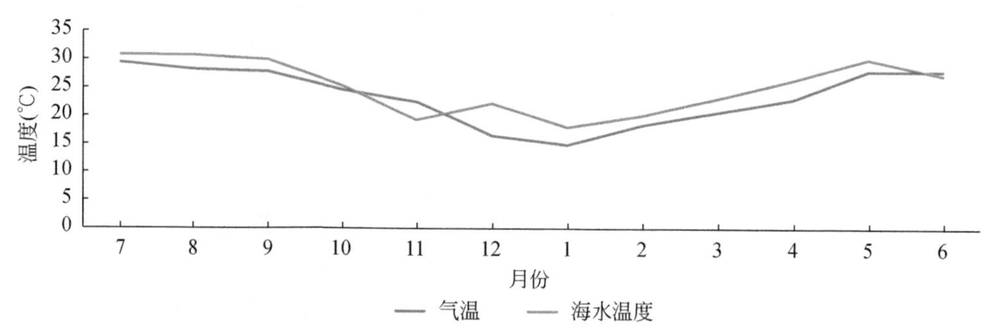

图 3-7　2020 年 7 月～2021 年 6 月大鹏半岛近岸海域水温月度均值与气温均值对比

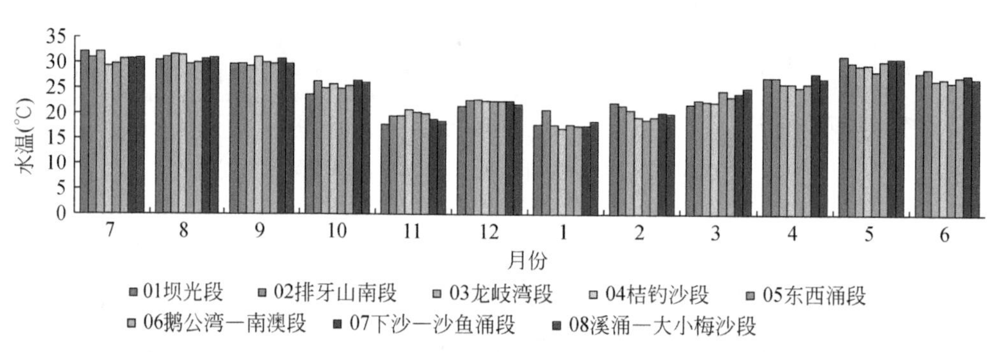

图 3-8　2020 年 7 月～2021 年 6 月大鹏半岛近岸海域水温变化情况

3. 4. 2　pH

整体而言，大鹏半岛近岸海域 pH 均达到一类水质标准（图 3-9）。

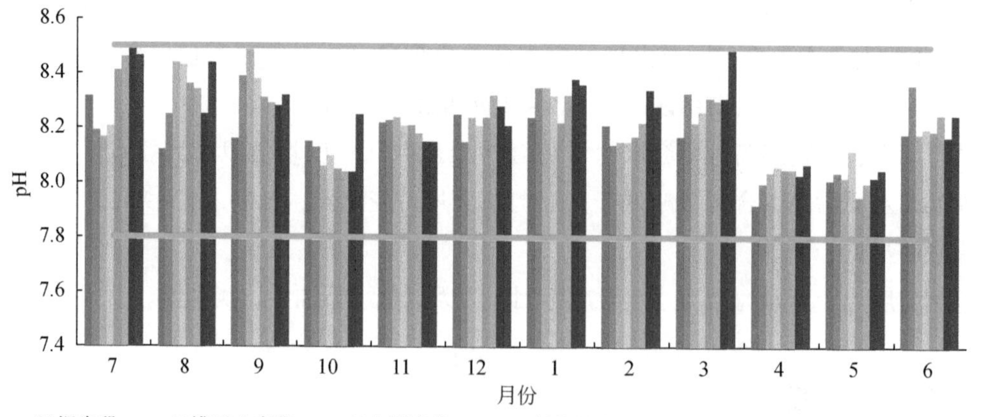

图 3-9　2020 年 7 月～2021 年 6 月大鹏半岛近岸海域 pH 变化情况

3.4.3 溶解氧

整体而言，2020 年 7 月～2021 年 1 月溶解氧含量较高。其中，2020 年 10 月溶解氧含量最高，均值为 9.96mg/L；2021 年 6 月溶解氧含量最低，均值为 6.11mg/L（图 3-10）。

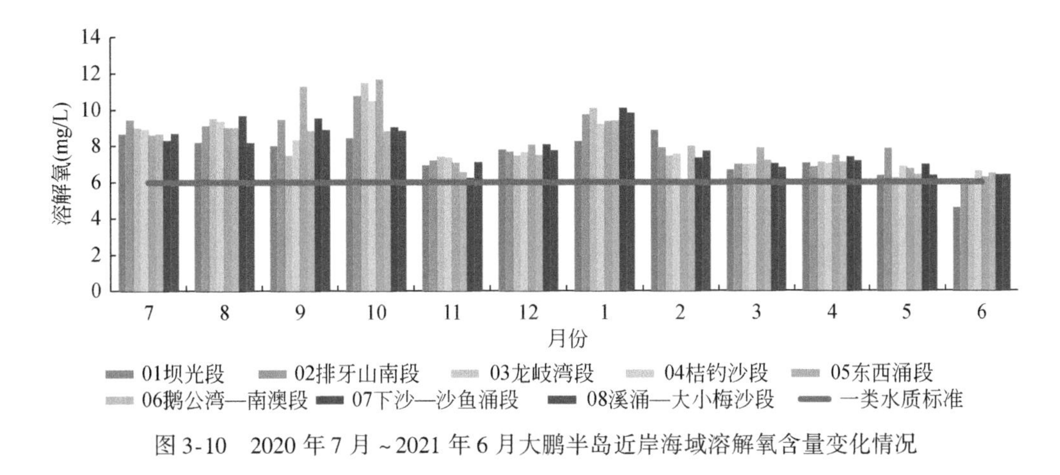

图 3-10 2020 年 7 月～2021 年 6 月大鹏半岛近岸海域溶解氧含量变化情况

3.4.4 活性磷酸盐

活性磷酸盐是海水富营养化的重要评价指标。整体而言，2020 年 11 月～2021 年 2 月活性磷酸盐含量均值较高，2021 年 4 月～6 月均值较低（图 3-11）。

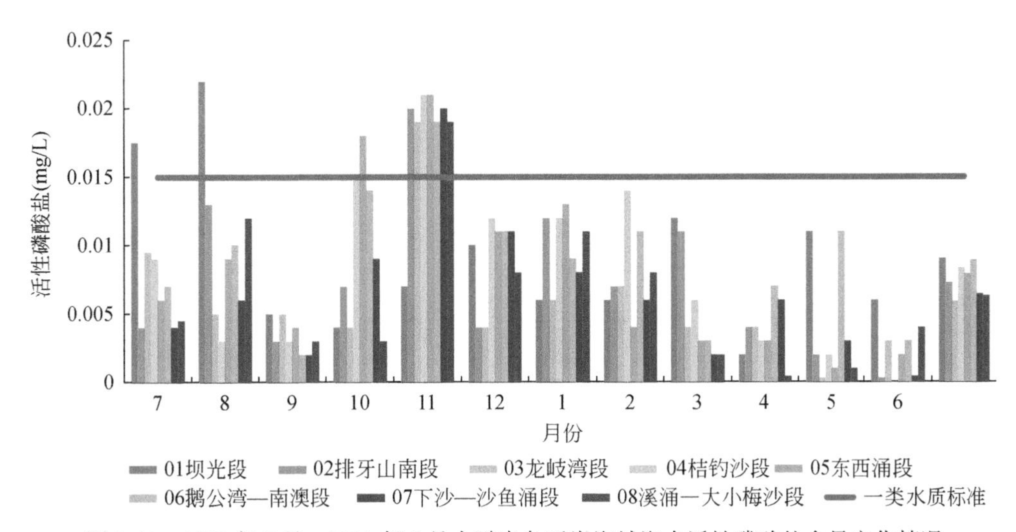

图 3-11 2020 年 7 月～2021 年 6 月大鹏半岛近岸海域海水活性磷酸盐含量变化情况

3.4.5 化学需氧量

整体而言，大鹏半岛近岸海域海水化学需氧量较低，均达到了一类海水水质的标准（≤2mg/L）（图3-12）。

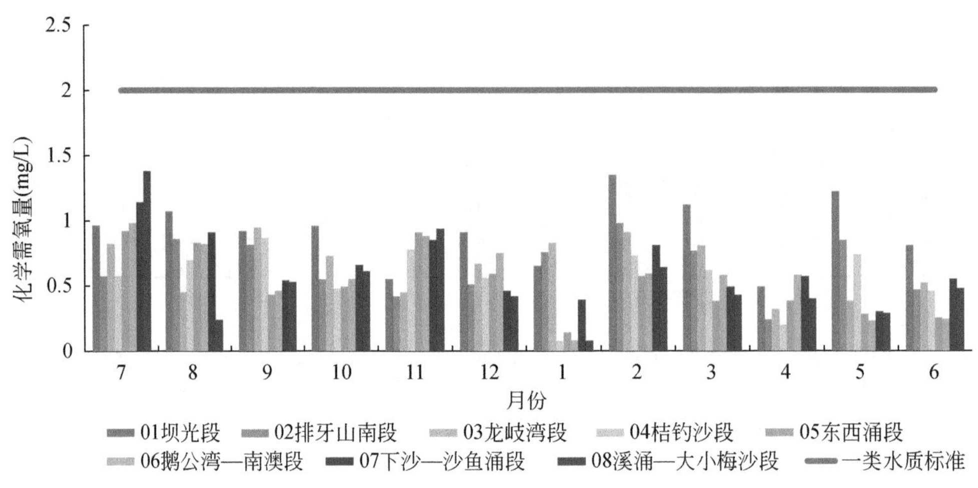

图3-12　2020年7月～2021年6月大鹏半岛近岸海域海水化学需氧量含量变化情况

3.4.6 无机氮

无机氮是大鹏半岛近岸海域海水水质常见超标因子。监测数据显示，2020年11月各点位海水中无机氮含量均较高，除坝光段外均为三类水质标准，也使得该月海水富营养化等级为轻度富营养化（图3-13）。

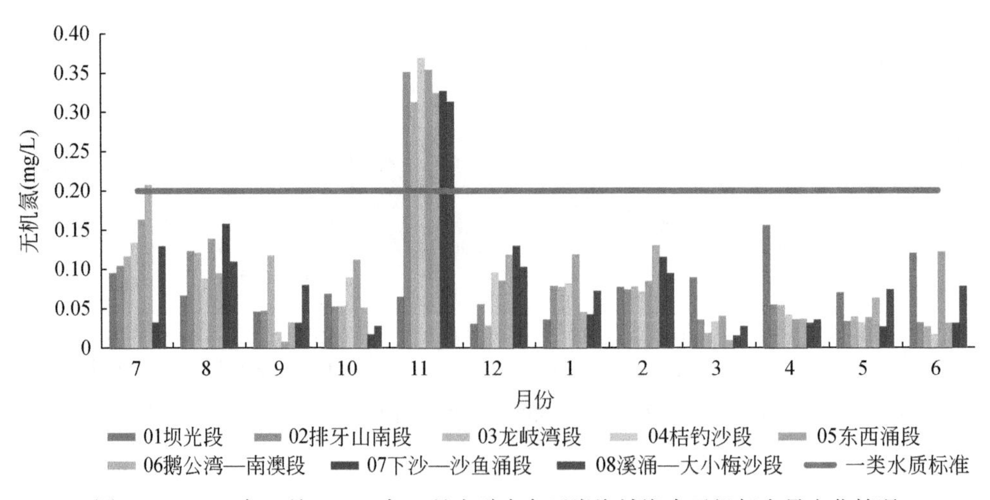

图3-13　2020年7月～2021年6月大鹏半岛近岸海域海水无机氮含量变化情况

3.4.7 石油类

2020 年 7 月 ~2021 年 6 月，较多点位出现石油类超标现象，整体而言 2 月份海水石油类含量均值最高，达到 91μg/L。9–12 月海水石油类含量较低（图 3-14）。

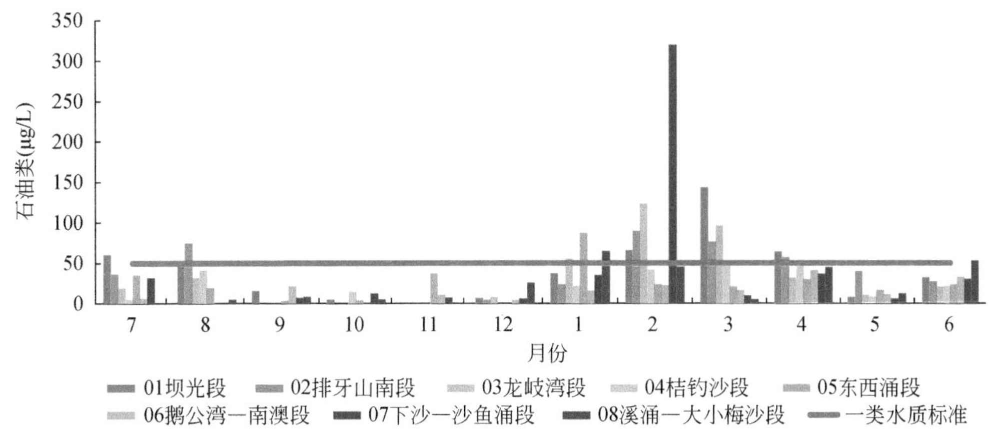

图 3-14　2020 年 7 月 ~2021 年 6 月大鹏半岛近岸海域海水石油类含量变化情况

3.4.8 汞

2020 年 7 月 ~2021 年 6 月，大鹏半岛近岸海域海水汞含量总体较低，仅坝光段和桔钓沙段近岸海域海水汞含量在 10 月份存在超标现象，其他月份各点位海水中汞含量均达到一类水质或二类水质标准（图 3-15）。

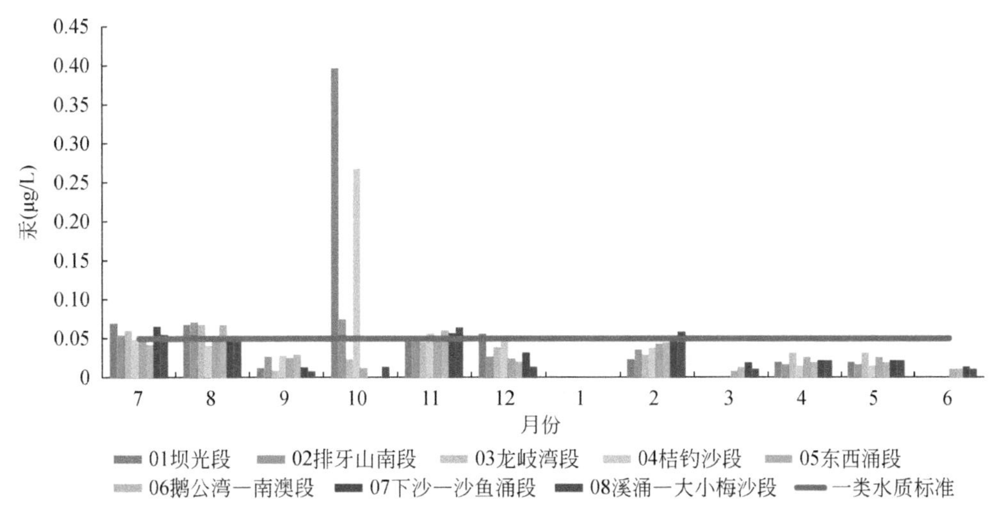

图 3-15　2020 年 7 月 ~2021 年 6 月大鹏半岛近岸海域海水汞含量变化情况

3.4.9 铅

2020 年 7 月 ~ 2021 年 6 月的监测数据中，有 6 次所有点位均未检出铅，分别为 2020 年 7 月、8 月、10 月、11 月、12 月和 2021 年 4 月。2021 年 2 月各岸带单元近岸海域海水的铅含量较高，均值达 4.96μg/L（图 3-16）。

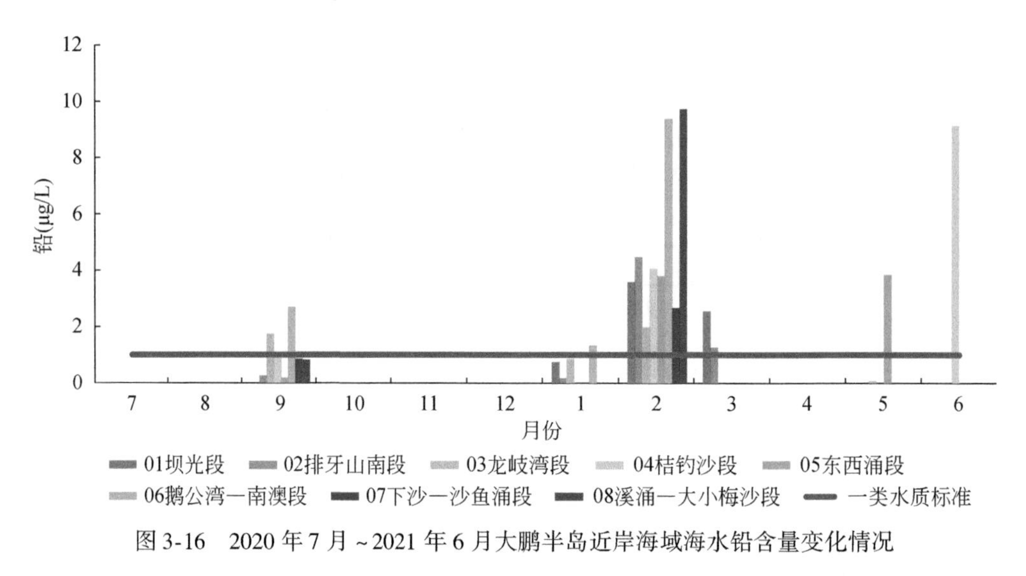

图 3-16 2020 年 7 月 ~ 2021 年 6 月大鹏半岛近岸海域海水铅含量变化情况

3.4.10 铜

整体而言，2020 年 7 月 ~ 2021 年 6 月大鹏近岸海域海水铜含量月度差异明显，其中 2020 年 7 月所有点位均未检出铜，2021 年 1 月和 2 月海水铜含量较低；而 2021 年 5 月铜含量均值最高，达到 7.93μg/L（图 3-17）。

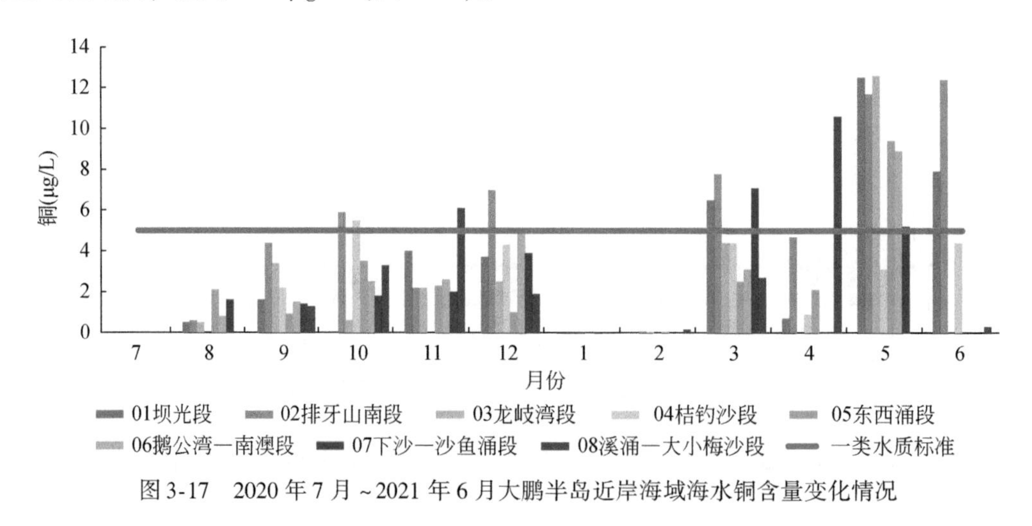

图 3-17 2020 年 7 月 ~ 2021 年 6 月大鹏半岛近岸海域海水铜含量变化情况

3.5 近岸海域水质指标关联分析

选取海水水质的 24 个指标进行主成分分析。各指标名称和编号对照如表 3-3 所示。

表 3-3　海水水质各指标名称和编号对照表

名称	编号	名称	编号	名称	编号
盐度	SA	氨氮	NH_3-N	砷	As
pH	pH	无机氮	DIN	汞	Hg
溶解氧	DO	总氮	TN	铜	Cu
无机磷	IP	总磷	TP	铅	Pb
化学需氧量	COD	石油类	PE	镉	Cd
活性硅酸盐	RS	叶绿素-a	Chl	总铬	Cr
亚硝酸盐	NIT	悬浮物	SS	粪大肠杆菌	Es
硝酸盐	NAT	锌	Zn	砷	As

根据海水水质主成分载荷矩阵，PC1 和 PC2 为海水水质指标的主要成分。海水水质 PC1 在无机氮、硝酸盐、锌和无机磷上的载荷值较大；主成分 PC2 在 pH、溶解氧、砷和总氮上的载荷值较大。

以第一主成分为横轴，第二主成分为纵轴，绘制各海水水质点位的主成分图如图 3-18 和图 3-19 所示。由图可知，11 月份 02 ~08 单元单位数值明显与其他点位不同，其原因主要是硝酸盐和无机氮偏高。

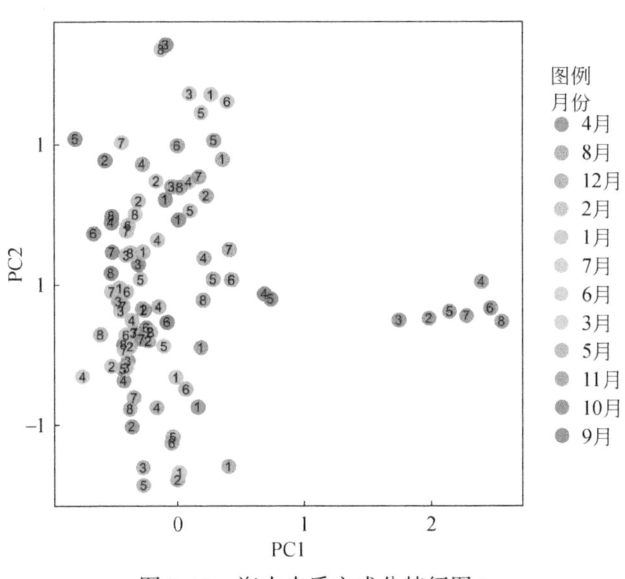

图 3-18　海水水质主成分特征图 1

海水水质各指标的相关性分析如图 3-20 所示。由图可知，铅和铬存在明显正相关；铜和盐度存在明显正相关；锌和亚硝酸盐、硝酸盐、无机氮存在明显正相关；pH 和砷存在明显负相关。

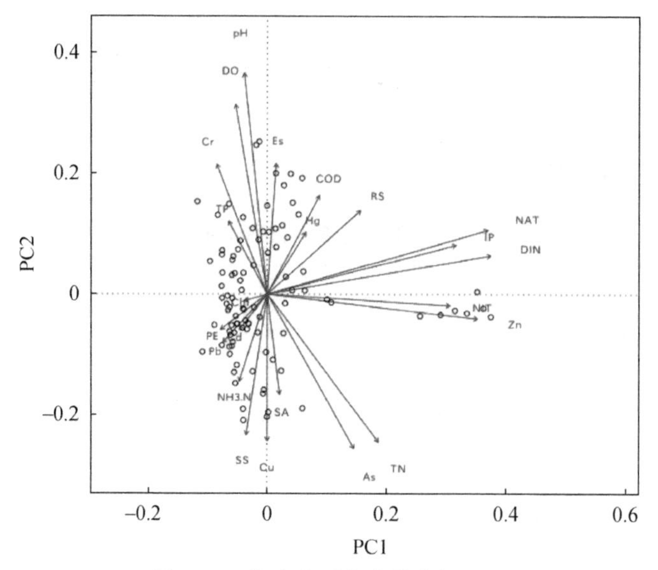

图 3-19　海水水质主成分特征图 2

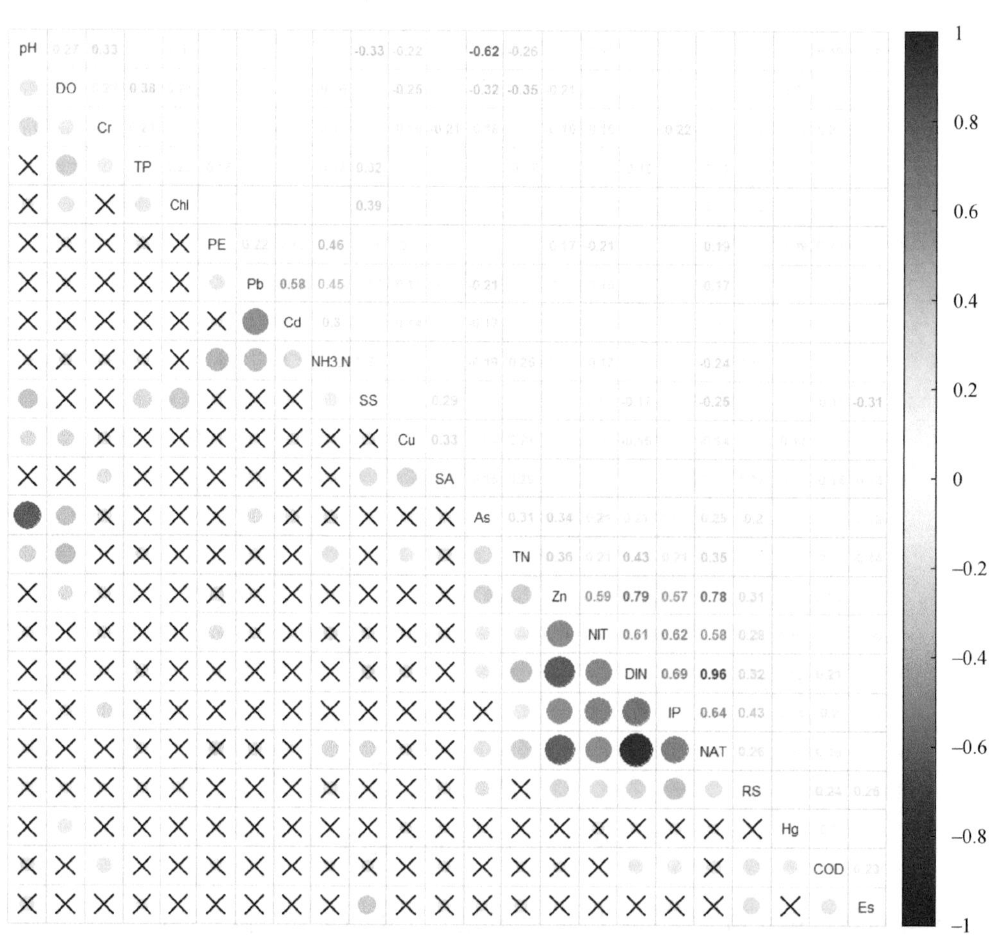

图 3-20　海水水质各指标的相关性分析

注：蓝色代表正相关，红色代表负相关，颜色越深或圆形越大代表相关性越大，带×球形表示相关性不显著（p 值大于 0.05）

3.6 社会经济活动与水环境影响

3.6.1 土地利用

各岸带单元土地利用现状情况如图 3-21 所示。其中，排牙山南段、桔钓沙段、东西涌段以林/草地为主，分别占各单元总面积的 73.99%、71.97% 和 76.53%；农业用地以坝光段最多，为 6.59km²，其次是龙岐湾段、桔钓沙段和东西涌段；城镇用地以排牙山南段、下沙—沙鱼涌段、龙岐湾段最多，分别为 4.57km²、3.28km² 和 2.86km²；湿地面积最大的岸带单元是东西涌段，为 1.94km²，其次是坝光段和龙岐湾段南段，分别是 1.50km² 和 1.37km²。

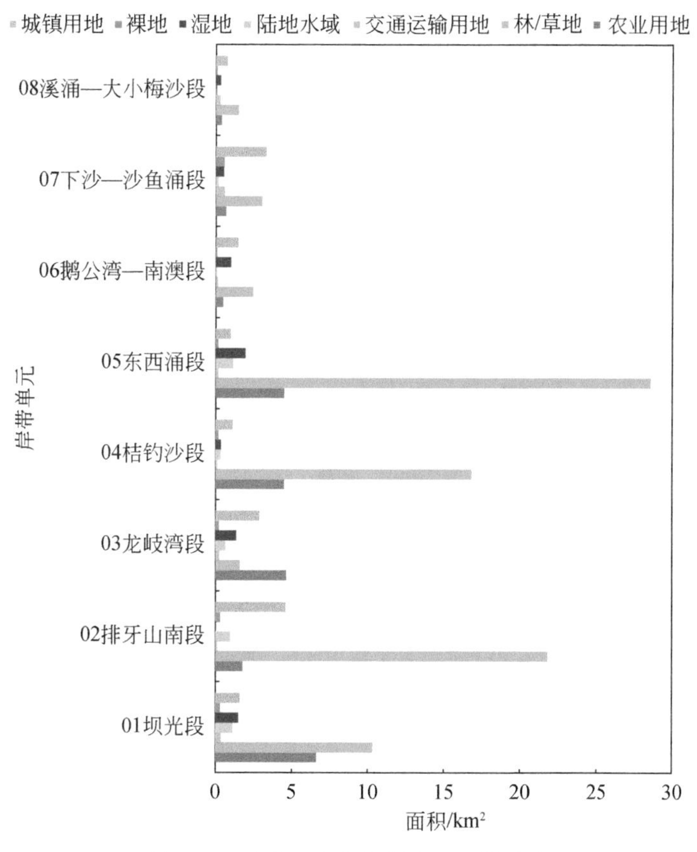

图 3-21　大鹏半岛海岸带土地利用现状

将土地利用类型中的城镇用地、交通运输用地、农业用地归为人类用地；同时分别统计 8 个岸带单元的人类用地面积，分析土地利用类型对海水水质的影响（表 3-4）。

第3章 海岸带区域水环境调查评估

表 3-4　海水水质指标与影响因子指标相关性分析

	人类土地利用面积	人口	入海排放口数量	水质污染综合指数	水质富营养化指数
人类土地利用面积	1	0.24	-0.023	0.726*	0.414
人口	0.24	1	0.392	0.065	-0.394
入海排放口数量	-0.023	0.392	1	-0.41	-0.38
水质污染综合指数	0.726*	0.065	-0.41	1	0.699
水质富营养化指数	0.414	-0.394	-0.38	0.699	1

* 表示在 0.05 级别（双尾），相关性显著

3.6.2　人口

用 WorldPop100m 数据，按照各岸带单元范围进行区域统计分析。根据栅格人口数据显示，大鹏半岛陆域人口总计 25 万人，其中海岸带区域人口为 9.98 万人，约占总人口的 40%。

大鹏半岛各岸带单元人口差异明显，人口密集区主要集中排牙山南段和龙岐湾段（大亚湾核电站区域和较场尾民宿区），各岸带人员人口分布情况见图 3-22 和图 3-23。根据大鹏半岛各岸带单元人口空间模拟化数据，计算各岸带单元人口数量，以便深入探讨人口对海水水质的影响。

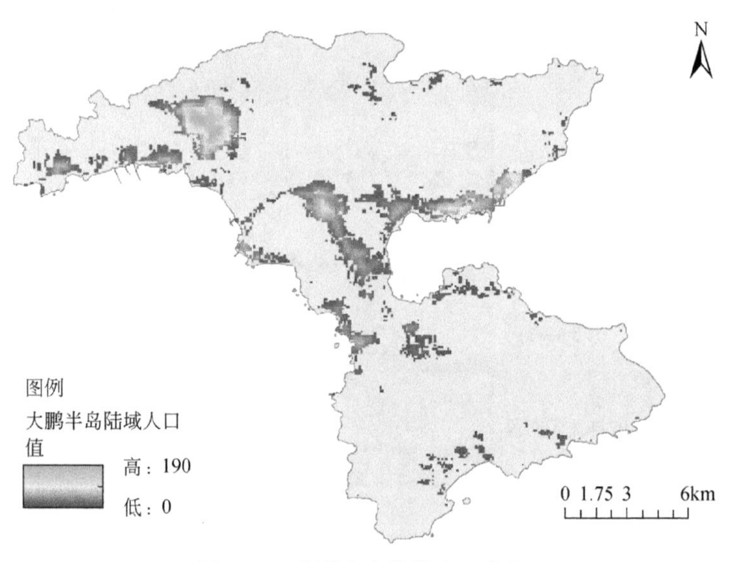

图 3-22　大鹏半岛陆域人口分布

3.6.3　入海排放口

截至 2021 年底，大鹏半岛共有各类入海排放口 193 个。其中，入海排污口 4 个、雨水口 137 个、养殖废水排放口 4 个、河流入海口 48 个（图 3-24）。

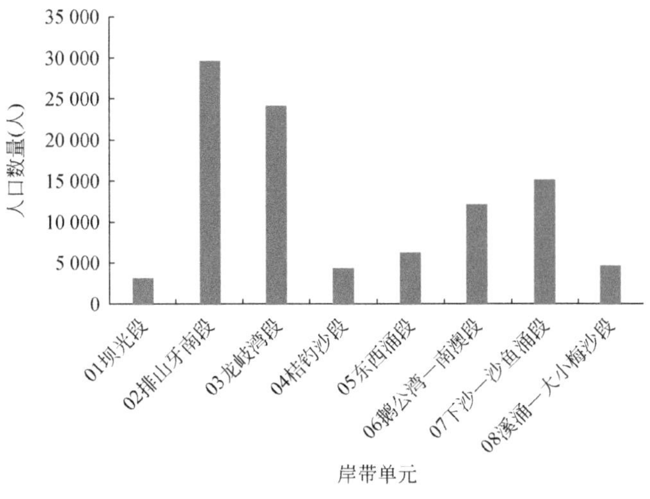

图 3-23　大鹏半岛各岸带单元人口分布

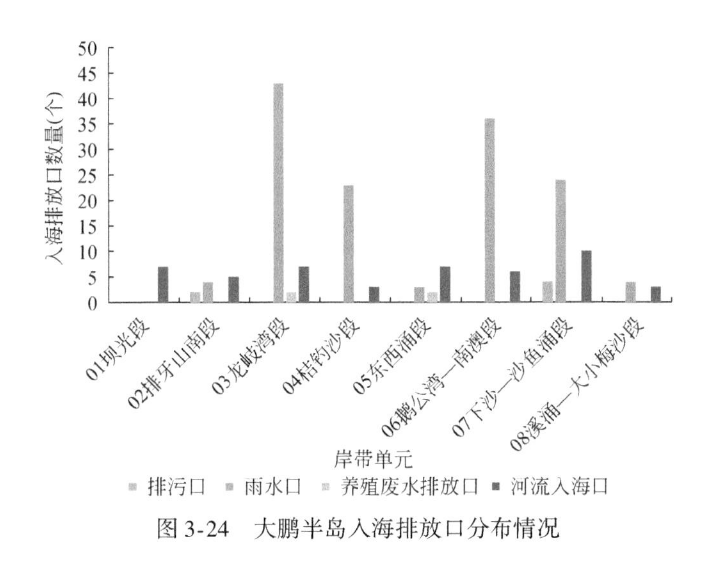

图 3-24　大鹏半岛入海排放口分布情况

各岸带单元中，龙岐湾段、鹅公湾—南澳段、下沙—沙鱼涌段入海排放口较为集中，分别为 52 个、42 个和 38 个；坝光段和溪涌段入海排放口较少，均为 7 个。养殖废水排放口主要分布在龙岐湾段和东西涌段，各有 2 个。排污口主要分布在排牙山南段和下沙—沙鱼涌段，分别有 2 个和 4 个。

3.6.4　影响分析

选取人类用地面积、人口数量、入海排放口作为影响因子；选取海水水质综合污染指数及富营养化指数作为水质指标，探讨其相关性。

根据相关性分析结果，人类用地面积和水质污染综合指数呈现显著正相关，其他指标相关性不明显（表 3-4）。

第4章

海岸带区域海洋垃圾调查评估

海洋垃圾是被认为是破坏海洋环境的主要污染物之一，其对环境和经济的负面影响不容忽视。随着人类对海洋开发利用程度的不断加深，海洋垃圾数量呈现增长趋势。据报道，英国海滩垃圾在1994～2013年间增长率达140%（Williams et al.，2016）。据估算，太平洋中塑料垃圾存量已达到浮游生物生物量的36倍（Galgani et al.，2014）。研究表明，中国是全球最大的海洋垃圾排放国，其次是印度尼西亚（Jambeck et al.，2015；Lebreton et al.，2017）。

各个标准对海洋垃圾的定义较为类似，一般指海洋环境中的人造的或经加工的固体废弃物（表4-1）。

表4-1　海洋垃圾的定义

标准名称	定义
《海洋垃圾监测与评价指南》（试行）	在海洋或海岸环境中具持久性的、人造的或经加工的被丢弃的固体物质，包括故意弃置于海洋和海滩的已使用过的物体，由河流、污水、暴风雨或大风直接携带入海的物体，以及意外遗失的渔具、货物等
《海洋垃圾监测与评价技术规程》（试行）	与CN19指南相同
UNEP/IOC Guidelines on Survey and Monitoring of Marine Litter	海洋和海岸环境中具持久性的、人造的或经加工的固体废弃物
Marine Debris Monitoring and Assessment: Recommendations for Monitoring Debris Trends in the Marine Environment	任何故意或无意地、直接或间接地弃置或丢弃到海洋环境或五大湖中的人造的或经加工的持久性固体物质

无论海洋垃圾以何种方式进入海洋（故意丢弃或自然漂流），它们都可以随着洋流和风漂流很长一段距离，在海滩上着陆或者在开放的海洋中堆积，不受海域政治边界的限制。因此，它可能导致严重的跨国界迁移问题，给野生动物和人类带来各种各样的问题（None et al.，1997）。

近年来，深圳市对海洋生态环境的监测日益完善，但对于海洋垃圾的监测仍然比较缺乏。大鹏半岛作为占有深圳市约1/2海岸线（不包含深汕合作区），承载主要海岸带旅游功能的区域，开展海漂垃圾和海滩垃圾研究，对从源头上减少海洋垃圾，并减少其漂流、下沉、危害海洋生物等一系列连锁反应有着重要意义。

4.1　海洋垃圾的危害

当垃圾存在于海洋环境中时，除了带来美学和经济负面影响以外，其还会威胁到生物的健康和安全（Turner，2016）。例如，塑料垃圾会通过缠结或被摄食导致鸟类等动物受到物理伤害甚至死亡（Li et al.，2016）。研究统计，2012 年受到塑料垃圾污染影响的海龟、海洋哺乳动物和海鸟的比例分别达到 100%、45% 和 21%（Rochman et al.，2013）。此外，由于塑料垃圾潜在的毒性和吸收的污染物（如有机物和重金属），可能会对生物产生化学危害（Lithner et al.，2011；Alam et al.，2018）。

海洋垃圾的影响范围和规模是多样的，主要包括环境影响、社会影响、经济影响和社会安全影响，具体如表 4-2 所示。

表 4-2　海洋垃圾的影响

影响类别	具体影响
环境影响	a. 和生物纠缠并影响渔业 b. 生物摄入（肠道阻塞、营养不良和中毒） c. 堵塞过滤装置（微塑） d. 破坏珊瑚礁、海草、红树林的栖息空间并影响生物呼吸 e. 成为有害生物（包括入侵物种）的潜在载体
社会影响	a. 审美和（或）视觉的损失 b. 原有价值的丧失 c. 对污染者的反感 d. 感知或实际的健康和安全风险
经济影响	a. 旅游费用（视觉景观损失和海滩使用障碍） b. 船舶操作员的成本（停工和因纠缠造成的损坏） c. 因损坏或纠缠而对渔业和水产养殖作业造成的损失 d. 清理费用、动物救援行动、恢复和处置费用
社会安全影响	a. 航行危险（海上断电或转向可能危及生命） b. 对游泳者和潜水员的危害（纠缠） c. 割伤、擦伤和棍棒（穿刺）受伤 d. 有毒化学品的浸出 e. 爆炸风险

4.2　相关研究

4.2.1　国外相关研究现状

据联合国环境规划署估计，全球每年有超过 640 万 t 垃圾进入海洋。海洋垃圾的最大来源是陆上活动，其中包括：从沿海或河岸附近的垃圾场释放出来的废弃物，海滩垃圾，海岸旅游和休闲活动、渔业活动、航运活动产生的废弃物等。2003 年，为应对这一全球性挑战，联合国环境规划署区域海洋方案和《保护海洋环境免受陆上活动污染全球行动纲领》联合发起了“海洋垃圾全球倡议”，支持和指导了 12 个区域行动计划的出台。其

2009 年的报告《海洋垃圾：一个全球挑战》是有史以来第一次跨越 12 个不同区域对全球海洋垃圾状况进行衡量的尝试①。

在全球层面，2015 年联合国大会通过《2030 年可持续发展议程》呼吁采取行动，“保护和可持续利用海洋和海洋资源”，并“到 2025 年预防和显著减少各种海洋污染，特别是来自陆地活动的污染，包括海洋碎片和营养物质污染”。联合国环境大会（UNEA）决议运用全生命周期法，联合多方利益相关者开展合作，加强科学政策对接，以解决海洋垃圾这一重要的跨界问题②。

国际上已有一些组织和机构或政府间合作计划，制定了一些海洋垃圾防治策略，并通过提供共享平台，促进多方合作共同为海洋垃圾问题提供解决方案。

（1）海洋垃圾全球伙伴关系

海洋垃圾全球伙伴关系（Global Partnership on Marine Litter，GPML）是 2012 年 6 月联合国可持续发展大会在响应《马尼拉宣言》促进全球行动计划的实施保护海洋环境免受陆地活动影响的项目。该伙伴关系由一个指导委员会领导，联合国环境规划署（UNEP）提供秘书处服务。GPML 是一个多方利益相关者的伙伴关系，汇集了所有致力于防止海洋垃圾和微塑料的行为者，通过提供一个独特的全球平台来分享知识和经验，合作伙伴能够共同努力，为这一紧迫的全球问题创造和推进解决方案③。

（2）东亚海洋合作体

东亚海洋合作体（Coordinating Body on the Seas of East Asia，COBSEA）东亚海域拥有无与伦比的生物多样性，支持当地居民生计和经济发展。然而，该地区的海洋和沿海生态系统面临着一系列威胁，包括不可持续的沿海开发、过度捕捞、海洋变暖和酸化以及严重的污染。COBSEA 是一个区域政府间合作机制，联合 9 个国家（柬埔寨、中国、印度尼西亚、韩国、马来西亚、菲律宾、泰国、新加坡和越南）对东亚沿海地区的海域开展开发和海洋环境保护合作。COBSEA 是联合国环境规划署（UNEP）管理的 18 个区域海洋方案之一，秘书处由泰国主办④。

（3）美国国家海洋和大气管理局海洋碎片项目

2006 年，美国国会授权美国国家海洋和大气管理局海洋碎片项目（National Oceanic and Atmospheric Administration Marine Debris Program，NOAA/MDP）作为美国联邦政府处理海洋碎片的领导机构。NOAA/MDP 通过五大支柱实现其使命：去除、预防、研究、区域协调和应急反应。其首要任务是调查和防止海洋垃圾的不利影响。该计划经国会授权，通

---

① https：//www. un. org/zh/globalissues/oceans/pollution. shtml.

② https：//www. unenvironment. org/cobsea/what-we-do/marine-litter-and-plastic-pollution.

③ https：//www. unenvironment. org/explore-topics/oceans-seas/what-we-do/addressing-land-based-pollution/global-partnership-marine.

④ https：//www. unenvironment. org/cobsea.

过《海洋垃圾法》对海洋垃圾进行研究和管理。①。

（4）海洋保护协会

海洋保护协会（Ocean Conservancy）成立于1972年，使命是为健康的海洋及依赖海洋的野生动物和社区创造基于科学的解决方案。海洋保护协会在1986年开始开展国际清滩活动（International Coastal Cleanup）②，在清理过程中，志愿者充当“公民科学家”，清点他们在数据卡上找到的项目。这些资料用于确定海洋垃圾的来源，研判海洋垃圾的变化趋势，并提高对海洋垃圾威胁的认识。清理工作可以沿海岸进行，也可以从船上进行，也可以在水下进行③。

4.2.2 国内研究现状

国家海洋局在进行了大量的调查研究，借鉴国内外先进的监测、评价技术方法的基础上，结合中国实际情况，组织编制了《海洋垃圾监测技术指南》。2007年，在中国近岸海域选择有代表性的区域，试点开展海洋垃圾监测。自2008年起，全面开展海洋垃圾监测工作，完善监测工作方案，加大垃圾监测力度，使监测工作更加贴切垃圾评价及防治工作的需求（许林之，2008）。

2008~2018年《中国海洋环境状况公报》中公布的监测结果如表4-3所示。

表4-3　2008~2018年海洋垃圾监测数值

年份	海面漂浮大块垃圾量（个/km²）	海面漂浮中小块垃圾量		海滩垃圾量		海底垃圾量	
		数量密度（个/km²）	质量密度（kg/km²）	数量密度（个/km²）	质量密度（kg/km²）	数量密度（个/km²）	质量密度（kg/km²）
2008	**10**	**1 200**	22	**8 000**	**296**	400	621
2009	20	3 700	**8**	1 2000	698	**200**	489
2010	22	1 662	9	30 000	770	759	90
2011	17	3 697	10	62 686	1 114	**2 543**	336
2012	37	**5 482**	14	**72 581**	2 494	1 837	127
2013	29	2 819	15	70 252	1 622	575	36
2014	30	2 206	20	50 142	**3 119**	720	100
2015	**38**	2 281	18	69 203	1 105	1 325	34
2016	20	2 234	**65**	70 348	1 971	1 180	**671**
2017	20	2 845	22	52 123	1 420	1 434	43
2018	21	2 358	24	60 761	1 284	1 031	**18**

① https：//marinedebris. noaa. gov/who-we-are.

② https：//oceanconservancy. org/about/.

③ https：//www. thoughtco. com/international-coastal-cleanup-2291539.

孙伟等（2020）根据2009～2017年的调查资料，系统分析了9年间山东省7处岸滩的海滩垃圾时空分布特征，并进行了垃圾来源分析研究。结果显示，山东省海滩垃圾的主要组分为塑料类、木制品类、玻璃类和纸类，数量以塑料类最多，占垃圾总量的55.86%；海滩垃圾平均数量密度为75 958个/km^2，质量密度为1186.47kg/km^2。

王倩等（2020）在对深圳260.5km海岸线实际调研的基础上，将其分为砂质、淤泥、生物、岩基和人工海岸线5类，通过设置采样点和实地采样的方法，对深圳海岸线垃圾的数量、组成、来源、空间分布进行了研究，分析了海岸线塑料垃圾的热值和氯离子含量。结果表明，5类海岸线的垃圾数量密度和质量密度均不相同，平均数量密度为1.21×10^6～6.16×10^6个/km^2，平均质量密度为2.04×10^4～9.54×10^4kg/km^2；深圳海岸线垃圾主要来源于人类海岸活动（82.67%），其中塑料和泡沫塑料是主要组成成分，占比分别为47.05%、28.57%。

莫珍妮等（2018）根据2013～2016年的监测资料，分析了广西沿海3处典型海滩海洋垃圾的数量、组成、变化特征和来源。结果表明，北海、钦州、防城港三处监测区海滩垃圾平均数量密度分别为2582个/km^2，平均质量密度为151.78kg/km^2。海洋垃圾数量以塑料类最多，约占总量的41.90%。海洋垃圾来源以其他废弃物（轮胎、荧光灯管、窗纱、电线、灯泡、玻璃等）的海洋垃圾量最多，约占46.76%。

4.3 海洋垃圾主要监测标准与分类

目前国际上应用较为广泛的海漂垃圾监测方法主要有联合国环境规划署（UNEP）2009年发布的《海洋垃圾调查和监测指南》（Guidelines on Survey and Monitoring of Marine Litter），欧洲委员会2013年发布的《欧洲海域海洋垃圾监测指南》（Guidance on Monitoring of Marine Litter in European Seas），美国国家海洋和大气局（NOAA）2013年发布的《海洋废弃物监测和评估：监测海洋环境中废弃物趋势的建议》（Marine Debris Monitoring and Assessment：Recommendations for Monitoring Debris Trends in the Marine Environment）；国内主要参考标准为生态环境部2019年发布的《海洋垃圾监测与评价指南》（试行），国家海洋局2015年发布的《海洋垃圾监测与评价技术规程》（试行）（表4-4）。

表4-4 海洋垃圾监测主要参考标准

标准/研究	机构/年份	标准简称
《海洋垃圾监测与评价指南》（试行）	生态环境部，2019	CN19 指南
《海洋垃圾监测与评价技术规程》（试行）	国家海洋局，2015	CN15 指南
UNEP/IOC Guidelines on Survey and Monitoring of Marine Litter	联合国环境规划署政府间海洋委员会，2009	UNEP/IOC 指南

续表

标准/研究	机构/年份	标准简称
Guidance on Monitoring of Marine Litter in European Seas	欧洲委员会，2013	MSFD 指南
Marine Debris Monitoring and Assessment: Recommendations for Monitoring Debris Trends in the Marine Environment	美国国家海洋和大气局海洋垃圾计划，2013	NOAA 指南
Guidelines for Monitoring Marine Litter on the Beaches and Shorelines of the Northwest Pacific Region	西北太平洋海洋和沿岸地区环境保护计划，2007	NOWPAP 指南

按材料类型分类，国外标准如 UNEP/IOC 指南和 NOAA 指南等对海洋垃圾的大类别及小类别提供了详细的分类表，但国内标准仅有大类划分而没有分类细则。分类方法上的差异通常也导致了统计结果的差异，如国外研究几乎都把烟蒂划分为塑料一类，而国内部分研究及环境公报中（如深圳市海洋环境公报）常将烟蒂划分为其他类（表4-5）。

表4-5 海洋垃圾分类（按材料类型）

标准简称	分类概述	分类（按材料类型）
CN19 指南和 CN15 指南	9 大类，无小类	塑料类、聚苯乙烯泡沫塑料类、玻璃类、金属类、橡胶类、织物（布）类、木制品类、纸类和其他人造物品及无法辨识的材料
UNEP/IOC 指南	9 大类（按垃圾材质）下细分 77 小类	塑料、金属、玻璃、加工木材、纸、橡胶、布制品、泡沫塑料和其他
NOAA 指南	6 大类（按垃圾材质）下细分 36 小类	塑料、金属、玻璃、橡胶、加工过的木材/纸张、布制品/织物
MSFD 指南	9 大类（按垃圾材质）下细分 217 小类	人工高分子材料、橡胶、布料/织物、纸/硬纸板、加工过的木材、金属、玻璃/陶瓷、化学品、未分类

按尺寸大小分类，UNEP/IOC 指南和 NOAA 指南对海洋垃圾尺寸的分类是一致的；国内的标准增加了中块垃圾（≥2.5cm 且≤10cm）的分类，但没有对微米级（≤1μm）的垃圾进行单独分类（表4-6）。

表4-6 海洋垃圾的分类（按大小）

标准简称	分类（按大小）
CN19 指南	微小块垃圾：<5mm 小块垃圾：≥5mm，且<2.5cm 中块垃圾：尺寸≥2.5cm 且≤10cm 大块垃圾：尺寸>10cm 且≤1m 特大块垃圾：尺寸>1m
CN15 指南	小块垃圾：≥5mm，且<2.5cm 中块垃圾：尺寸≥2.5cm 且≤10cm 大块垃圾：尺寸>10cm 且≤1m 特大块垃圾：尺寸>1m

续表

标准简称	分类（按大小）
UNEP/IOC 指南	Nano：≤1μm Micro：≥0. 33mm，且<5mm Meso：≥5mm，且<2. 5cm Macro：尺寸≥2. 5cm 且≤1m Mega：尺寸>1m
NOAA 指南	与 UNEP/IOC 指南相同

按照来源分类，国内外学者多参考 NOWPAP 指南的方法，其分类方法主要有两种，其中，ICC 卡分类法按来源分成 6 大类 42 小类；韩国 MOMA 的分类方法，按垃圾材质分 8 大类，加上大件垃圾和其他垃圾 2 大类共十大类，下细分 40 小类。ICC 卡分类方法如表 4-7 所示。

表 4-7 海洋垃圾来源分类表

垃圾来源	垃圾种类
海岸休闲活动	塑料瓶、玻璃瓶、易拉罐、塑料餐具、贴纸、纸袋、气球、棉絮等
航运/捕鱼活动	饵料容器及包装、漂白/清洁剂瓶子、浮标、捕捞网、鱼饵、渔线、油罐、托盘、绳子、捆扎带、油布等
吸烟用品	烟头、香烟过滤嘴、香烟包装、打火机等
倾倒物	电器、电池、建筑材料、汽车零部件、轮胎等
医疗/卫生用品	注射器、纸尿裤、卫生巾等
其他废弃物	现场观察到的其他物品

本书主要参考 CN19 将海洋垃圾分为 9 大类，并参考 NOAA 指南、UNEP/IOC 指南、MSFD 指南等分成 152 小类，大小按 CN19 分为 4 类（不统计微小块垃圾），垃圾来源参考 NOWPAP 指南方法分为 6 类。具体如表 4-8 所示。

表 4-8 本书的海洋垃圾分类

按材料分类	按来源分类	按大小分类
塑料类	海岸休闲活动	小块垃圾（尺寸≥5mm，且<2. 5cm）
聚苯乙烯泡沫塑料类	航运/捕鱼活动	中块垃圾（尺寸≥2. 5cm 且≤10cm）
玻璃类	吸烟用品	大块垃圾，（尺寸>10cm 且≤1m）
金属类	倾倒物	特大块垃圾，尺寸>1m
织物（布）类	医疗/卫生用品	
橡胶类	其他废弃物	
木制品类		
纸类		
其他人造物品及无法辨识的材料		

4.4 海洋垃圾监测方案

4.4.1 海漂垃圾

对于海漂垃圾，大鹏半岛每个岸带单元选取具有代表性的监测断面开展监测，于2020年7月~2021年6月开展月度连续监测。其中首月每个岸带单元监测2个断面，其余月份每月各监测1个断面；另外于2020年9月和10月在大鹏半岛东部、南部和西部增加近岸点和远岸点监测，监测指标包括数量、密度、种类、大小等。

对于海滩垃圾，对大鹏半岛54个沙滩的海滩垃圾情况进行整体调研并划分等级；另外在每个岸带单元（坝光段除外，因该岸段无列入官方沙滩名录）选取1个有代表性沙滩分别在旅游旺季和淡季开展详细调查监测，监测指标包括数量、密度、种类、大小等（图4-1~图4-3）。

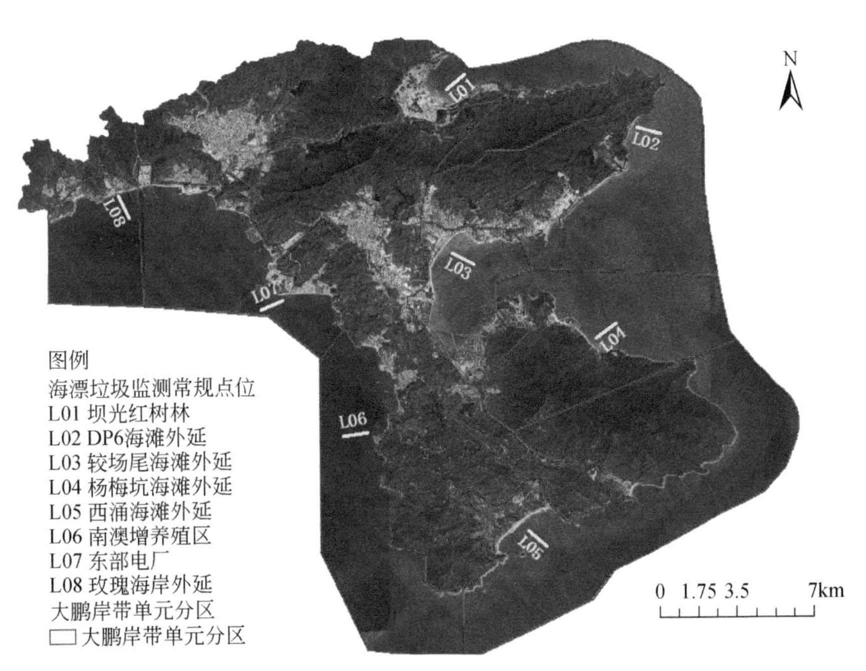

图4-1 海漂垃圾常规监测点位

海漂垃圾的监测断面应综合考虑沿海人口分布情况、海洋功能区分布和沿海产业类型等周边环境信息，并按照不同的海域类型进行监测断面布设：

1）海湾：海湾面积大于等于100km^{2}的，宜设置不少于3条垂直于湾底的监测断面；海湾面积为10~100km^{2}的，宜设置不少于2条垂直于湾底的监测断面；海湾面积小于10km^{2}的，宜设置不少于1条垂直于湾底的监测断面。

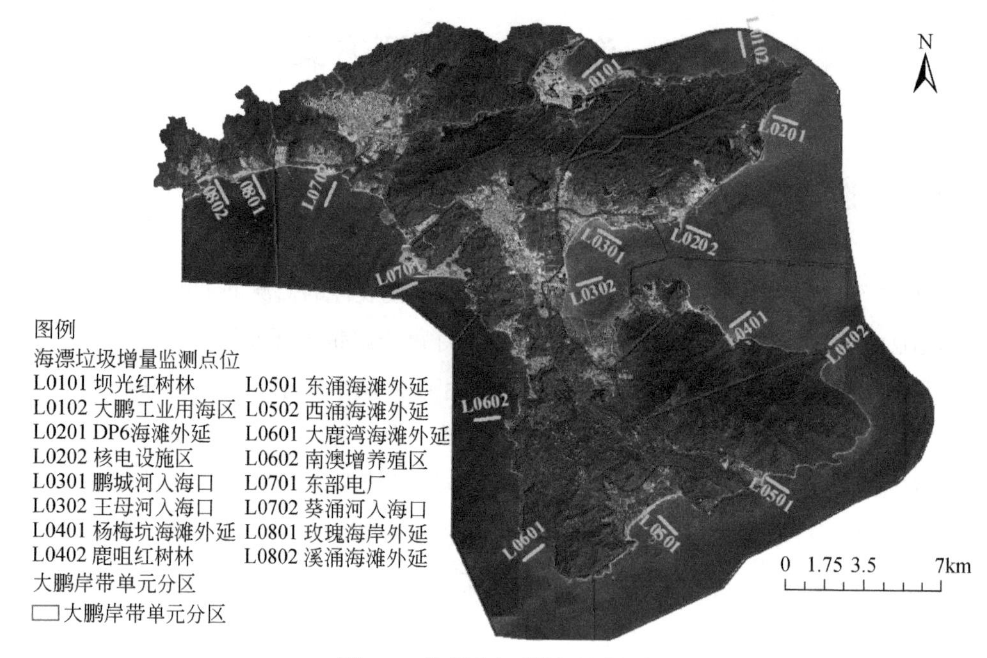

图 4-2　海漂垃圾增量监测点位

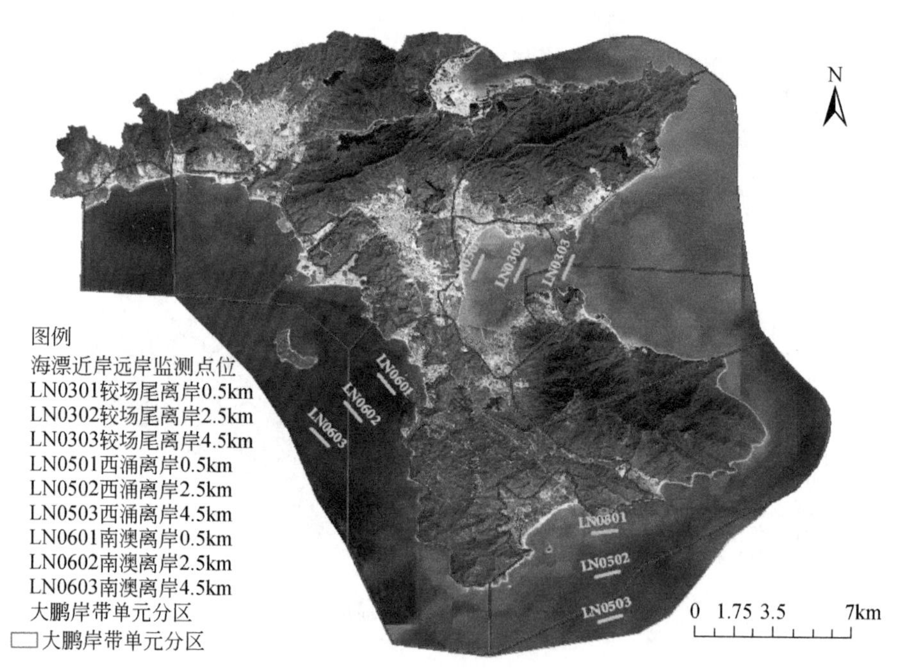

图 4-3　海漂垃圾近岸、远岸监测点位

2）河口：以扇形方式设置不少于 3 条监测断面。

3）开阔海域：监测断面应均匀分布监测区域，断面长度不低于监测主岸线长度的 10%。

采用样带法和拖网法进行海洋垃圾计算，样带法监测断面宽度相当于有效观测宽度，长度是船行驶的直线距离，监测船行驶的直线距离可根据船速和船行驶时间进行确定。样带法观测海面漂浮大块及特大块垃圾密度的计算方法如下公式。

$$D = \frac{n}{\sum_{i=1}^{k} l_i \times w}$$

式中，D 为样带法观测海面漂浮大块及特大块垃圾密度，单位为个/km^2；n 为被统计的目标物体总数，单位为个；k 为监测断面数量；l_i为第 i 个监测断面的长度，可根据船速与船行驶时间确定，单位为 km；w 为监测断面有效宽度，单位为 km。

拖网法监测断面宽度相当于网具的网口宽度，长度是船行驶的直线距离。海面漂浮小块及中块垃圾密度计算方法如下：

$$D = \frac{n}{\sum_{i=1}^{k} l_i \times w}$$

式中，D 为拖网监测海面漂浮小块及中块垃圾密度，单位为个/km^{2}或 g/km^2；n 为拖网采集的目标物体总数量或总质量，单位为个或 g；w 为网口宽度，单位为 km；l_i 为第 i 个监测断面的长度，可根据船速与拖网时间或网口流量计确定，单位为 km；k 为监测断面数量。

4.4.2 海滩垃圾

海滩垃圾监测主要有持续存量监测（Standing-Stock Surveys）和增量监测（Accumulation Surveys）两种。

持续存量监测是指在一个采样单元，监测某一时刻海滩垃圾的量和种类，不强制要求清理监测区域的垃圾，常用单位为垃圾个数或质量/单位面积。存量监测是评估特定地点和区域范围内垃圾累积影响和风险的必要措施。

增量监测是指监测一个时间段内海滩垃圾的净通量，需要在调查前清除滩面垃圾、固定监测地点，并设置固定监测频率；与存量监测相比，累积量研究需要更多的时间，且受频率的影响，适用于海滩垃圾的生命周期研究或者重大事件（如台风等）对垃圾产生的影响等研究。应用较为广泛的海滩垃圾监测方法主要有 NOAA 指南、UNEP/IOC 指南、MSFD 指南、NOWPAP 指南等（表 4-9）。

表 4-9 国内外海滩垃圾监测方法

指南简称	NOAA 指南	UNEP/IOC 指南	MSFD 指南	NOWPAP 指南
监测频率	28 天/次	3 个月一次（至少每年一次）	每季度一次	每年一次，最好在 9、10 月之间
监测类别	增量检测、存量监测	增量检测、存量监测	增量监测	存量监测

续表

指南简称	NOAA 指南	UNEP/IOC 指南	MSFD 指南	NOWPAP 指南
监测点要求	• 全年可直接进入 • 没有防波堤和码头 • 与水边平行的最小长度为 100m • 没有其他常规保洁行为	• 全年可进入海滩 • 没有防波堤和码头 • 至少长 100m（沿海岸线在沙滩中部测量） • 低到中坡度（15°～45°） • 理想情况下不应有清洁活动；在有维护清洁情况下，必须知道海滩清洁时间 • 不影响任何濒危和受保护动植物	• 至少长 100m • 坡度 15°～45° • 海滩没有同海水隔绝开，没有防波堤和码头 • 全年可进入海滩 • 没有其他常规保洁行为	尽量避免下列地点： •河口、港区及游泳海滩 1km 范围内 •礁石海滩及回水区
监测方法概述	• 增量监测：设定固定监测区域，于低潮位时收集监测区域的海滩垃圾（>2. 5cm 的垃圾） • 存量监测：选取长 100m（沿海水测量）的海滩片段分隔成间距 5m 的 20 个间隔带，随机选取 4 个间隔带作为样本	• 增量监测：方法选取长 100～1000m 的海滩片段，志愿者以平行或垂直于海岸线的行走路线（间隔 2m），捡拾并记录整片监测区域的海滩垃圾（>2. 5cm，小垃圾可以在 10m 宽的单元进行监测）。每次监测都在同一个固定监测区域内 • 存量监测：选取长至少 100m 的海滩片段，志愿者以平行或垂直于海岸线的行走路线（间隔 2m），捡拾并记录整片监测区域的海滩垃圾（>2. 5cm 的垃圾）	垃圾较少的海滩：至少选取 2 块长 100m（沿海水）的监测区域。垃圾较多的海滩：至少选取 2 块长 50m 的监测区域。捡拾并记录每个监测区域内的海滩垃圾（>2. 5cm 的垃圾）。每次监测都在同一个固定监测区域内	没有固定的监测区域大小，只需要记录监测区域的长度与宽度，并且每次监测都在同一区域。捡拾并记录监测区域内的海滩垃圾

海滩垃圾监测区域为自然海滩岸线，包含定期清理的海滩和未经清理的海滩，监测断面布设应覆盖滨海旅娱乐区、农渔业区、港口航运区等海洋功能区。海滩垃圾的监测断面通常设置为宽度 5m，长度为从水边或湿泥滩的边缘至平均高潮线处或植被覆盖区域。

海滩长度不大于 2km 的 ，设置不少于 2 个监测断面；海滩长度 2m～5km 的，设置不少于 3 个监测断面；沙滩长度大于 5km 的，设置不少于 5 个监测断面。监测断面应均匀分布于监测区域。每个监测断面宽度为 5m，长度为从浸水边际线至平均高潮线处或植被覆盖区域（图 4-4，图 4-5）。

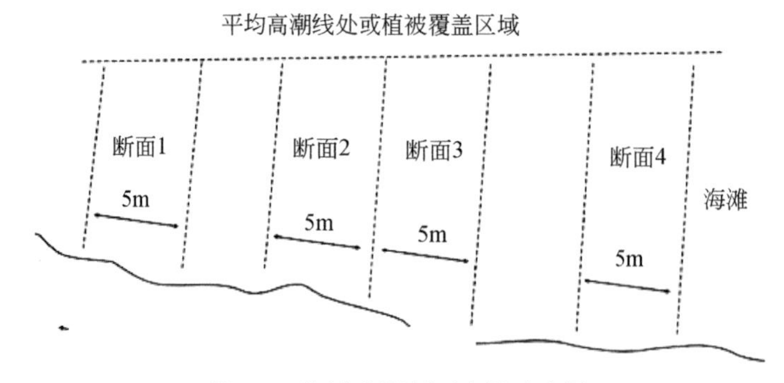

图 4-4　海滩监测断面布设示意图

图 4-5　海滩垃圾断面照片（较场尾海滩）（拍摄时间：2020 年 12 月）

具体到大鹏半岛，则于每个岸带单元（坝光段除外，因其没有列入官方名录的海滩）选取有代表性的沙滩分别于旅游淡季和旅游旺季开展监测。具体监测点如表 4-10、图 4-6 所示。

表 4-10　海滩垃圾点位信息

点位编号	海滩名称	管理形式	保洁情况	沙滩长度（m）	坡度
B02	长湾海滩	封闭管理	南边有专人管理，北边无人管理	710	缓
B03	较场尾海滩	开放管理	每 150m 海岸线配备 1 名保洁员	3 440	缓
B04	杨梅坑海滩	围合管理	每 150m 海岸线配备 1 名保洁员	820	缓
B05	西涌海滩	沙滩浴场	每 150m 海岸线配备 1 名保洁员	3 220	缓
B06	海贝湾海滩	封闭管理	每 250m 海岸线配备 1 名保洁员	170	缓
B07	DP1 海滩	围合管理	每 150m 海岸线配备 1 名保洁员	1 219	较陡
B08	溪涌海滩	沙滩浴场	每 150m 海岸线配备 1 名保洁员	470	较陡

按照设定的监测断面采集样品，并在低潮位 3h 内完成采样。样品采集时，不采集人力无法搬动的大块或特大块垃圾。将采集到的样品放入样品瓶（袋）或其他合适的容器中，不宜采用冰冻方法保存。在实验室内对采集的垃圾进行统计分类和称量后记录。采用下式进行数据处理：

$$D = \frac{n}{\sum_{i=1}^{k} l_i \times w}$$

式中，D 为海滩垃圾密度，单位为/m^2 或 g/m^2；n 为垃圾的总数量或总质量，单位为个或 g；l_i 为第 i 个监测断面的长度，单位为 km；k 为监测断面数量；w 为监测断面宽度，单位为 km。

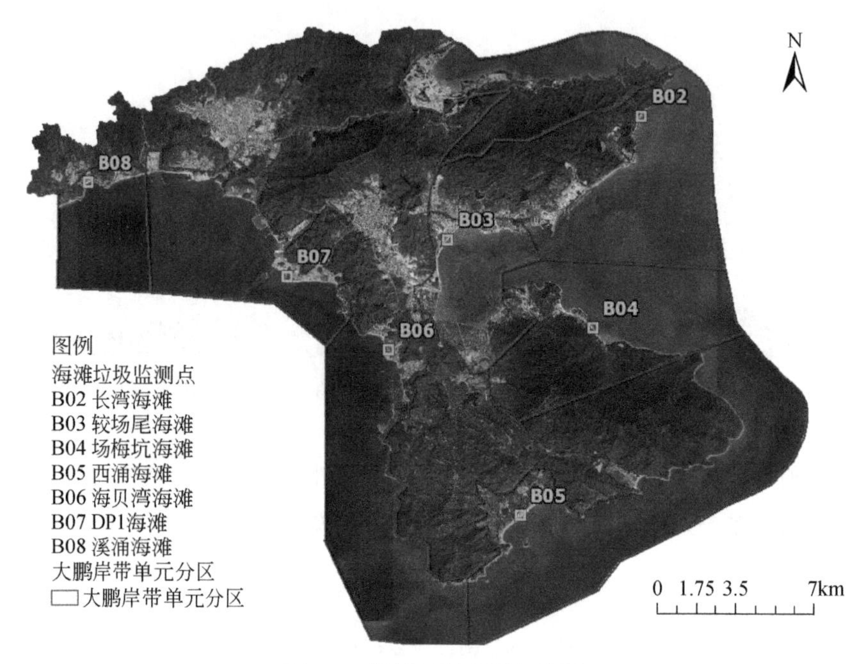

图 4-6　海滩垃圾监测点位图

4.5　大鹏半岛海漂垃圾时空分布

4.5.1　整体情况

课题组于 2020 年 7 月～2021 年 6 月对大鹏半岛海漂垃圾连续开展月度监测，并带回实验室分类处理。结果显示，拖网收集到的大鹏半岛海漂垃圾（尺寸小于 0.5cm 的微小块垃圾除外）个数密度均值为 12 026.1 个/km^2，质量密度均值为 604.8g/km^2；海上观测到的海漂垃圾个数密度均值为 255.8 个/km^2（含小块、中块、大块及特大块垃圾）及 165.0 个/ km^2（仅统计大块及特大块垃圾）。

对于拖网收集到的海漂垃圾而言，个数密度最大的岸带单元为龙岐湾段，为 29 775.1 个/km^2；质量密度最大的岸段为排牙山南段，为 1715.0g/km^2。整体而言，大鹏湾（06～08）和大亚湾（01～05）海漂垃圾个数密度差别不大，分别为 11 786 个/km^2和 12 170 个/km^2；但大亚湾海漂垃圾质量密度明显高于大鹏湾（约为 2.5 倍）（图 4-7）。

对于海上观测的海漂垃圾（含小块、中块、大块及特大块垃圾）而言，个数密度最大的岸带单元为鹅公湾—南澳段和龙岐湾段，分别为 357.6 个/km^2和 327.3 个/km^2。大鹏湾和大亚湾观测到的海漂垃圾个数密度分别为 260.8 个/km^2和 204.7 个/km^2（图 4-8）。

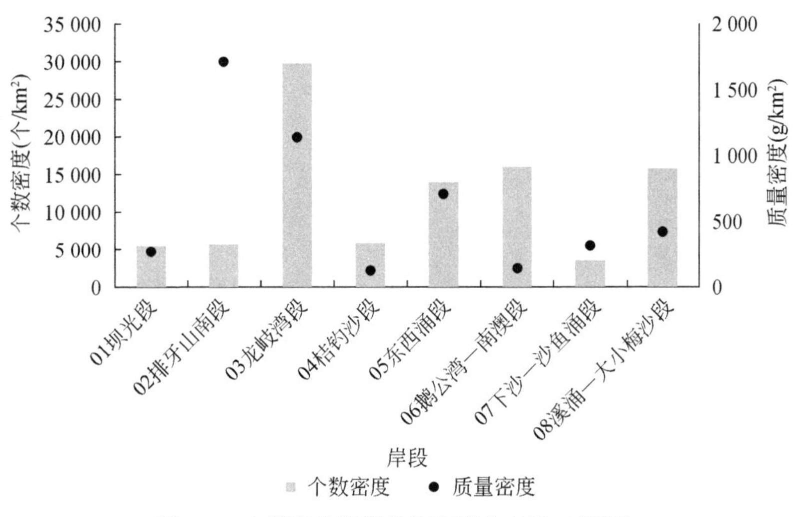

图 4-7　大鹏半岛海漂垃圾密度分布图（拖网）

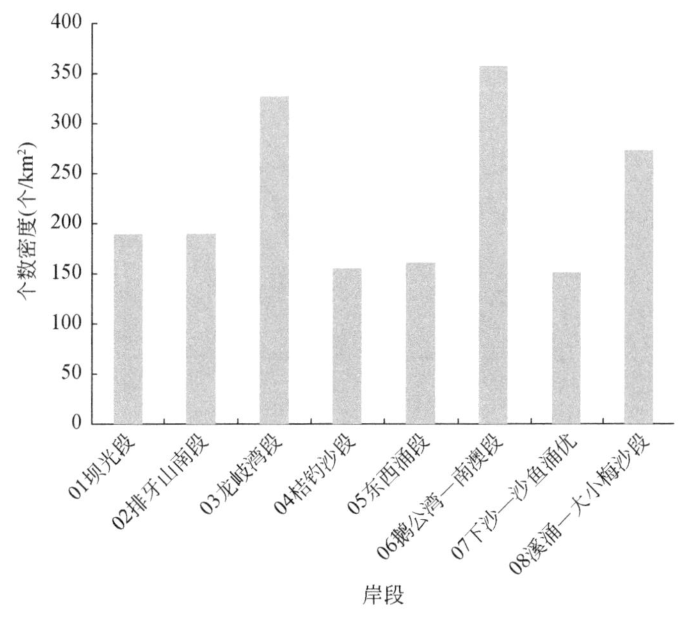

图 4-8　大鹏半岛海漂垃圾密度分布图（观测）

4.5.2　季度变化和月度变化

海漂垃圾拖网个数密度和观测个数密度随季节（以深圳四季划分）呈现一致的变化规律，均为秋季（11~12 月）最大，其次是冬季（1 月）和夏季（5~10 月），春季（2~4 月）最小。

对于拖网收集到的海漂垃圾而言，其个数密度和质量密度的季节变化存在明显差异。秋季个数密度最大，为 17244.8 个/km^2；夏季质量密度最大，为 743.2g/km^2（图 4-9）。

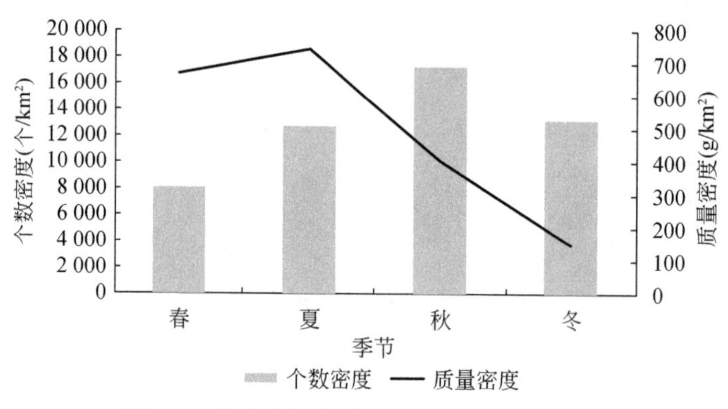

图 4-9　大鹏半岛海漂垃圾季节变化（拖网）

对于观测到的海漂垃圾而言，秋季个数密度最大，为 358.7 个/km^2；春季个数密度最小，为 272.6 个/km^2（图 4-10）。

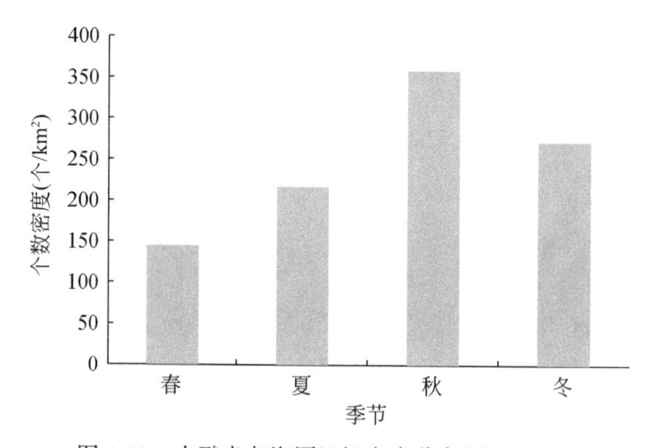

图 4-10　大鹏半岛海漂垃圾密度分布图（观测）

对于拖网收集到的海漂垃圾而言，其个数密度和质量密度的月度变化存在明显差异。12 月个数密度最大，为 27 680.8 个/km^2；5 月个数密度最小，为 3358.2 个/km^2。5 月质量密度最大，为 1968.6g/km^2；11 月质量密度最小，为 29.6g/km^2（图 4-11）。

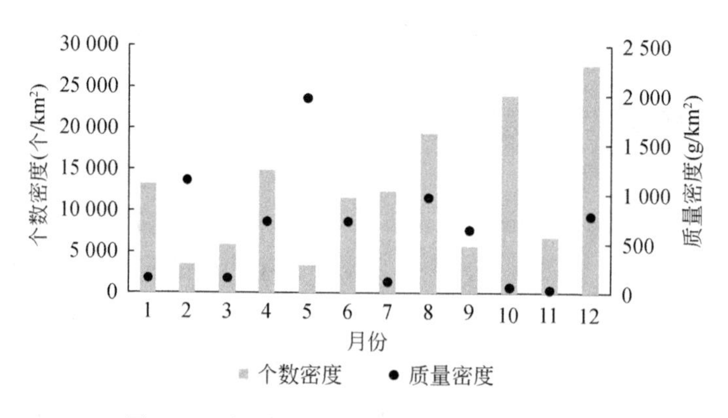

图 4-11　大鹏半岛海漂垃圾月度变化（拖网）

对于观测到的海漂垃圾而言，12 月个数密度最高，为 476. 8 个/km^2；其次是 8 月，为 426. 6 个/km^2；7 个月个数密度最小，为 40. 7 个/km^2（图 4-12）。

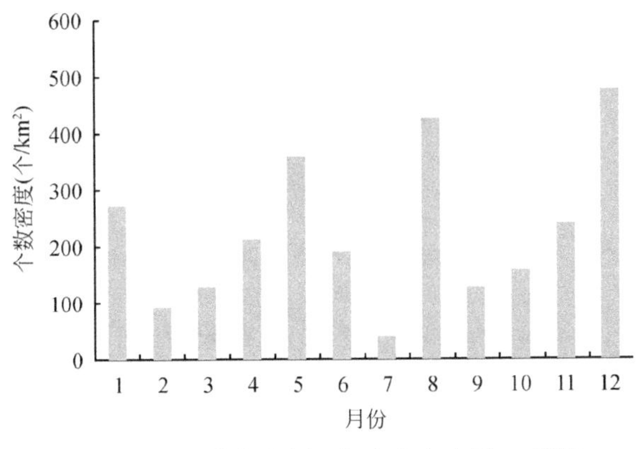

图 4-12　大鹏半岛海漂垃圾密度分布图（观测）

4. 5. 3　近远岸分布情况

课题组于 2020 年 9 月和 10 月分别在大鹏半岛东部、南部、西部海域增加近远岸点海漂垃圾监测。距离分别为离岸 0. 5km、离岸 2. 5km 和离岸 4. 5km。

对于拖网收集到的海漂垃圾而言，离岸 2. 5km 处垃圾个数密度最高，为 13 570 个/km^2；但其质量密度最低，为 148g/km^2。离岸 4. 5km 处海漂垃圾质量密度最大，为 2301g/km^2（图 4-13）。

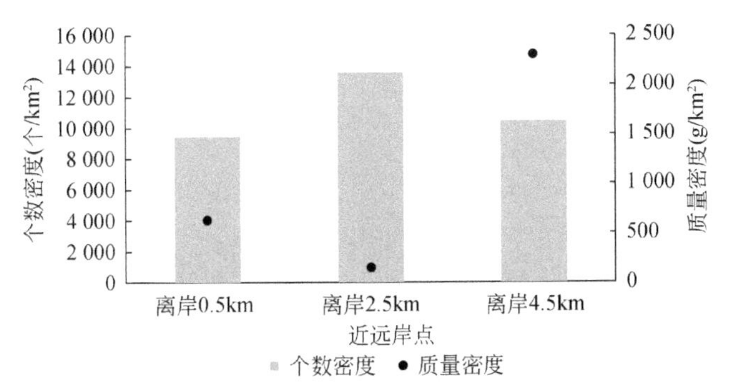

图 4-13　大鹏半岛海漂垃圾近岸远岸对比（拖网）

对于观测到的海漂垃圾而言，离岸 0. 5km 处海漂垃圾个数密度最高，为 457 个/km^2；离岸 2. 5km 处海漂垃圾个数密度最小，为 229 个 km^2（图 4-14）。

对于拖网收集到的海漂垃圾，9 月和 10 月数据显示其个数密度和质量密度的分布差异较大，整体而言，10 月份收集到的海漂垃圾密度比 9 月份大（图 4-15）。

对于观测到的海漂垃圾，9 月和 10 月份数据差异不明显，离岸不同距离观测到的海漂垃圾数量差异也不明显（图 4-16）。

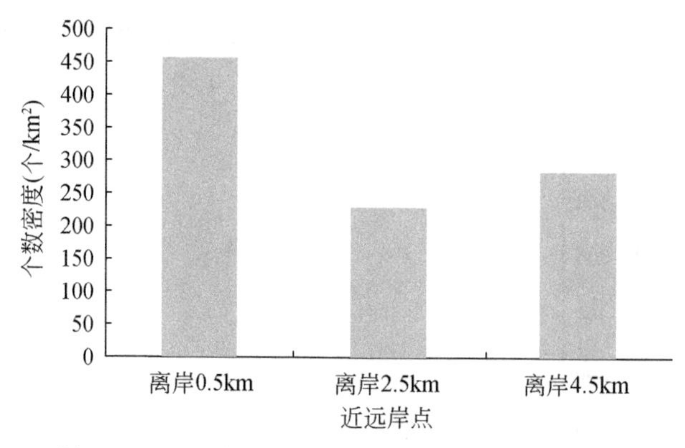

图 4-14　大鹏半岛海漂垃圾近岸远岸对比（观测）

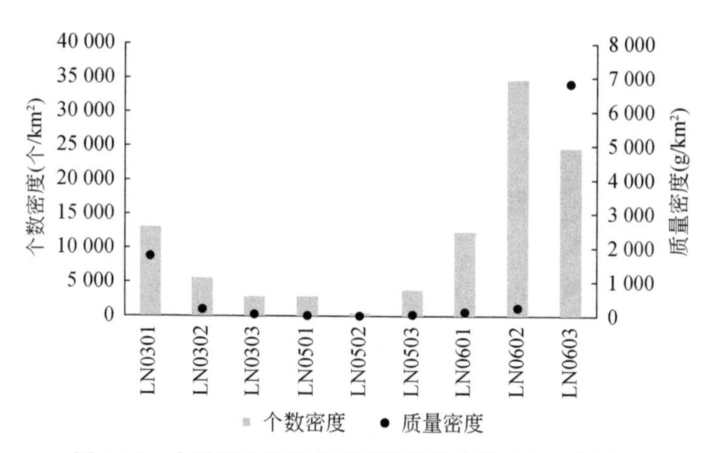

图 4-15　大鹏半岛海漂垃圾近岸远岸分段对比（拖网）

LN0301：较场尾离岸 0. 5km；LN0302：较场尾离岸 2. 5km；LN0303：较场尾离岸 4. 5km；LN0501：西涌离岸 0. 5km；LN0502：西涌离岸 2. 5km；LN0503：西涌离岸 4. 5km；LN0601：南澳离岸 0. 5km；LN0602：南澳离岸 2. 5km；LN0603：南澳离岸 4. 5km

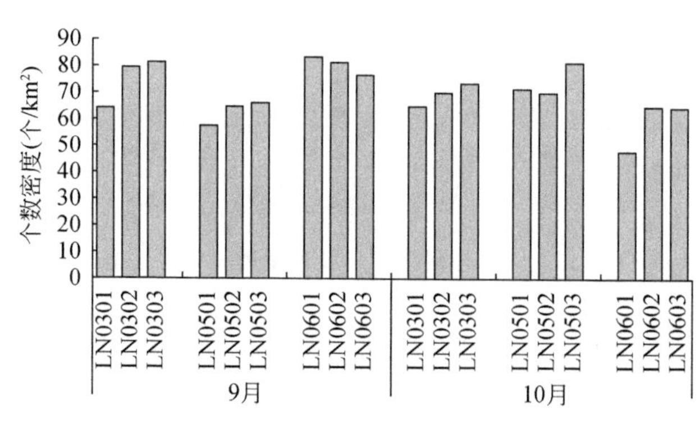

图 4-16　大鹏半岛海漂垃圾近岸远岸分段分月对比（观测）

LN0301：较场尾离岸 0. 5km；LN0302：较场尾离岸 2. 5km；LN0303：较场尾离岸 4. 5km；LN0501：西涌离岸 0. 5km；LN0502：西涌离岸 2. 5km；LN0503：西涌离岸 4. 5km；LN0601：南澳离岸 0. 5km；LN0602：南澳离岸 2. 5km；LN0603：南澳离岸 4. 5km

4.5.4 种类组成

整体而言，无论是拖网还是观测到的海漂垃圾在材质组成上比较类似，都以塑料类为主，其次是泡沫塑料类（表4-11，图4-17）。

表4-11 拖网海漂垃圾比例表（按材质） （单位：%）

类别	拖网个数比例	拖网质量比例	观测个数比例
玻璃/陶瓷类	0	0	0
金属类	0.08	1.70	0
木制品类	0.33	0.98	5.17
泡沫塑料类	26.89	28.57	22.43
其他	0.50	0.38	2.53
塑料类	66.19	63.28	64.37
橡胶类	0.25	0.73	1.09
衣物/布类	0.42	0.24	1.11
纸类	5.33	4.11	3.29

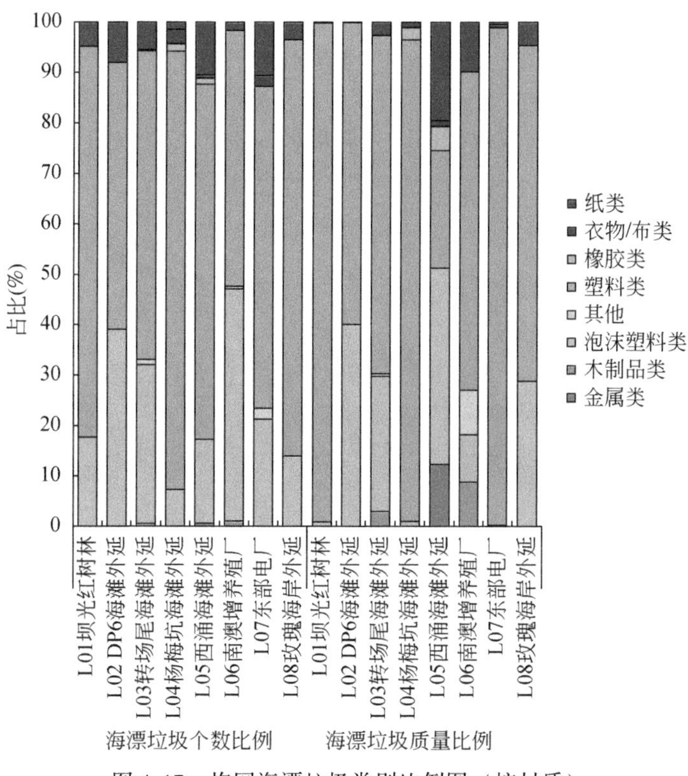

图4-17 拖网海漂垃圾类别比例图（按材质）

各岸带单元海漂垃圾种类组成比较类似，均以塑料类最多，其次是泡沫塑料类。

对于拖网海漂垃圾而言，数量比例以小块垃圾为主，占总数的 70. 15%；质量比例以大块垃圾为主，占总数的 66. 5%（图 4-18）。

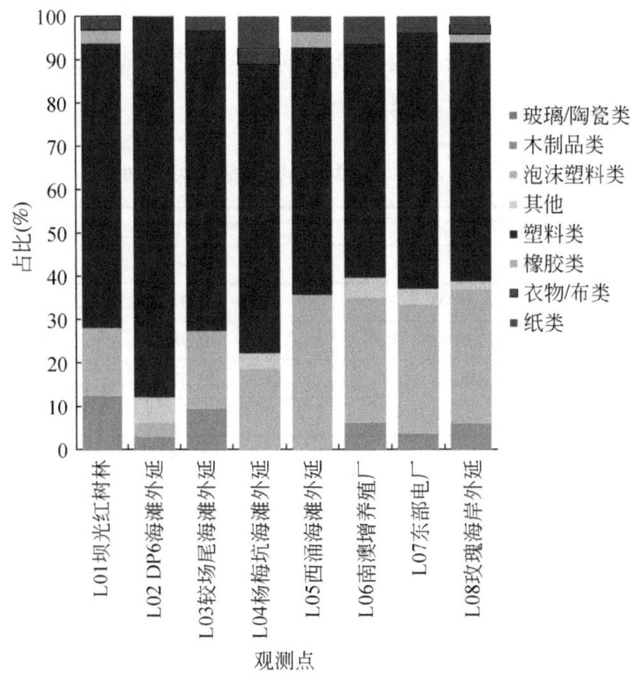

图 4-18　观测海漂垃圾类别比例图（按材质）

对于观测海漂垃圾而言，数量比例以大块垃圾为主，占总数的 53. 4%；其次是中快垃圾，占总数的 37. 94%（图 4-19）。

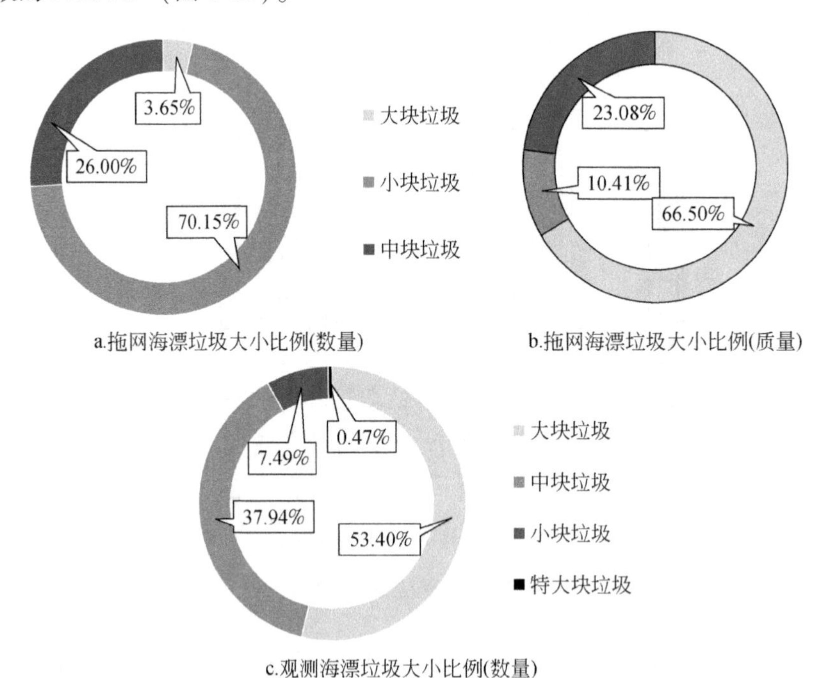

图 4-19　海漂垃圾大小比例

对于排名前10的小类垃圾而言，拖网海漂垃圾中以绳索、泡沫、塑料包装、硬质塑料碎片、编织袋碎片等为主；观测海漂垃圾中以塑料包装、泡沫、硬质塑料碎片、塑料瓶、加工木材等为主（表4-12）。

表4-12　排名前10的小类垃圾

序号	拖网统计	观测统计
1	绳索	塑料包装
2	泡沫	泡沫
3	塑料包装	硬质塑料碎片
4	硬质塑料碎片	塑料瓶
5	编织袋碎片	加工木材
6	纸张	绳索
7	塑料餐具	瓶盖及其他盖子
8	扎带和捆扎带	食品废弃物
9	食品容器	烟头
10	渔网碎片	纸张

4.6　海滩垃圾时空分布

课题组对大鹏54个海滩（除KC5海滩和大湾海滩被填海侵占无数据外）进行调研踏勘，并将滩面垃圾比例分为5个等级进行评价，其中1分表示垃圾堆积，2分表示垃圾随处可见，3表示垃圾可见，4分表示垃圾偶尔可见，5分表示几乎没有垃圾。

整体而言，大鹏湾海滩的滩面垃圾比例低于大亚湾，其中龙岐湾段（02单元）海滩垃圾评分最低。海滩垃圾编号对照及具体评分情况如表4-13和图4-20所示。

表4-13　海滩垃圾编号对照表

岸带单元	沙滩编号	沙滩名称	岸带单元	沙滩编号	沙滩名称
02	1	DP5	04	12	NA1
	2	DP6		13	NA2
	3	DP7		14	冬瓜湾
03	4	较场尾		15	黄泥湾
	5	DP2	05	16	西涌
	6	大塘角		17	沙湾仔
	7	DP3		18	东涌
	8	DP4		19	大水坑
04	9	马湾		20	鹿咀
	10	杨梅坑	06	21	南澳大酒店
	11	桔钓沙		22	海贝湾

续表

岸带单元	沙滩编号	沙滩名称
06	23	巴厘岛
	24	下企
	25	畲吓
	26	望鱼角
	27	半天云度假村
	28	洋畴湾
	29	洋畴角
	30	公湾
	31	吉坳湾
	32	鹅公湾
	33	柚柑湾
	34	大鹿湾海河
	35	大鹿湾
07	36	下洞
	37	水产
07	38	沙鱼涌
	39	湖湾
	40	KC4
	41	迭福
	42	DP1
	43	金沙湾
	44	山海湾
	45	大澳湾
	46	云海山庄
08	47	KC1
	48	KC2
	49	溪涌工人度假村
	50	万科十七英里
	51	玫瑰海岸
	52	黄关梅

注：坝光段（01 单元）无列入沙滩名录的沙滩

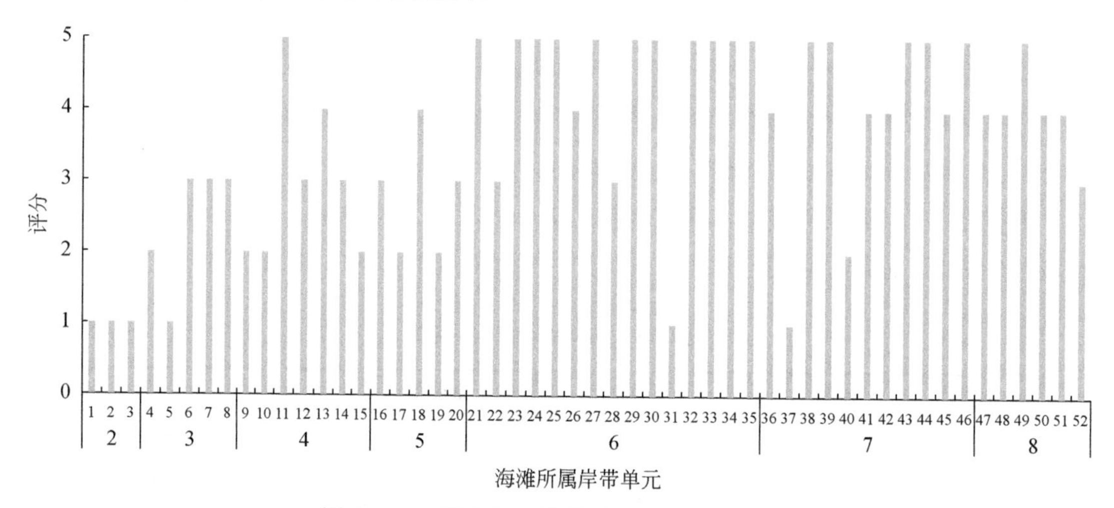

图 4-20　大鹏半岛海滩滩面垃圾状况评分情况

课题组分别于旅游旺季（2020 年 8 月）和旅游淡季（2021 年 3 月）于重点海滩采集垃圾样品，并带回实验室分类处理。结果显示，旅游旺季海滩垃圾个数平均密度为 0.53 个/m^2，质量平均密度为 1.58g/m^2；旅游淡季海滩垃圾个数平均密度为 0.26 个/m^2，质量平均密度为 4.81g/m^2。整体而言，大亚湾（B02 ~ B05）海滩垃圾数量和质量多于大鹏湾（B06 ~ B08）的海滩垃圾。

旅游旺季和旅游淡季海滩垃圾量最多的沙滩均为较场尾沙滩，垃圾量较少的沙滩为西涌沙滩和 DP1 沙滩；旺季和淡季差异最大的沙滩为长湾沙滩（图 4-21，图 4-22）。

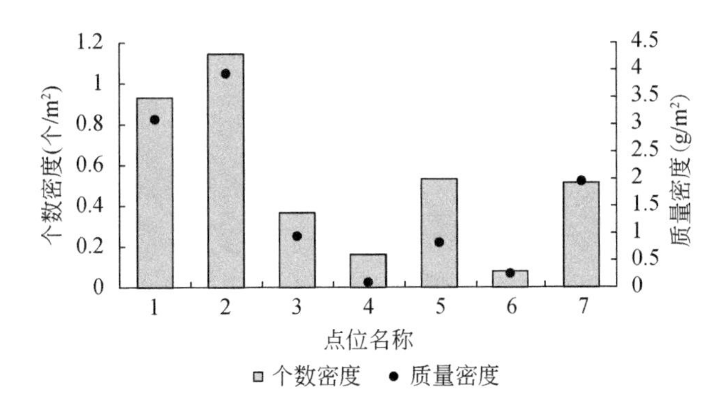

图 4-21 旅游旺季不同海滩垃圾密度分布情况

1：B02 长湾沙滩；2：B03 较场尾沙滩；3：B04 杨梅坑沙滩；4：B05 西涌沙滩；5：B06 海贝湾沙滩；
6：B07 DP1 沙滩；7：B08 溪涌沙滩

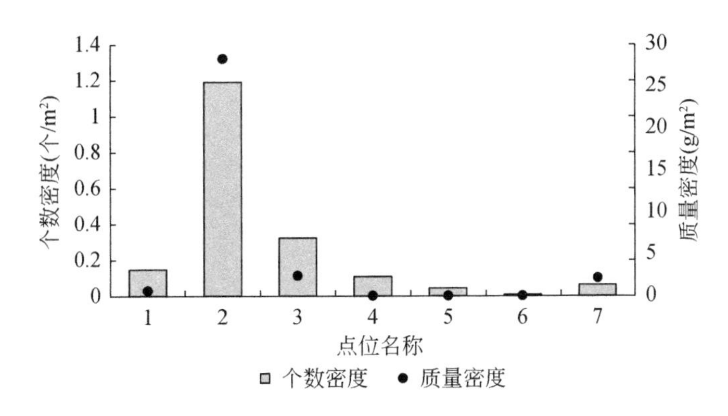

图 4-22 旅游淡季不同海滩垃圾密度分布情况

1：B02 长湾沙滩；2：B03 较场尾沙滩；3：B04 杨梅坑沙滩；4：B05 西涌沙滩；5：B06 海贝湾沙滩；
6：B07 DP1 沙滩；7：B08 溪涌沙滩

旅游旺季，海滩垃圾数量最多的类别为塑料类、玻璃/陶瓷类及泡沫塑料类，分别占总数的 65.2%、12.2% 和 10.9%。由于不同材质海滩垃圾的质量差异大，其质量比例组成与数量比例有较大差异；质量占比最大的为玻璃/陶瓷类（56.45%），其次为塑料类（32.85%）（图 4-23）。

旅游淡季，玻璃/陶瓷类（主要是建筑材料垃圾）为海滩垃圾的主要种类，数量比例和质量比例分别占总数的 45.88% 和 97.73%；其次是塑料类，数量比例和质量比例分别占总数的 24.94% 和 1.80%（图 4-23）。

不同海滩之间垃圾种类组成差异较大，其中较场尾海滩（B03）、杨梅坑海滩（B04）和溪涌海滩（B08）建筑垃圾占比较多，其他海滩的主要垃圾类别主要为塑料类和泡沫塑料类（图 4-24，图 4-25）。

旅游旺季海滩垃圾主要以中块垃圾为主，数量比例和质量比例分别约占总数的 58% 和

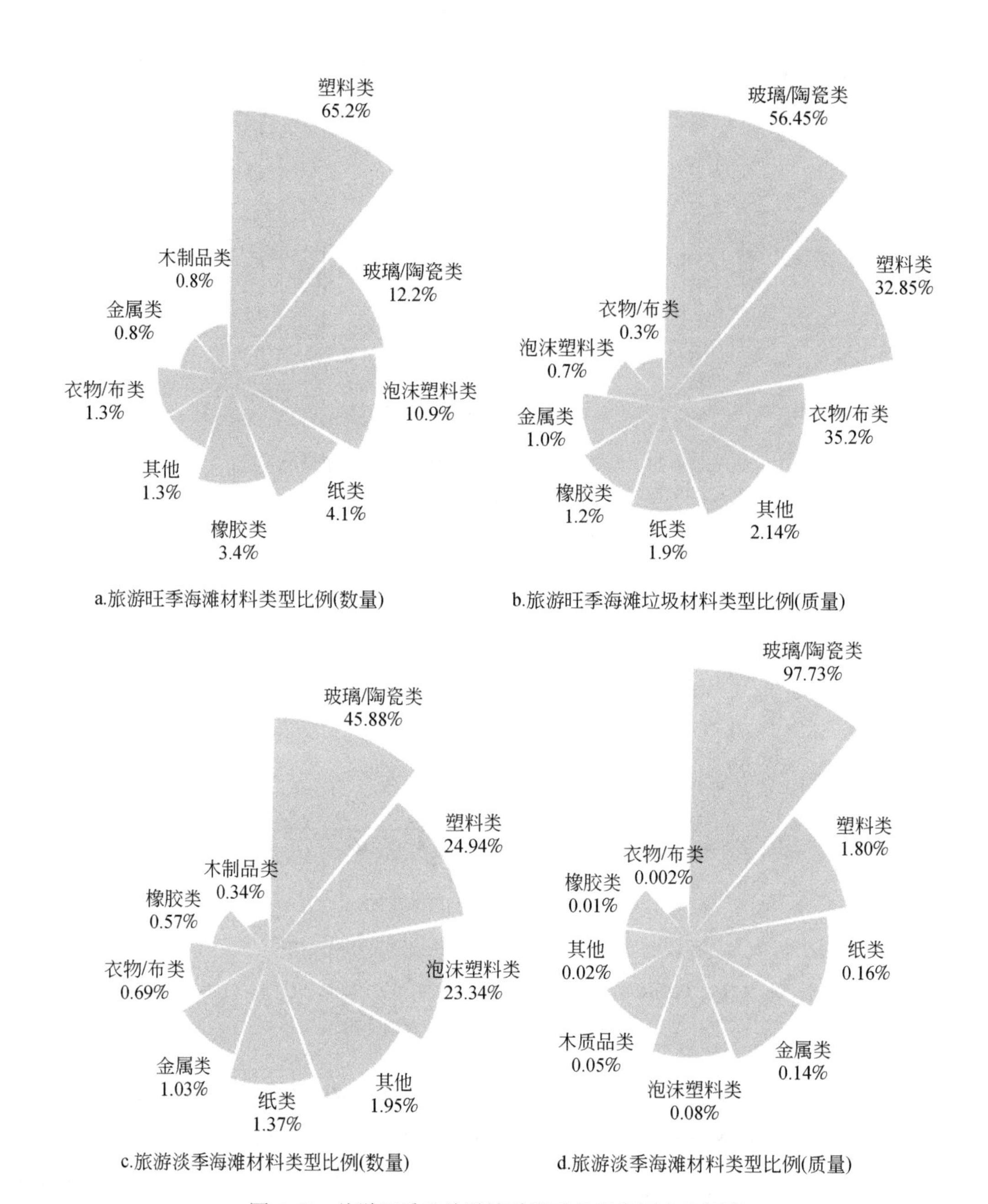

图 4-23 旅游旺季和旅游淡季海滩垃圾类别占比情况

注：图形大小仅为示意，非按所占比例大小显示

53%；小块垃圾数量比例和质量比例分别约为23%和0.02%；大块垃圾数量比例和质量比例分别约为19%和43%；特大块垃圾所占比例最低。不同海滩垃圾大小比例构成较为类似，都以中块垃圾为主（图4-26）。

旅游淡季海滩垃圾主要以中块垃圾为主，其数量和质量比例分别约占总数的64%和71%；小块垃圾数量占比约为28%，质量占比约为1%；大块垃圾数量占比约为8%，质量占比约为28%；尺寸大于1m的特大块垃圾占比不足0.01%。不同海滩垃圾大小比例构

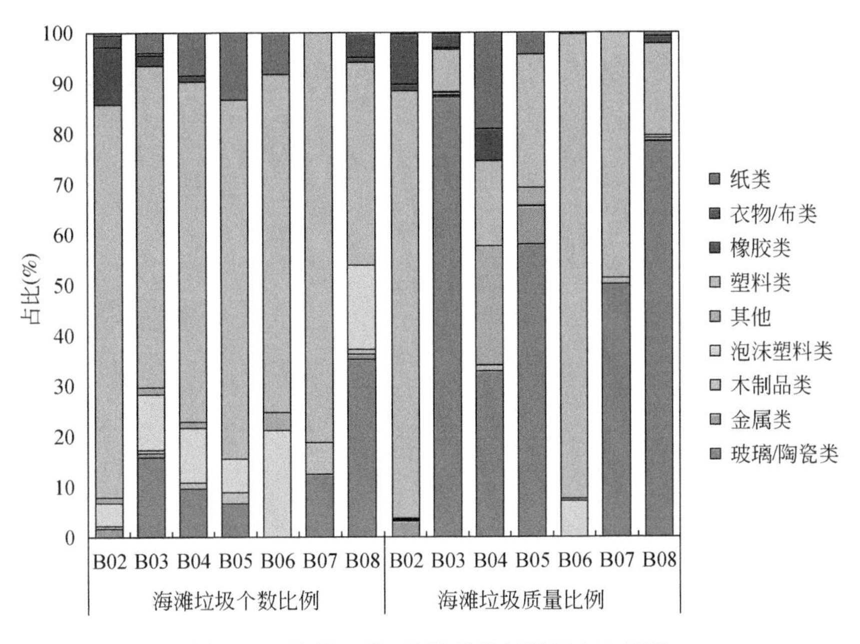

图 4-24　旅游旺季不同海滩垃圾类别占比情况

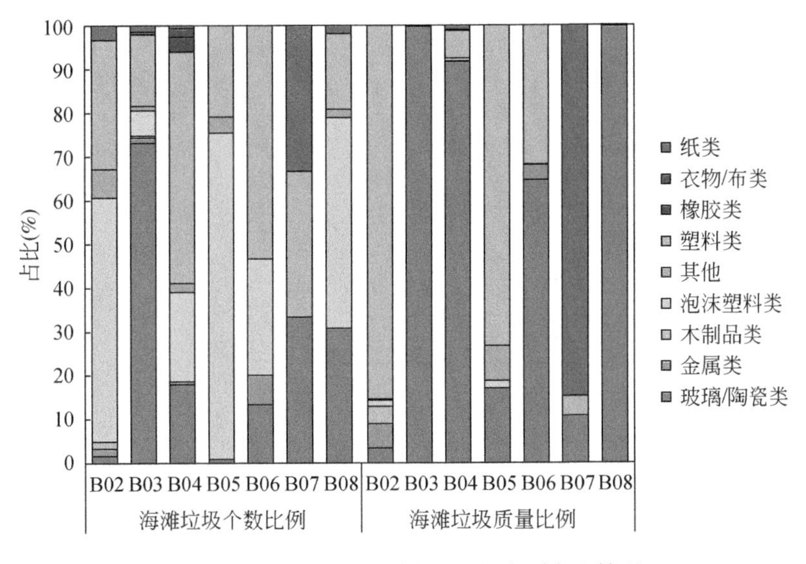

图 4-25　旅游淡季不同海滩垃圾类别占比情况

成较为类似，都以中块垃圾为主（图 4-27）。

旅游旺季，海滩垃圾最多的小类为塑料包装、硬质塑料碎片、绳索、烟头和泡沫，主要受到人类海岸活动的影响；旅游淡季，海滩垃圾最多的小类为建筑垃圾、泡沫、玻璃碎片、烟头和塑料包装（表 4-14）。

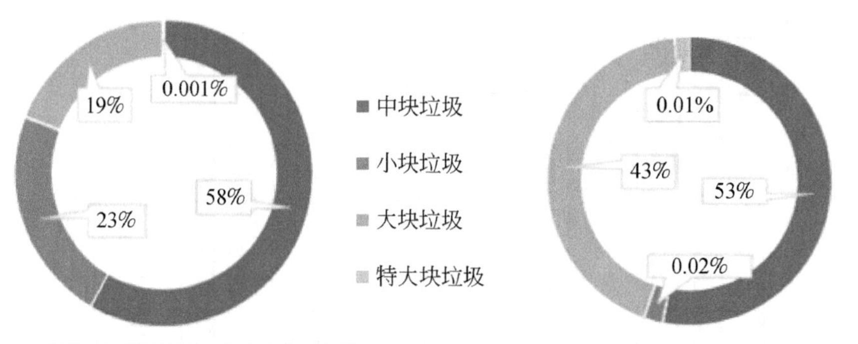

a.旅游旺季海滩垃圾大小比例(数量)　　b.旅游旺季海滩垃圾大小比例(质量)

图 4-26　旅游旺季海滩垃圾大小分布及占比情况

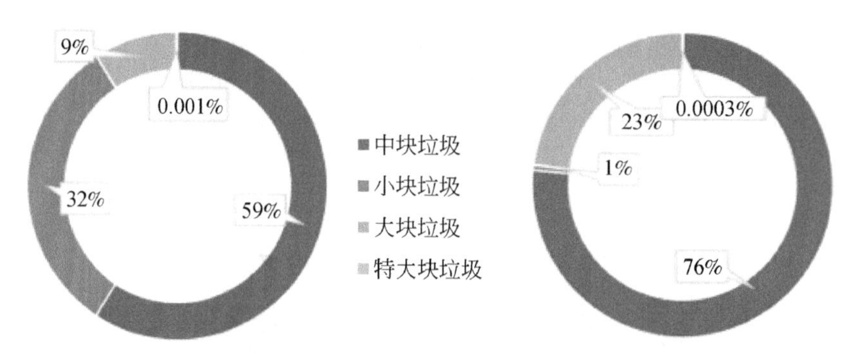

a.旅游淡季海滩垃圾大小比例(数量)　　b.旅游淡季海滩垃圾大小比例(质量)

图 4-27　旅游淡季海滩垃圾大小分布及占比情况

表 4-14　排名前 10 的小类垃圾

序号	旅游旺季	旅游淡季
1	塑料包装	建筑垃圾
2	硬质塑料碎片	泡沫
3	绳索	玻璃碎片
4	烟头	烟头
5	泡沫	塑料包装
6	建筑垃圾	硬质塑料碎片
7	玻璃碎片	编织袋碎片
8	纸张	海绵
9	瓶盖及其他盖子	食品废弃物
10	橡胶碎片	绳索

4.7 海洋垃圾影响因素分析

海洋垃圾可能有许多来源，包括渔业和水产养殖业活动、船舶运输活动、旅游活动等。本研究主要参考《西北太平洋地区海滩和海岸线海洋垃圾监测指南》（*Guidelines for Monitoring Marine Litter on the Beaches and Shorelines of the Northwest Pacific Region*），将海洋垃圾来源分为海岸休闲活动、航运/捕鱼活动、吸烟用品、医疗和卫生用品等。

4.7.1 海漂垃圾来源分析

(1) 整体情况

整体而言，大鹏半岛海岸休闲活动产生的海漂垃圾占比最大，其拖网个数比例、拖网质量比例及观测质量比例分别为71.02%、88.83%和92%；其次是航运/捕鱼活动（表4-15）。

表4-15 海漂垃圾类别比例表（按来源） （单位:%）

类别	拖网个数比例	拖网质量比例	观测质量比例
海岸休闲活动	71.02	88.83	92.00
航运/捕鱼活动	28.81	10.51	5.85
吸烟用品	0.17	0.66	1.85
医疗和卫生用品	0	0	0.31

(2) 各岸带单元情况

大鹏半岛各岸带单元海漂垃圾来源较为类似，均以海岸休闲活动为主，其次是航运/捕鱼活动（图4-28）。

4.7.2 海滩垃圾来源分析

(1) 整体情况

按不同来源可将海滩垃圾分为海岸休闲活动、航运/捕鱼活动、倾倒物、吸烟用品、医疗和卫生用品等五大类。经统计分析，大鹏半岛重点海滩垃圾主要为海岸休闲活动和倾倒物（建筑材料垃圾）两大类。旅游旺季，海岸休闲活动垃圾数量比例和质量比例分别约占总数的61.5%和37.8%；倾倒物垃圾数量比例和质量比例分别约占总数的12.2%和56.3%。旅游淡季，海岸休闲活动垃圾数量比例和质量比例分别约占总数的44.4%和2.0%；倾倒物垃圾数量比例和质量比例分别约占总数的45.9%和97.7%（图4-29，图4-30）。

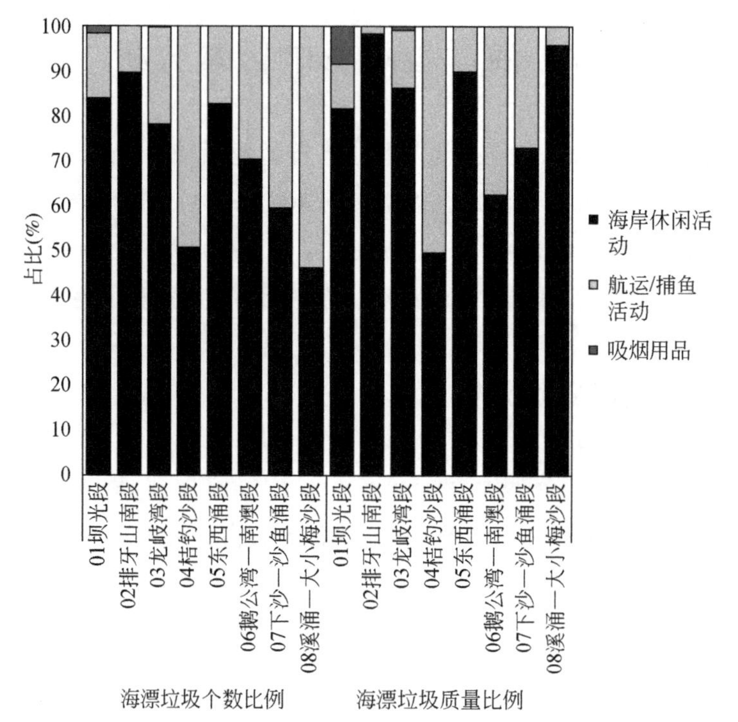

图 4-28　拖网海漂垃圾类别比例图（按来源）

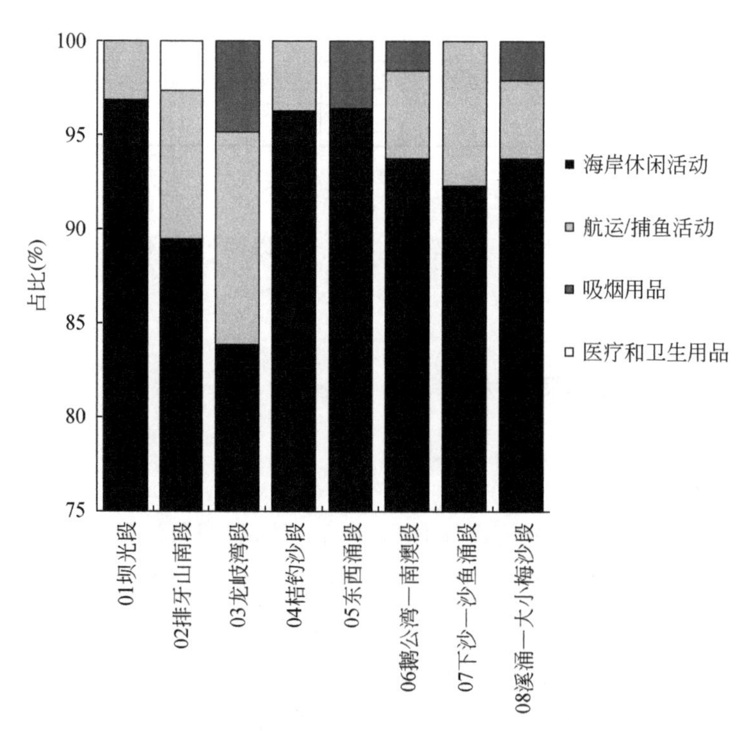

图 4-29　观测海漂垃圾类别比例图（按来源）

航运/捕鱼用品、吸烟用品也是海滩垃圾的重要来源，但由于其质量较轻，因此所占的质量比例较少。

（2）重点海滩情况

各重点海滩垃圾来源主要都是人类海岸活动，在旅游旺季，从数量比例上来看，其占比超过总数的50%。从质量比例上看，较场尾海滩（B03）、杨梅坑海滩（B04）和溪涌海滩（B08）的倾倒物垃圾占比较大（图4-30，图4-32）。

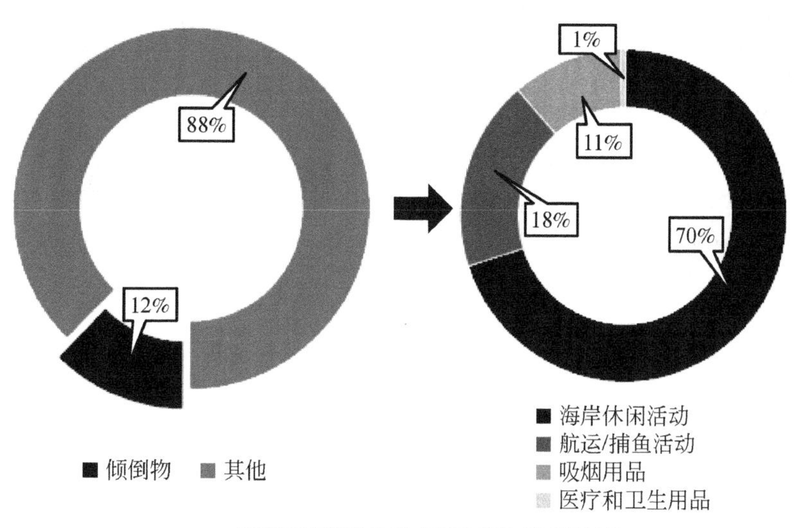

a.旅游旺季海滩垃圾来源分类比例(按数量)

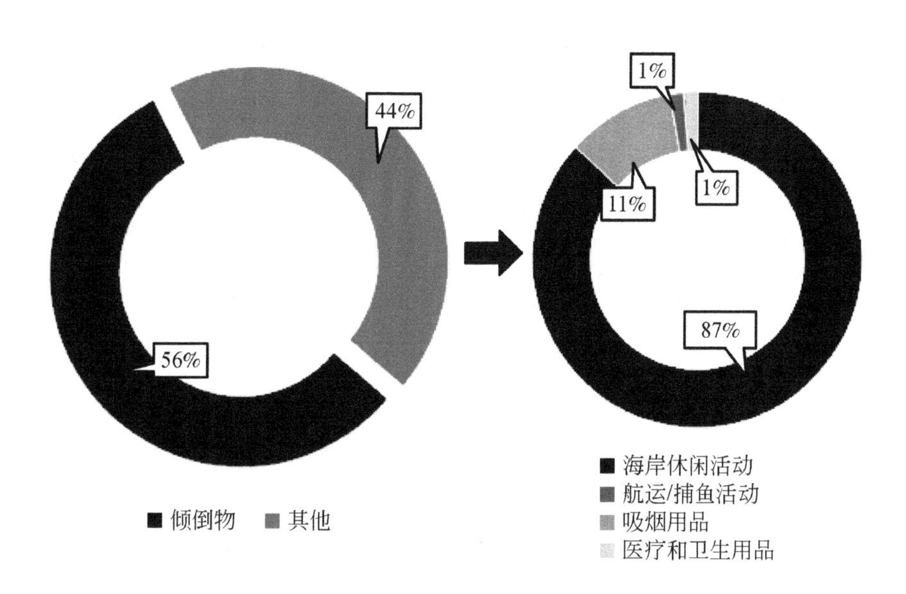

b.旅游旺季海滩垃圾来源分类比例(按质量)

图4-30　旅游旺季海滩垃圾来源分类比例

在旅游淡季，长湾海滩（B02）、西涌海滩（B05）、DP1 海滩（B07）垃圾主要来源于海岸休闲活动；较场尾海滩（B03）垃圾主要来源于倾倒物；杨梅坑海滩（B04）、海贝湾海滩（B06）、溪涌海滩（B08）等海滩垃圾数量主要来源于人类海岸活动，垃圾质量则以倾倒物为主（图4-31～图4-33）。

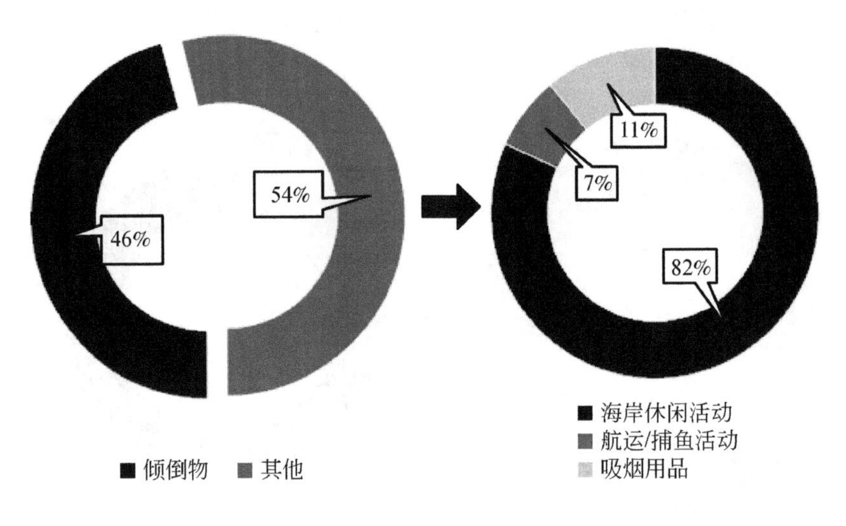

a.旅游淡季海滩垃圾来源分类比例(按数量)

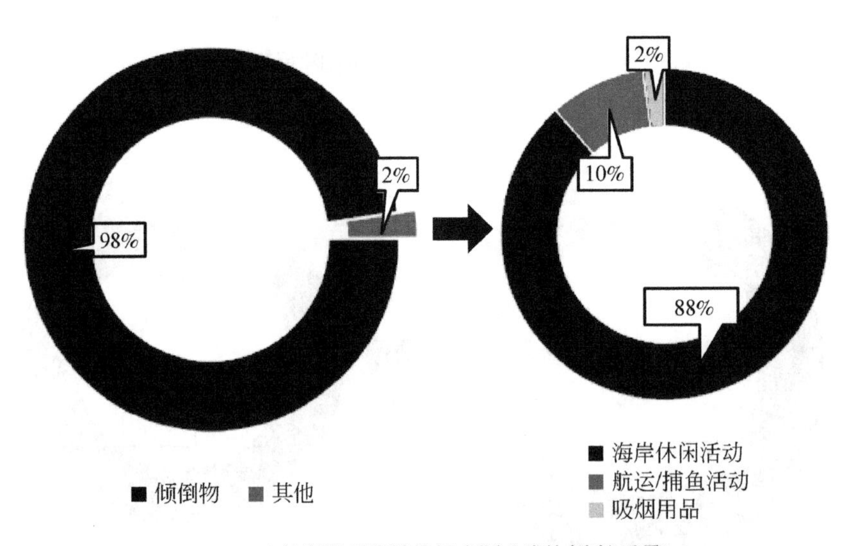

b.旅游淡季海滩垃圾来源分类比例(按质量)

图4-31　旅游淡季海滩垃圾来源分类比例

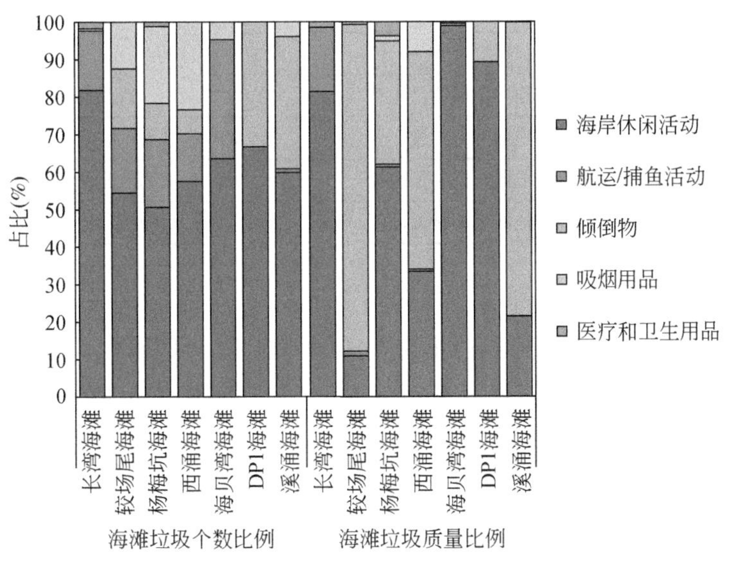

图 4-32　旺季不同海滩垃圾来源分类占比情况

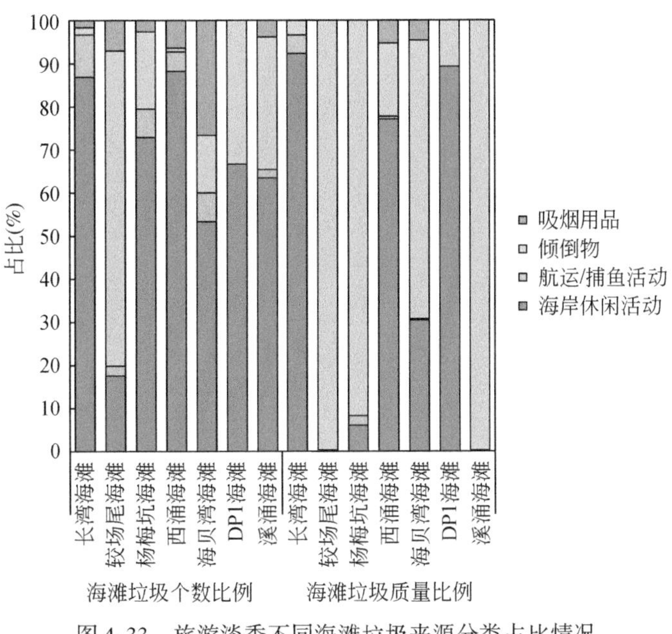

图 4-33　旅游淡季不同海滩垃圾来源分类占比情况

4.7.3　海漂垃圾主成分分析

选取海漂垃圾 12 个指标进行主成分分析，各指标名称和编号对照见如表 4-16 所示。

表 4-16　海漂垃圾评价指标名称和编号对照表

名称	编号	名称	编号	名称	编号
拖网数量密度	TND	拖网塑料数量比例	TPLNP	观测数量密度	OND
拖网质量密度	TWD	拖网塑料质量比例	TPLWP	观测木制品比例	OWDP
拖网泡沫塑料数量比例	TFPNP	拖网纸类数量比例	TPCNP	观测泡沫塑料比例	OFPP
拖网泡沫塑料质量比例	TFPWP	拖网纸类质量比例	TPCWP	观测塑料比例	OPLP

根据海漂垃圾主成分载荷矩阵，PC1 和 PC2 为海漂垃圾指标的主要成分。由图 4-34 和图 4-35 可知，海漂垃圾 PC1 在观测数量密度（OND）、拖网数量密度（TND）及观测泡沫塑料比例（OFPP）上的载荷值较大；主成分 PC2 在拖网塑料数量密度（TPLNP）、拖网泡沫塑料数量比例（TFPNP）及观测塑料密度（OPLP）上的载荷值较大。由图可知，不同月份采样点以及不同岸带单元采样点离散度较大，没有形成明显类群。

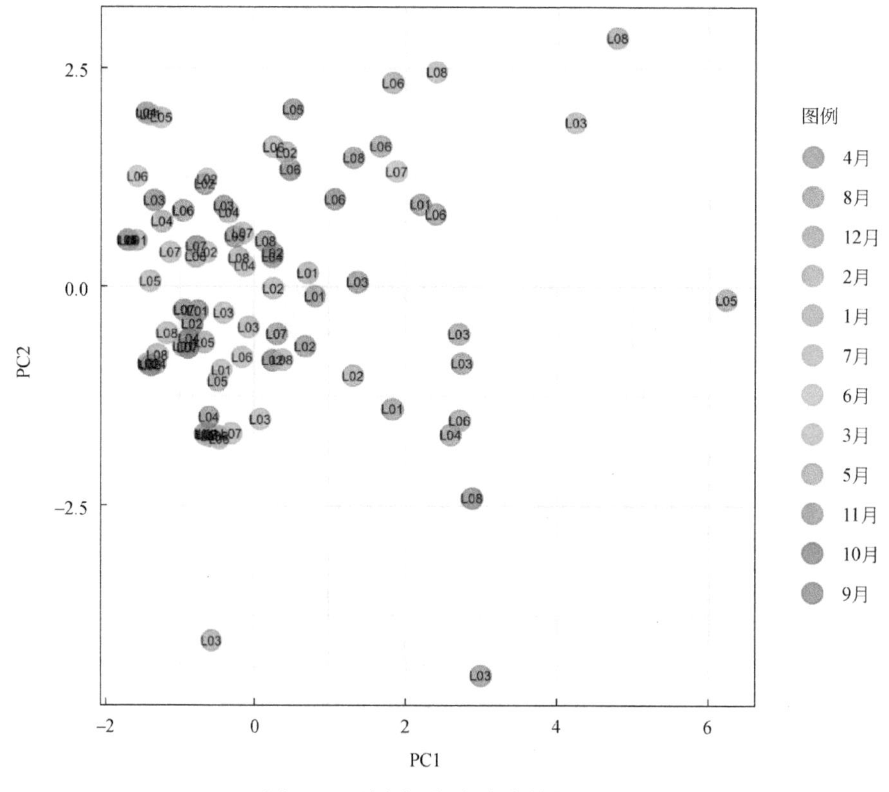

图 4-34　海漂垃圾主成分特征（1）

海漂垃圾 12 个评价指标的相关性分析如图 4-36 所示。由图可知，海漂垃圾观测数量密度、观测木制品比例、观测泡沫塑料比例、观测塑料比例以及拖网数量比例之间存在显著正相关；拖网数量密度和拖网泡沫塑料质量密度之间存在显著正相关；拖网泡沫塑料个数比例和拖网塑料个数比例之间存在显著负相关；拖网纸类数量比例和拖网纸类质量比例之间存在显著正相关。

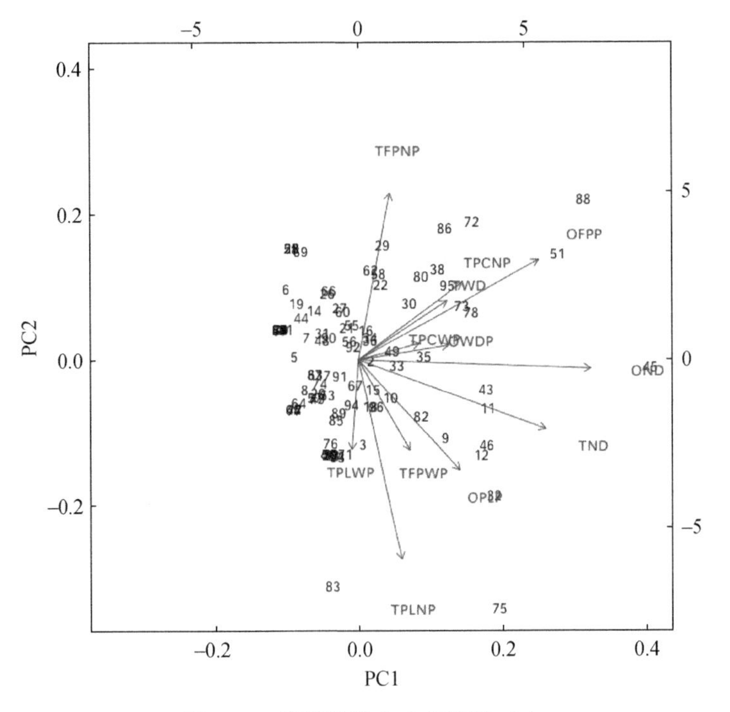

图 4-35　海漂垃圾主成分特征（2）

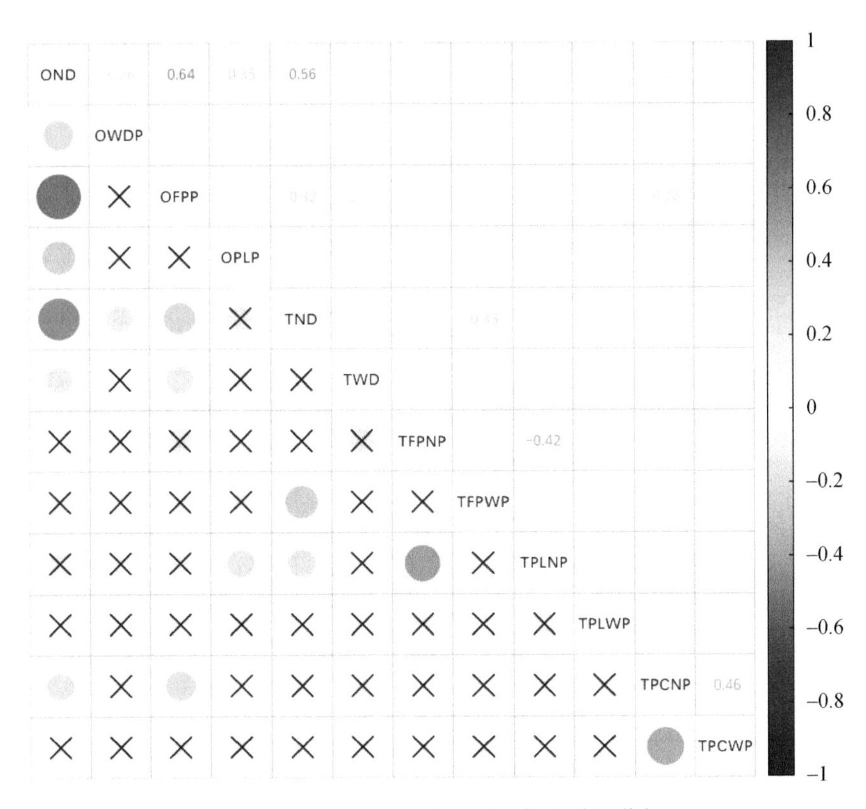

图 4-36　大鹏半岛海漂垃圾指标相关性分析

注：蓝色代表正相关，红色代表负相关，颜色越深或圆形越大代表相关性越大，带“×”形表示相关性不显著（p 值大于 0.05）

4.7.4 海滩垃圾指标关系分析

选取 14 个指标进行主成分分析，各指标名称和编号对照如表 4-17 所示。

表 4-17 海漂垃圾评价指标名称和编号对照表

名称	编号	名称	编号	名称	编号
数量密度	ND	泡沫塑料类质量密度比例	FPWP	航运/捕鱼活动类数量密度比例	FHNP
质量密度	WD	塑料类数量密度比例	PLNP	航运/捕鱼活动类质量密度比例	FHWP
玻璃/陶瓷类数量密度比例	GCNP	塑料类质量密度比例	PLWP	吸烟用品类数量密度比例	SMNP
玻璃/陶瓷类质量密度比例	GCWP	海岸休闲活动数量密度比例	LANP	吸烟用品类质量密度比例	SMWP
泡沫塑料类数量密度比例	FPNP	海岸休闲活动质量密度比例	LAWP		

海滩垃圾主成分载荷矩阵见表 4-18，且 PC1、PC2 为海滩垃圾指标的主要成分。由表可知，海滩垃圾 PC1 在玻璃/陶瓷类质量密度比例、塑料类质量密度比例、玻璃/陶瓷类数量密度比例上的载荷值较大；主成分 PC2 在泡沫塑料数量比例、泡沫塑料质量比例、吸烟用品质量比例上的载荷值较大。

表 4-18 海滩垃圾主成分载荷矩阵

	PC1	PC2	PC3	PC4	PC5	PC6	PC7	PC8	PC9	PC10
ND	−0. 15178	0. 088578	0. 457752	0. 473438	0. 145	−0. 0394	−0. 17337	−0. 34026	−0. 01704	0. 09468
WD	−0. 22805	0. 039729	0. 081027	0. 560917	−0. 09647	0. 362204	0. 080851	0. 588299	−0. 28663	0. 027725
GCNP	−0. 386	−0. 0331	−0. 18372	−0. 16534	0. 308717	−0. 08566	−0. 1908	0. 14127	0. 048915	−0. 42764
GCWP	−0. 42032	−0. 1545	0. 021534	−0. 05639	−0. 05945	0. 147348	−0. 14865	−0. 4044	−0. 36077	−0. 35275
FPNP	−0. 0998	0. 573239	−0. 00366	−0. 08496	0. 214001	−0. 08619	0. 012114	0. 118547	0. 229037	0. 226669
FPWP	0. 190209	0. 517952	−0. 037	−0. 05263	0. 034477	0. 338495	−0. 18452	−0. 26406	−0. 14694	0. 071932
PLNP	0. 323268	−0. 25638	0. 134014	0. 154541	−0. 33126	0. 321609	0. 060917	−0. 17944	0. 451641	−0. 21009
PLWP	0. 40339	0. 168215	−0. 08705	0. 086142	0. 107569	0. 060631	−0. 34315	0. 304212	0. 063859	−0. 57744
LANP	0. 275034	−0. 29121	0. 212358	−0. 19316	0. 06963	−0. 00829	−0. 65682	0. 150143	−0. 30783	0. 335522
LAWP	0. 349877	−0. 10922	−0. 1775	−0. 09644	0. 302822	0. 187506	0. 484302	−0. 06184	−0. 50879	−0. 00372
FHNP	0. 142189	0. 228208	0. 590693	−0. 11708	0. 199452	0. 037211	0. 179479	−0. 06875	−0. 11409	−0. 32213
FHWP	0. 247864	−0. 03766	−0. 0539	0. 430472	0. 099203	−0. 69989	0. 056135	−0. 08213	−0. 14464	−0. 12115
SMNP	−0. 05767	0. 082447	0. 443494	−0. 36947	−0. 45669	−0. 2631	0. 171786	0. 289416	−0. 15964	−0. 10791
SMWP	0. 053769	0. 343044	−0. 31249	0. 085383	−0. 58975	−0. 1158	−0. 1357	−0. 15652	−0. 29974	−0. 07847

注：海滩垃圾主成分共 14 个，此处仅列出前 10 个主成分

第一主成分为横轴，第二主成分为纵轴，绘制各海滩垃圾点位的主成分图如图 4-37 所示。由图可知，各采样点间在旅游淡季和旅游旺季的主成分相对一致，不同采样批次的

主成分则差异较大。对于长湾沙滩（B02）、较场尾沙滩（B03）、而言，海滩垃圾主要受到玻璃/陶瓷类和塑料类垃圾的影响；对于 DP1 沙滩（B07）和海贝湾沙滩（B02）而言，海滩垃圾则主要受到泡沫塑料和吸烟用品的影响。

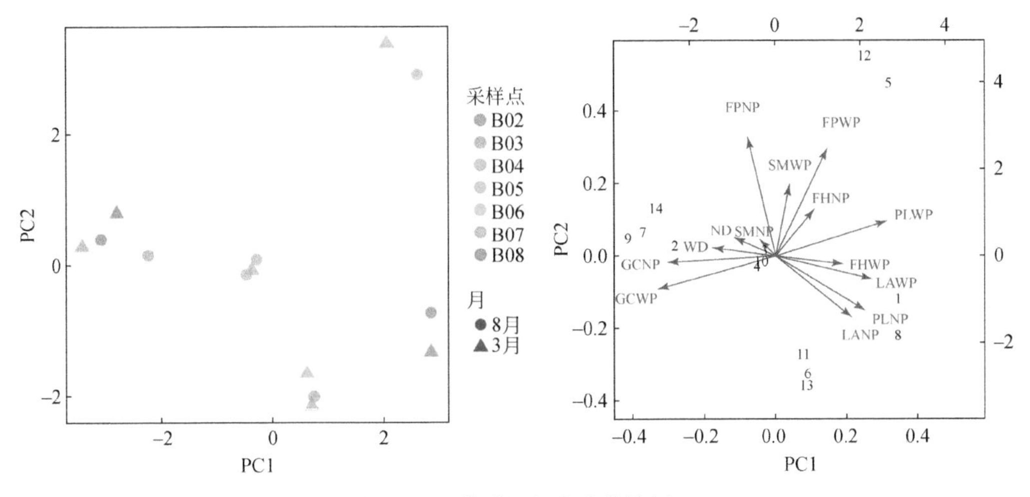

图 4-37　海滩垃圾主成分特征

海滩垃圾 14 个指标的相关性分析如图 4-38 所示。由图可知，海滩垃圾数量密度和质量密度呈显著正相关；玻璃/陶瓷类数量密度和玻璃/陶瓷类质量密度呈显著正相关；泡沫塑料

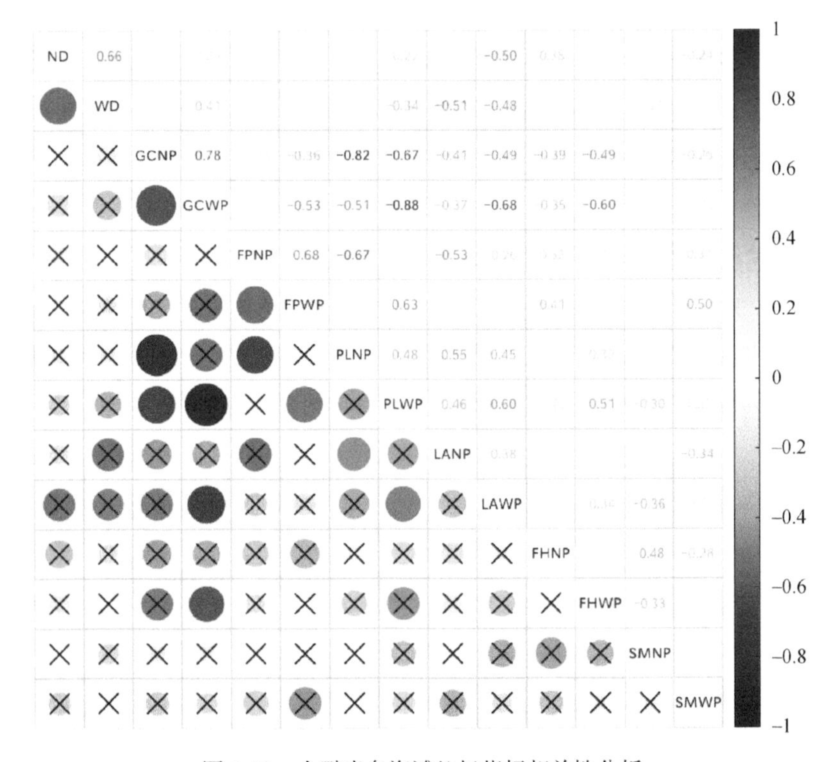

图 4-38　大鹏半岛海滩垃圾指标相关性分析

注：蓝色代表正相关，红色代表负相关，颜色越深或圆形越大代表相关性越大，带“×”表示相关性不显著（p 值大于 0.05）

类数量密度和泡沫塑料类质量密度呈显著正相关；塑料类质量密度和海岸休闲活动类数量密度呈显著正相关。玻璃/陶瓷类数量密度和塑料类数量密度、塑料类质量密度呈显著负相关；玻璃陶瓷类质量密度和塑料类质量密度、海岸休闲活动类质量密度呈显著负相关。

4.8 台风对海洋垃圾影响

4.8.1 台风影响概况

在全球气候变化影响下，台风越来越频繁地登陆沿海城市，严重影响城市的社会经济系统和自然生态系统等。深圳市地处南海之滨，夏秋季常受台风袭击。从1949年到2000年，共有182次台风对深圳市造成直接或间接灾害。其中，1999年有四次台风在深圳及附近地区登陆，造成的直接经济损失高达651万元（朱伟华和谢良生，2001）。

2018年9月15日20时至17日14时，1822号超强台风“山竹”过境深圳市，深圳市南部和西部沿海地区出现12级阵风，东部大鹏半岛极大风速达到50.8m/s（16级）（田韫钰等，2020），“山竹”引起的风暴潮、海浪灾害共造成直接经济损失约2.55亿元，主要包括旅游基础及娱乐设施经济损失金额约1.48亿元（其中大梅沙海水浴场经济损失约8000万、小梅沙海水浴场经济损失约4000万、玫瑰海岸经济损失约2000万、悦榕湾溪涌工人度假村经济损失约800万），其他经济损失金额约1.07亿元（其中毁坏游艇、渔船约36艘，损毁航标1座，损毁大鹏半岛及盐田区海堤、护岸10座（长度约11km），以及水产养殖损失600万元。

4.8.2 台风对海洋垃圾的影响

台风和风暴潮对海岸带会产生巨大影响。同时由于台风损害沿海堤岸和建筑，其产生的建筑材料碎片易存留在沙层和近岸海域中，影响时间可长达数年（图4-39）。

图4-39 台风“山竹”对较场尾沿岸建筑的影响（摄于2018年9月19日）

4.9 海洋垃圾管理建议

4.9.1 分区域分重点加大监测力度

大鹏半岛沙滩众多，海域面积大，但目前开展的海洋垃圾监测工作仍比较少。为了更全面掌握辖区海域、岸线及沙滩的垃圾数量分布，需要开展更大范围的监测。

根据本研究调查结果，大亚湾海滩垃圾和海漂垃圾数量均比大鹏湾高，应加强较场尾海滩及附近海域、杨梅坑沙滩及附近海域、坝光岸线、龙岐湾岸线等重点区域的海洋垃圾监测。同时可以结合业务化的海洋监测工作，将海洋垃圾监测列为常规监测项目，并开展长时间序列分析。

4.9.2 加强海洋微塑料研究

在海岸带，通过陆源排污、河流输送、地表径流等作用可将微塑料输入到河口和海洋，又可通过洋流、潮汐、风生流等动力将微塑料推送到潮滩，同时还有在海岸旅游、晒盐、养殖等人类活动中产生、残留或带入到潮滩和近海的微塑料。因此应大力加强海洋微塑料的生态和健康效应及风险评估研究，提升风险防控能力。

4.9.3 探索开展海洋垃圾全生命周期研究

探索利用遥感技术开展海洋垃圾监测，开展海洋微塑料监测、评估和防治技术研究与示范。开展入海垃圾漂移时间、漂移路径、漂移位置、分布区域预测，确定垃圾进入海洋或从海洋中清除垃圾的主要过程，制订海洋垃圾评估准则。

4.9.4 减少陆源污染

加大入湾河流水面垃圾清理力度，优先在鹏城河、新大河、王母河、坝光水等河流入海口上游建设垃圾截流设施，其他入湾河流依托“河长制”加强漂浮垃圾打捞。同时，应采取措施减少旅游垃圾产生。针对东西涌、龙岐湾、桔钓沙等旅游度假区、海滨浴场等海漂垃圾源头，以旅游旺季为重点，采用引导、劝阻、处罚相结合的手段减少游客乱丢垃圾的行为。提高旅游旺季垃圾处置效率，合理利用规划新建的地埋式垃圾处理设施，旅游旺季优先收运滩涂垃圾；并加强执法巡查，打击垃圾非法倾倒。

4.9.5 海上环卫制度

大鹏半岛海岸线长且地形多样，应针对不同区域的垃圾清理方式和难度各不相同，提出针对性的管理方案，实现“陆源减排—海岸保洁—海上收集—岸上处置”工作闭环。

针对大鹏半岛地理特点和管理特征，确立“属地化管理”原则。例如，港口、码头、酒店、工厂等向海的陆域和取得海域使用权的海域部分，其垃圾清理、分类处理可以由管理单位负责或由管理单位购买社会服务，由第三方机构负责。对城市规划区外的住宅小区，向海的陆域部分岸滩，有物业管理服务企业的，由物业服务企业负责，没有物业服务企业的，就由业主委员会负责。

明确海上环卫文明作业规范，制定“三不四净”标准（三不：不见垃圾、不见杂物、不随意倾倒废弃物；四净：礁石净、海滩净、海岸堤坝楼梯净、平台护坡净）。

4.9.6 加强海岸带活动管理

加强生活垃圾管控，提高河道管理力度，完善港口船舶垃圾管理，加强近海浮筏、吊笼养殖用泡沫浮球等渔业垃圾监管，从源头上减少垃圾入海。建立海洋垃圾清理协调机制，落实海洋垃圾常态化清理及保洁属地责任，做好回收海漂垃圾与市政垃圾处置体系的有效衔接，实现海漂垃圾的无害化处置。

4.9.7 加强重要生境垃圾清理

由于红树林呼吸根发展，导致潮汐和上游河道带来的垃圾很容易在红树林内聚集，不仅影响红树林植物的生长，降低红树林的观赏性，还损害红树林生态系统服务的充分发挥。本项目调研发现，在坝光、鹿咀、东涌的红树林内均存在大量垃圾堆积现象。因此，应定期开展红树林垃圾定期清理工作，以保护红树林正常生长。

4.9.8 强化公众参与

休闲娱乐区特别是较场尾、杨梅坑、西涌等热门旅游区，有大量非经过正规培训的从业人员，如游艇行业、零售行业等。这些从业人员在海岸带活动范围广且时间长，极易产生随意弃置垃圾现象。因此，应积极开展区域内从业人员环境保护宣讲培训工作，倡导其将生活垃圾特别是烟头、塑料包装等按规丢弃。借助“六五环境日”活动、“国际海洋清洁日”等已有的一系列活动基础，继续加强海洋垃圾防治宣传教育和公众参与，积极推动公众参与清洁海滩行动。

第 5 章

海岸带区域沉积物调查评估

海洋沉积物（Marine Sediments）是指各种海洋沉积作用所形成的海底沉积物的总称，是通过河流、大气等途径进入海洋的泥沙、碎屑、粉尘及各种生物产生的小颗粒，经一系列生物、化学、物理作用，最终沉入海底形成的沉积物。海洋沉积物是拥有最大空间覆盖面积的单一生态系统，因此它在生物地球化学环境中有十分重要的地位（Snelgrove，1997）。

海洋沉积物随陆源径流、潮汐混合、溶解凝聚等物理化学作用以及生物生产、迁徙、集结等生物作用的变化而变化，同时，不同时代发生的人类事故及重大自然灾害也会记录在沉积物中，并随时间推移不断积累（刘升发等，2010）。因此，不同深度的沉积物可以反映不同年代的海洋状况，克服长期缺乏海洋监测资料的制约，追溯海洋环境变化历程。海洋沉积物可以作为信息载体，记录不同时间和空间上的信息，用以研究海洋生物地球化学迁移转化、气候环境变化过程及人类活动对海洋的影响（Leivuori and Niemistö，1995）。海洋沉积物不仅是多种海洋生物赖以生存的环境，同时也是物质元素的“源”和“汇”，具有重要的生态学功能。环境中的物质元素经过一系列生物—化学过程转变为颗粒态，迁移、沉淀后储存在沉积物中，同时沉积物会经过地壳运动、洋流运动、生物作用等过程，再次释放回到水体，参与全球物质元素循环。

大鹏半岛沉积物类型丰富，随着经济发展及人口增长，工业、农业、生活等各种人类活动所产生的污染增加，这些污染物最终会流向海洋沉积物，在沉积物中富集，当浓度达到一定数值将会威胁底栖生态系统、海洋资源及人类健康。因此，对作为海洋环境物质元素的“源”和“汇”的海洋沉积物开展相关研究具有重要意义。

海洋沉积物研究一般术语及概念见表 5-1 和表 5-2。

表 5-1　海洋沉积物一般术语

名词	定义
底质（bottom material）	组成海底表面的物质（底质可分为松散沉积物和岩石两类）
砂（sand）	粒径介于 0.063 ~ 2.00mm 的松散沉积物
粉砂（silt）	粒径介于 0.0039 ~ 0.63mm 的松散沉积物
黏土（clay）	粒径小于 0.0039mm 的松散沉积物
悬移质（suspended load）	悬浮于水流中，随水流浮游运动的泥沙

续表

名词	定义
沿岸泥沙流/漂沙（longshore drift）	破波带内，在斜向传入的波浪及沿岸流作用下，平行海岸的泥沙运动系统
沉积通量（sediment flux）	单位时间内通过垂直沉积物运移方向，单位宽度的沉积物数量
沉积速率（sedimentation rate）	单位时间内沉积的沉积物厚度
海水—沉积物界面（sea-sediment interface）	海水与海底表层沉积物之间的交界面
沉积作用（sedimentation）	被搬运物质由于环境条件改变不能继续搬运而发生的沉淀或堆积过程
海解作用（halmyrolysis）	海底沉积物与底层海水之间的地球化学反应过程
进积作用（progradation）	由于沉积物堆积或海面下降，海岸线向陆推进的沉积过程
沉积旋回（cycle of deposition）	沉积作用和沉积条件按相同的次序不断重复沉积而组成的一个层序
沉积序列（depositional sequence）	沉积剖面上的各沉积层排列顺序
沉积间断（hiatus）	沉积过程中，地层记录中发生的时空不连续现象
超覆（overlap）	新沉积层的分布范围超过下伏岩层的分布范围，从而直接覆盖在前期沉积物上
沉积体系（depositional system）	在成因上有联系的沉积相和沉积环境的组合

注：引自《海洋学术语 海洋地质学》（GB/T 18190—2017）

表 5-2 沉积环境与沉积相

名词	定义
潮滩沉积（tidal flat sediment）	以潮汐动力作用为主，在潮间带形成的细粒沉积物
海滨沉积/沿海沉积（littoral sediment）	近海岸域或水深 20m 以浅海域的沉积
浅海沉积（neritic sediment）/陆架沉积（shallow sea deposit）	在大陆架区或水深大致在 20～200m 范围内的海底沉积
半深海沉积（bathyal sediment）	大陆坡区或水深在 200～2000m 范围内的海底沉积
深海沉积（abyssal sediment）	水深大于 2000m 的深海底部的松散沉积物
远洋沉积（pelagic sediment）	由于浮游生物碎屑及少量风输入的陆源细粒物质组成的开阔大洋底的沉积物
半远洋沉积（hemipelagic sediment）	由原地浮游生物碎屑物及平流缓慢扩散输入的、陆源悬浮物质组成的、分布在大陆架边缘的沉积物
陆源沉积（terrigenous sediment）	来源于陆地的岩石风化碎屑通过河流、风和海洋等营力搬运至海洋环境沉积下来的物质
生物沉积（biogenic sediment）	主要由海洋生物遗体和遗物构成的沉积物
海底风成沉积（eolian sediment）	经过风搬运的粉尘（粉砂、黏土等）飘落到海面，再沉降到海底形成的沉积物
冰川海洋沉积物（glacial marine sediment）	含一定数量的、由冰川搬运而来的海底沉积物
火山沉积（marine pyroclastic sediment）	由火山活动产生的火山灰、火山玻璃等形成的碎屑沉积

续表

名词	定义
宇宙沉积物（cosmogenous sediment）	来源于宇宙空间的沉积物质
自生沉淀（authigenic sediment）	海底环境中，由于化学和生物作用形成的海洋沉积物
残留沉积（relict deposit）	保存在海底表层，受到现代水动力和生物作用强烈改造的残留沉积物

5.1 沉积物监测方案

5.1.1 研究方法

目前，国际上对沉积物的检测普遍以国际标准化组织（ISO）制定的沉积物采样规范为基准。ISO 从 1995 年至今陆续颁布了多部关于沉积物监测的标准方法，内容涉及样品采集、保存、前处理、生物毒性评估、物理性质和持久性化合物的监测。日本、德国、英国等国家都直接转化 ISO 关于沉积物的监测方法作为本国标准，而美国在分析目标和方法的多样性都领先于国际统一标准。美国沉积物检测方法包括国家标准、环保局组织研发和其他政府组织研发方法。这些组织制定的监测技术重点均是针对持久性有毒有机物、金属浓度分析和沉积对生物毒性的评估。

美国环保局规定了沉积物质量指数，用于评估和比较全国范围内各区域海岸带沉积物水平和区域间差异，其中通过检测沉积物的污染物浓度和生物有效性等参数来评估沉积物污染物浓度和沉积物毒性两项主要指标。沉积物浓度检测包含近百种污染物，分别为 25 种多环芳烃、22 种多氯联苯、25 种农药和 15 种金属。生物有效性则通过生物测定法确定，将受测生物暴露于沉积物中并评估其对生物生存的影响。沉积物质量指标作为评估沉积物污染的一般准则具有广泛的适用性，可确保在全国范围内采用一致的度量标准。

目前，我国颁布的沉积物检测技术框架已基本形成体系。我国近岸海洋沉积物监测主要以重金属和有机物等污染物为主，表 5-3 列举了主要的国家标准和行业标准。整体而言，《海洋监测规范 第 5 部分：沉积物分析》（GB 17378. 5—2007）对海洋沉积物监测项目的分析方法，以及样品采集、储存、运输、预处理、测定结果和计算提出技术要求，适用范围较广，因此也是本研究主要参考的方法。

表 5-3　国内海洋沉积物监测方法

标准名称	适用范围	分析指标	简要描述
《海底沉积物化学分析方法》（GB/T 20260—2006）	海底沉积物成分测定	吸附水、化合水、三氧化二铁（全铁）、三氧化二铝、氧化钾、氧化钠、氧化钙、氧化镁、五氧化二磷、碳酸钙、氯、砷、硒、汞等 58 种成分	规定了海底沉积物中 58 种成分含量的测定方法
《海洋监测规范　第 3 部分：样品采集、贮存与运输》（GB 17378.3—2007）	海洋环境沉积；海洋废物倾倒和疏浚倾倒物中沉积物	样品的采集、贮存、运输	规定海洋监测过程中，样品采集、贮存和运输的基本方法和程序
《海洋监测规范　第 5 部分：沉积物分析》（GB 17378.5—2007）	大洋、近海、河口、港湾的沉积物；近海、港湾、河口疏浚物和倾倒物	①重金属：汞、铜、铅、锌、镉、铬、砷、硒 ②有机污染物：油类、DDT、六六六、多氯联苯、狄氏剂、硫化物、有机碳 ③物理性质：含水率、氧化还原电位	规定了海洋沉积物监测项目的分析方法，对样品采集、贮存、运输、预处理、测定结果和计算提出技术要求
《海洋调查规范　第 8 部分：海洋地质地球物理调查》（GB/T 12763.8—2007）	海洋地质、地球物理环境基础要素调查	底质沉积物颜色、气味及粒度分析	规定了海洋地质、地球物理调查的基本内容、方法、资料整理及调查成果的要求
《海洋监测技术规程　第 2 部分：沉积物》（HY/T 147.2—2013）	远海、近岸海域沉积物；河口、入海排污口及邻近海域沉积物	①重金属：汞、铜、铅、锌、镉、铬、锂、钒、钴、镍、砷、钛、铁、锰 ②有机污染：多环芳烃、酞酸酯类化合物、有机磷、有机锡、多氯联苯醚	规定了海洋沉积物检测项目的分析方法； 样品的采集、制备、贮存、运输及预处理按照（GB 17378.3—2007）和（GB 17378.5—2007）规定执行

目前，海洋沉积物的评价主要应用的标准为《海洋沉积物质量》（GB 18668—2002），该标准将沉积物分为三类，并提出相应标准。

5.1.2　监测方案

根据《深圳市生态环境状况公报》，选取有机碳、硫化物、石油类、六六六、DDT、多氯联苯、镉、铅、铬、铜、锌、汞、砷等 13 项指标开展检测。

由于沉积物相对稳定，受水文、气象条件变化的影响较小，污染物含量随时间变化的差异不大，因此于监测年度开展一次监测，监测时间为 2021 年 3 月。

沉积物采样断面的设置应与水质断面一致，以便将沉积物机械组成、理化性质、受污染状况与水质污染状况进行对比研究。沉积物采样点应与水质采样点在同一垂直线上，如沉积物采样点有障碍物影响采样可适当偏移。站位在监测海域应具有代表性，其沉积条件要稳定，并从水动力状况、沉积盆地结构、生物扰动、沉积速率、沉积结构、历史数据和其他资料、沉积物的理化特征等方面综合考虑。同时，还应兼顾海洋功能区类型及特殊生境，在大鹏半岛 8 个岸带单元选取有代表性的点位开展沉积物监测，其中潮滩沉积物点位（陆地采样点）5 个，滨海沉积物点位（海上采样点）8 个，共计 13 个点位（图 5-1，表 5-4）。

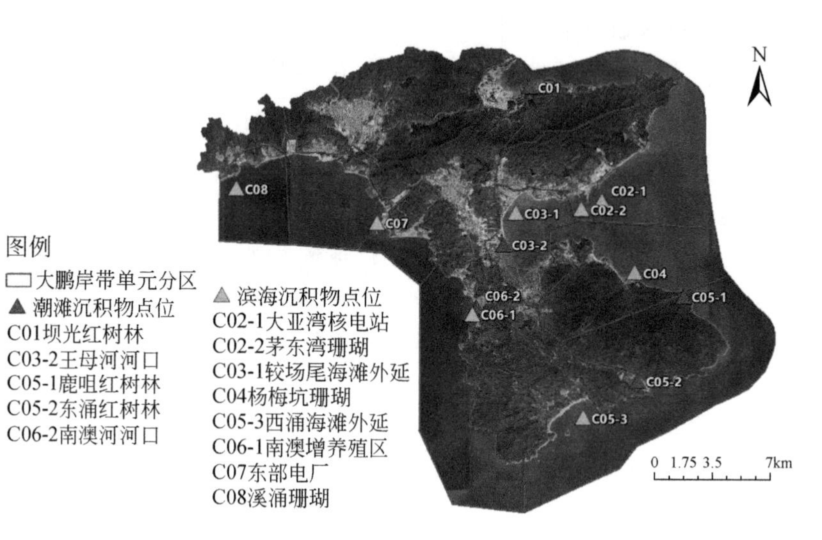

图 5-1　大鹏海岸带沉积物监测点

表 5-4　大鹏沉积物采样点对照表

样点名称	海洋功能区划名称	区划类型	沉积物质量执行标准：《海洋沉积物质量》（GB 18668—2002）	沉积物质量执行标准：《深圳市海岸带综合保护与利用规划（2018—2035）》
C01 坝光红树林	大鹏工业与城镇用海区	工业与城镇	第二类	第二类
C02-1 大亚湾核电站	大亚湾海洋保护区	海洋保护区	第一类	第一类
C02-2 茅东湾珊瑚	大鹏工业与城镇用海区	工业与城镇	第二类	第二类
C03-1 较场尾海滩外延	大鹏澳农渔业区	农渔业区	第一类	第一类
C03-2 王母河河口	大鹏澳农渔业区	农渔业区	第一类	第一类
C04 杨梅坑珊瑚	桔钓沙旅游休闲娱乐区	旅游休闲娱乐区	第二类	第一类
C05-1 鹿咀红树林	西涌—东涌旅游休闲娱乐区	旅游休闲娱乐区	第二类	第一类
C05-2 东涌红树林	西涌—东涌旅游休闲娱乐区	旅游休闲娱乐区	第二类	第一类
C05-3 西涌海滩外延	西涌—东涌旅游休闲娱乐区	旅游休闲娱乐区	第二类	第一类

续表

样点名称	海洋功能区划名称	区划类型	沉积物质量执行标准：《海洋沉积物质量》（GB 18668—2002）	沉积物质量执行标准：《深圳市海岸带综合保护与利用规划（2018—2035）》
C06-1 南澳增养殖区	南澳湾—大鹿湾农渔业区	农渔业区	第一类	第一类
C06-2 南澳河河口	南澳湾—大鹿湾农渔业区	农渔业区	第一类	第一类
C07 东部电厂	大梅沙湾—南澳湾旅游休闲娱乐区	旅游休闲娱乐区	第二类	第一类
C08 溪涌珊瑚	大梅沙湾—南澳湾旅游休闲娱乐区	旅游休闲娱乐区	第二类	第一类

根据沉积物的水深不同，采用塑料刀、抓泥斗或者潜水的方式进行样品采集（图5-2，图5-3）。

图5-2　潮滩沉积物样品采集照片（摄于2021年11月）

1）用塑料刀或勺从采泥器耳盖中仔细取上部0～1cm和1～2cm的沉积物，表层和亚表层；如遇砂砾层，可在0～3cm层内混合取样。

2）通常情况下，每层各取3～4份分析样品，取样量视分析项目而定。如一次采样不

图 5-3　海滨沉积物样品采集照片（摄于 2021 年 11 月）

足，应再采一次。

3）取刚采集的沉积物样品，迅速装入 100mL 烧杯中（约半杯，力求保持样品原状，避免空气进入），供现场测定氧化还原电位用（也可在采泥器中直接测定）。

4）取约 5g 新鲜湿样，盛于 50mL 烧杯中，供现场测定硫化物（离子选择电极法）用。若用比色法或碘量法测定硫化物，则取 20～30g 新鲜湿样，盛于 125mL 磨口广口瓶中，充氮气后塞紧磨口塞。

5）取 500～600g 湿样，放入已洗净的聚乙烯袋中，扎紧袋口，供测定铜、铅、铬、锌、硒等用。

6）取 500～600g 湿样，盛入 500mL 磨口广口瓶中，密封瓶口，供测定含水率、粒度、总汞、油类有机碳、有机氯农药及多氯联苯等用。

按照海域的不同使用功能和环境保护的目标，可分为以下三类。

第一类：适用于海洋渔业水域、海洋自然保护区、珍稀与濒危生物自然保护区、海水养殖区、海水浴场、人体直接接触沉积物的海上运动或娱乐区、与人类食用直接有关的工业用水区。

第二类：适用于一般工业用水区、滨海风景旅游区。

第三类：适用于海洋港口水域，特殊用途的海洋开发作业区。

各类沉积物质量标准见表 5-5。

表 5-5　海洋沉积物质量标准

序号	项目		指标		
			第一类	第二类	第三类
1	废弃物及其他		海底无工业、生活废弃物，无大型植物碎屑和动物尸体等		海底无明显工业、生活废弃物，无明显大型植物碎屑和动物尸体等
2	色、臭、结构		沉积物无异色、异臭，自然结构		—
3	大肠菌群/（个/g 湿重）	≤	200*		—
4	粪大肠菌群/（个/g 湿重）	≤	40**		—
5	病原体		供人生食的贝类增养殖底质不得含有病原体		—
6	汞（$\times10^{-6}$）	≤	0. 20	0. 50	1. 00
7	镉（$\times10^{-6}$）	≤	0. 50	1. 50	5. 00
8	铅（$\times10^{-6}$）	≤	60. 0	130. 0	250. 0
9	锌（$\times10^{-6}$）	≤	150. 0	350. 0	600. 0
10	铜（$\times10^{-6}$）	≤	35. 0	100. 0	200. 0
11	铬（$\times10^{-6}$）	≤	80. 0	150. 0	270. 0
12	砷（$\times10^{-6}$）	≤	20. 0	65. 0	93. 0
13	有机碳（$\times10^{-6}$）	≤	2. 0	3. 0	4. 0
14	硫化物（$\times10^{-6}$）	≤	300. 0	500. 0	600. 0
15	石油类（$\times10^{-6}$）	≤	500. 0	1 000. 0	1 500. 0
16	六六六（$\times10^{-6}$）	≤	0. 50	1. 00	1. 50
17	滴滴涕（$\times10^{-6}$）	≤	0. 02	0. 05	0. 10
18	多氯联苯（$\times10^{-6}$）	≤	0. 02	0. 20	0. 60

* 除大肠菌群、粪大肠菌群、病原体外，其余数值测定项目（序号 6～18）均以干重计。** 对供人生食的贝类增养殖底质，大肠菌群要求≤14（个/g，湿重）；对供人生食的贝类增养殖底质，粪大肠菌群要求≤3（个/g，湿重）

5. 2　沉积物评价

5. 2. 1　整体情况

（1）沉积物质量类型

整体而言，大鹏半岛沉积物质量较好，大部分点位沉积物质量达到第一类或第二类标准水平，符合区划类型的执行标准要求。所有监测点位均未检出 DDT、六六六和多氯联苯。C01 坝光红树林点位有机碳含量超标，沉积物质量劣于三类；C03-2 王母河河口点位铬、铜、铅、锌超标（其中铬、铜为第三类；铅、锌为第二类），沉积物质量为第三类。C06-2 南澳河河口点位锌超标，沉积物质量为第二类，未能达到所在区域应执行第一类标准的要求（表 5-6）。

表 5-6 大鹏半岛沉积物监测结果统计表

点位名称	海洋功能区划名称	区划类型	沉积物质量执行标准	监测结果	定类指标及含量
C01 坝光红树林	大鹏工业与城镇用海区	工业与城镇	第二类	劣于三类	有机碳：6.17%
C02-1 大亚湾核电站	大亚湾海洋保护区	海洋保护区	第一类	第一类	—
C02-2 茅东湾珊瑚	大鹏工业与城镇用海区	工业与城镇	第二类	第二类	—
C03-1 较场尾海滩外延	大鹏澳农渔业区	农渔业区	第一类	第一类	—
C03-2 王母河河口	大鹏澳农渔业区	农渔业区	第一类	第三类	铬：175mg/kg 铜：129mg/kg
C04 杨梅坑珊瑚	桔钓沙旅游休闲娱乐区	旅游休闲娱乐区	第二类	第一类	—
C05-1 鹿咀红树林	西涌—东涌旅游休闲娱乐区	旅游休闲娱乐区	第二类	第二类	—
C05-2 东涌红树林	西涌—东涌旅游休闲娱乐区	旅游休闲娱乐区	第二类	第一类	—
C05-3 西涌海滩外延	西涌—东涌旅游休闲娱乐区	旅游休闲娱乐区	第二类	第一类	—
C06-1 南澳增养殖区	南澳湾—大鹿湾农渔业区	农渔业区	第一类	第一类	—
C06-2 南澳河河口	南澳湾—大鹿湾农渔业区	农渔业区	第一类	第二类	锌：175mg/kg
C07 东部电厂	大梅沙湾—南澳湾旅游休闲娱乐区	旅游休闲娱乐区	第二类	第一类	—
C08 溪涌珊瑚	大梅沙湾—南澳湾旅游休闲娱乐区	旅游休闲娱乐区	第二类	第一类	—

（2）沉积物粒度组成

大鹏半岛海岸带沉积物粗度组成中砂质含量较高，占比达 35.5% ~98.8%，平均值为 73.9%；粉砂含量次之，占比为 0.4% ~49.5%，平均值为 20.6%；黏土含量较低，占比为 0.1% ~15.0%，平均值为 5.6%（表 5-7）。

表 5-7　沉积物粒度组成分布表

点位类别	点位名称	粒组系数（%）			粒度类别
		砂	粉砂	黏土	
红树林	C01 坝光红树林	49.7	45.5	4.8	粉砂质砂
	C05-1 鹿咀红树林	88.9	9.5	1.6	砂
	C05-2 东涌红树林	69.0	27.1	3.9	粉砂质砂
珊瑚区	C02 茅东湾珊瑚	99.5	0.4	0.1	砂
	C04 杨梅坑珊瑚	99.3	0.4	0.3	砂
	C08 溪涌珊瑚	49.4	39.7	10.9	粉砂质砂
重要设施区	C02-1 大亚湾核电站	35.5	49.5	15.0	砂质粉砂
	C07 东部电厂	56.6	28.8	14.6	粉砂质砂
海水浴场	C03-1 较场尾海滩外延	85.0	10.1	4.9	砂
	C05-3 西涌海滩外延	98.8	0.4	0.8	砂
河口	C03-2 王母河河口	49.5	41.0	9.5	粉砂质砂
	C06-2 南澳河河口	92.0	5.8	2.2	砂
养殖区	C06-1 南澳增养殖区	87.0	9.1	3.9	砂

（3）沉积物 pH

大鹏半岛海岸带沉积物中除了红树林区沉积物 pH 呈碱性，其他点位 pH 均为酸性。其中，珊瑚区 pH 均值最高，为 8.49；红树林区 pH 均值最低，为 6.42（图 5-4）。

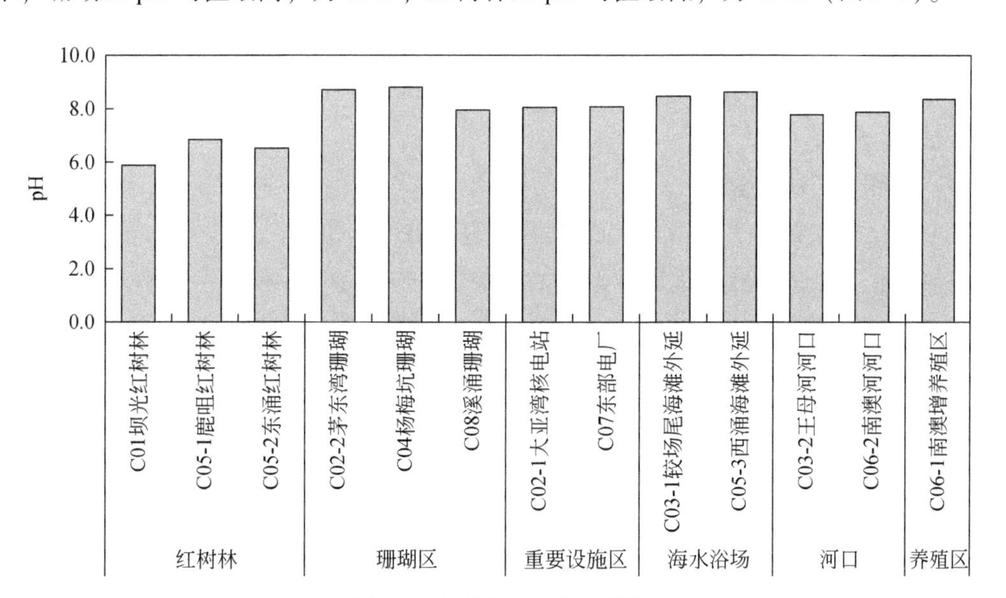

图 5-4　沉积物 pH 分布情况

（4）沉积物有机碳含量

大鹏半岛海岸带除 C01 坝光红树林点位有机碳含量为 6.17%，劣于第三类沉积物标准的要求外；其余点位有机碳含量均达到第一类或第二类标准（图 5-5）。

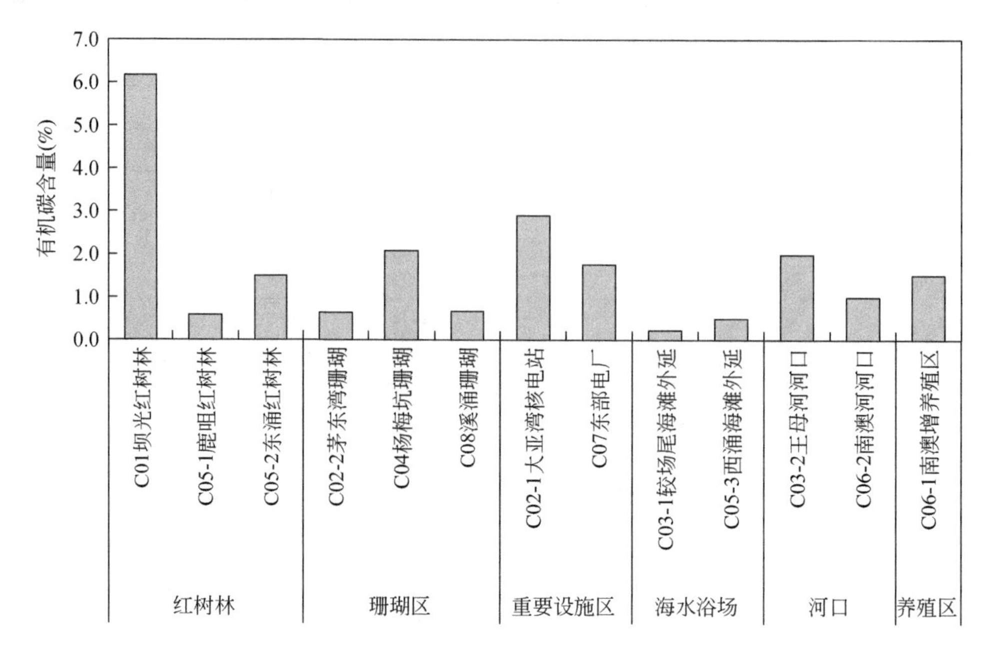

图 5-5　沉积物有机碳含量分布情况

（5）沉积物硫化物含量

整体而言，大鹏半岛海岸带所有点位沉积物硫化物都达到了第一类标准（小于 300mg/kg）。相对而言，红树林沉积物、河口沉积物及养殖区沉积物中的硫化物含量较高；珊瑚区和海水浴场沉积物硫化物含量较低。其中，C01 坝光红树林点位硫化物含量最高，为 123mg/kg（图 5-6）。

（6）沉积物石油类含量

对于石油类含量而言，河口区沉积物远远高于其他点位。其中，C03-2 王母河河口点位沉积物石油类含量为 538mg/kg，为第二类标准（500 ~ 1000mg/kg），C06-2 南澳河河口点位沉积物石油类含量为 345mg/kg，其余点位石油类含量均小于 40mg/kg（图 5-7）。

（7）沉积物重金属含量

对于重金属含量而言，河口区沉积物含量存在超标现象。其中，C03-2 王母河河口点位铬含量为 175mg/kg，铜含量为 129mg/kg，这两项指标均为第三类标准；铅含量为 80mg/kg、锌含量为 168mg/kg，这两项指标均为第二类标准。C06-2 南澳河河口点位铅含量为 79mg/kg，锌含量为 189mg/kg，为第二类标准。C02-2 茅东湾珊瑚点位铅含量为 78mg/kg，为第二类标准。其他点位的重金属指标均达到第一类标准。

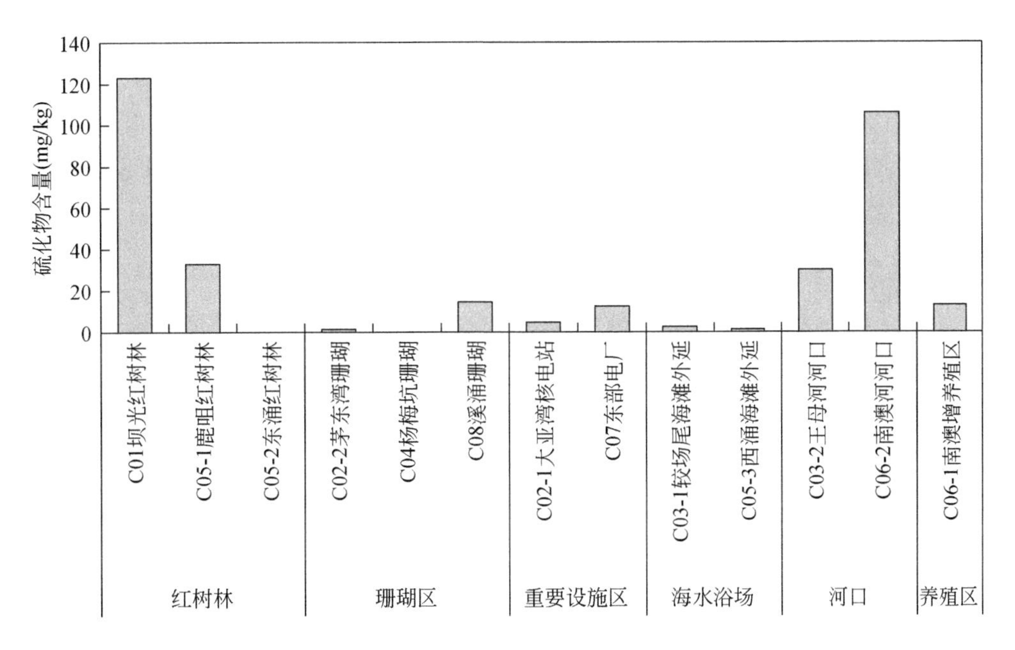

图 5-6　沉积物硫化物含量分布情况

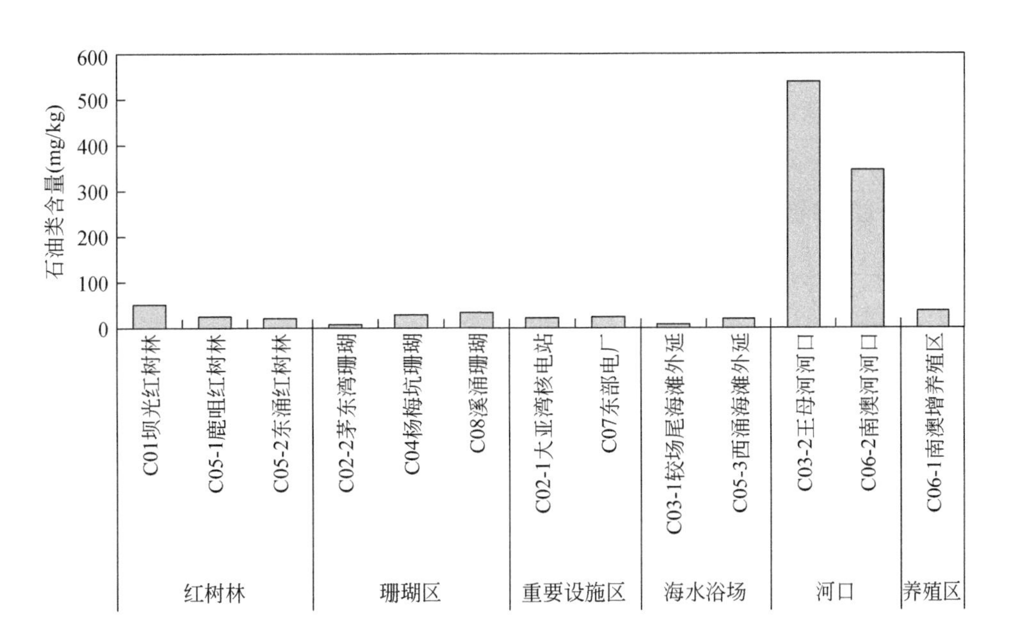

图 5-7　沉积物石油类含量分布图

5.2.2　特征分析

大湾半岛海岸带沉积物粒度组成以砂和粉砂为主，砂质含量高达 35.5% ~98.8%；所有点位沉积物类型均为砂或粉砂质砂，其中红树林区及海水浴场区的沉积物砂质平均含量最高。

整体而言，大鹏半岛海岸带沉积物质量较高，大部分达到第一类或第二类标准的水平，所有滨海沉积物点位均符合区划类型的执行标准要求。三个存在超标现象的点位均为潮滩沉积物，其中 C01 坝光红树林点位有机碳含量超标，C03-2 王母河河口点位铬、铜、铅、锌超标、C06-2 南澳河河口点位锌超标。

对于 pH 而言，除了红树林点位为弱酸性外，其他点位均为碱性；红树林区域有机碳含量及硫化物含量偏高；河口区域硫化物、石油类和重金属含量偏高。

选取沉积物的硫化物（S）、汞（Hg）、铬（Cr）、铜（Cu）、铅（Pb）、锌（Zn）、砷（As）、镉（Cd）、石油类（PE）及有机碳（C）共 10 个指标进行主成分分析，因此次研究的所有点位均未检出 TTD、六六六及多氯联苯，所以上述指标不列入分析因子中。

沉积物主成分载荷矩阵见表 5-8，且 PC1 和 PC2 的累积贡献率为 81.6%，即为沉积物指标的主要成分。由表 5-8 可知，主成分 PC1 在汞、锌、石油类上的载荷值较大；主成分 PC2 在有机碳、硫化物、铬、铜上的载荷值较大。

以第一主成分为横轴，第二主成分为纵轴，绘制各沉积物点位的主成分图（图 5-8）。由图 5-7 可知，C01 坝光红树林、C06-2 南澳河河口及 C03-2 王母河河口与其他点位差异明显。其中 C01 坝光红树林点位和 C03-2 王母河河口点位在 PC2 上的得分远高于其他点位；C01 坝光红树林点位的有机碳含量和硫化物含量明显偏高；C03-2 王母河河口点位铬和铜含量明显偏高；C06-2 南澳河河口点位在 PC1 上的得分远高于其他点位，主要原因是锌、汞含量明显偏高。

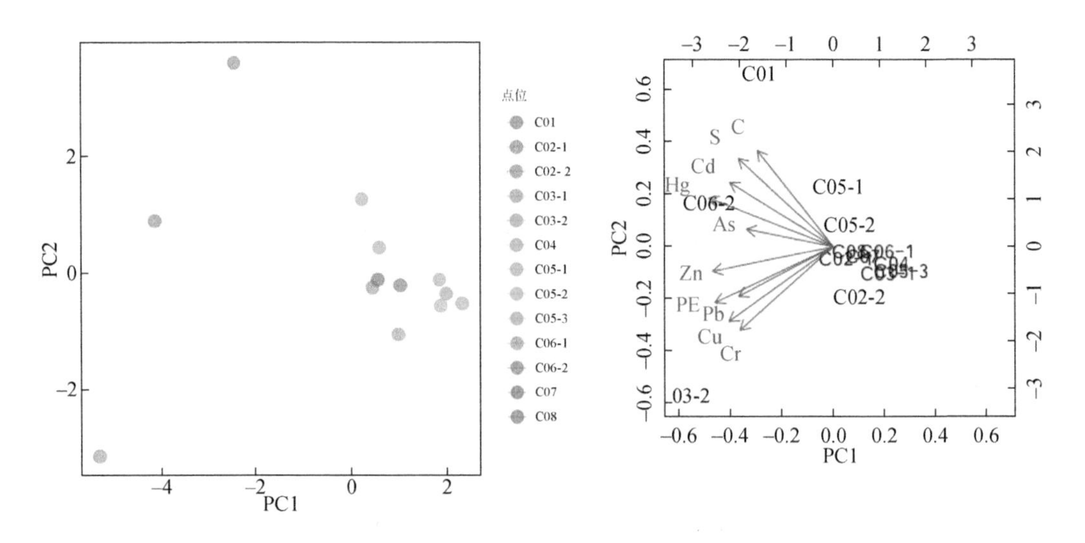

图 5-8　沉积物主成分特征图

表 5-8　沉积物主成分载荷矩阵

成分	PC1	PC2	PC3	PC4	PC5	PC6	PC7	PC8	PC9	PC10
S	-0. 291 75	0. 427 57	-0. 172 24	0. 111 649	-0. 290 72	0. 395 722	0. 308 864	0. 574 328	0. 152 17	0. 020 322
Hg	-0. 382 39	0. 235 961	0. 044 341	0. 056 154	-0. 076 89	0. 083 73	0. 246 779	-0. 687 26	0. 383 363	-0. 316 02
Cr	-0. 287 88	-0. 404 42	0. 213 654	0. 402 741	0. 205 082	0. 059 182	-0. 065 3	0. 281 471	-0. 075 54	-0. 641 06
Cu	-0. 321 95	-0. 362 06	0. 164 503	0. 347 759	-0. 105 23	-0. 093 22	-0. 162 86	0. 037 941	0. 482 323	0. 580 431
Pb	-0. 291 73	-0. 240 77	-0. 470 92	-0. 231 19	0. 657 451	0. 281 687	0. 186 506	-0. 031 33	-0. 007 7	0. 185 19
Zn	-0. 371 28	-0. 119 52	-0. 146 78	-0. 368 52	-0. 374 24	0. 306 448	-0. 646 67	-0. 079 58	-0. 160 1	-0. 079 94
As	-0. 266 94	0. 086 163	0. 644 389	-0. 611 67	0. 197 115	-0. 139 51	0. 100 803	0. 222 574	0. 116 326	0. 019 932
Cd	-0. 318 81	0. 312 04	-0. 386 07	0. 013 941	0. 122 512	-0. 731 55	-0. 236 71	0. 165 499	0. 072 252	-0. 113 68
PE	-0. 363 52	-0. 270 11	-0. 019 55	-0. 014 04	-0. 357 46	-0. 266 64	0. 486 173	-0. 099 62	-0. 570 65	0. 153 323
C	-0. 232 65	0. 465 674	0. 296 102	0. 370 757	0. 320 146	0. 158 796	-0. 239 55	-0. 151 64	-0. 470 58	0. 272 662

沉积物的硫化物（S）、汞（Hg）、铬（Cr）、铜（Cu）、铅（Pb）、锌（Zn）、砷（As）、镉（Cd）、石油类（PE）及有机碳（C）等10个指标的相关性分析如图5-9所示。由图5-9可知，有机碳和硫化物、镉、汞之间存在显著正相关；汞、砷、锌之间存在显著正相关；锌、石油类、铅、铜、铬之间存在显著正相关。

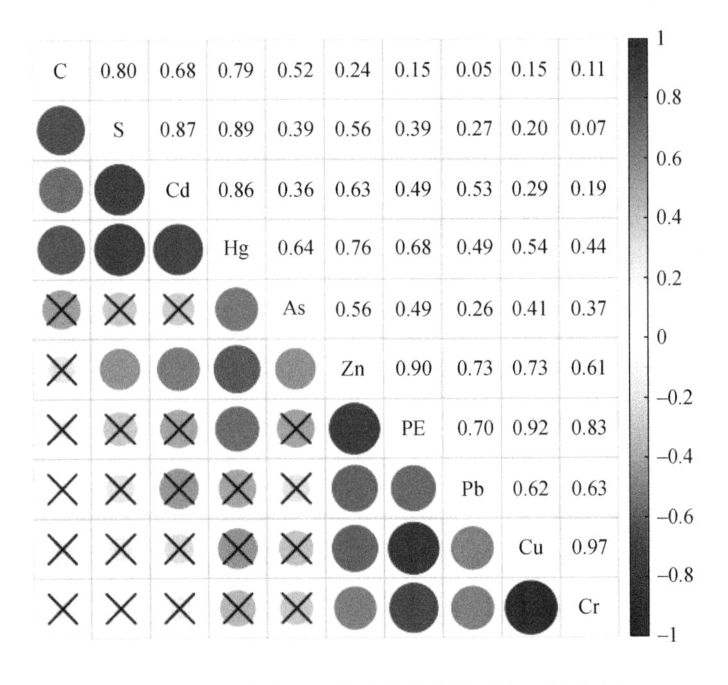

图 5-9　大鹏半岛沉积物点位化学性质相关性分析

注：蓝色代表正相关，红色代表负相关，颜色越深或圆形越大代表相关性越大，带“×”表示相关性不显著（p 值大于0.05）

5.3 沉积物质量提升对策

5.3.1 加强对潮滩沉积物的环境质量监测

大鹏半岛海岸带滨海沉积物质量良好，但潮滩沉积物存在超标现象。以往环境质量监测点位多为滨海点位，因此应加强对潮滩沉积物，特别是河口区和红树林区的环境质量监测。

海岸带潮滩既是生物多样性极为丰富的区域，也是污染物容易堆积的区域。在潮汐等环境作用的影响下，潮滩表层沉积物周期性地暴露于空气中和浸没于潮水中，沉积物内物理、化学、生物等环境要素变化剧烈，建议接入大鹏生态环境动态监测系统，实现实时在线监测，建立完善“监测—预警报—响应”工作模式。

5.3.2 筛选重点指标开展常态监测，构建沉积物评价体系

筛选有机碳、硫化物、重金属等较为容易超标的因子开展常态监测，根据沉积物特征划分不同的管理类型，如红树林区域、河口区域、珊瑚区域、海水浴场区域等，根据不同沉积物类型特征构建沉积物评价体系。

5.3.3 减少入湾河流水污染物

强化污水处理，改良水头、葵涌、上洞、坝光等水质净化厂工艺，合理增设小型水质净化站，推进人工湿地等尾水深度处理设施建设，只有尾水达国家地表水环境Ⅳ类标准方可排放。另外，减少面源污染入河，加快推进海绵城市建设，利用低影响开发设施削减径流形成的面源污染入海。加强滨海建成区面源治理，在大鹏湾官湖、土洋等现有建设强度较大的岸段及金沙、东涌等规划开发建设的岸段滨海建成区，加快建设雨水花园、透水路面、绿色屋顶、植被草沟、入渗设施、过滤设施和滞留（流）设施等低影响开发设施，协同岸线生态修复、景观提升等工程，建设缓冲带、生态护岸和人工湿地，构筑面源污染入海屏障。

5.3.4 加强重点入海排污口监管

加大非法和设置不合理入海排污口清查力度，加强雨水口和海水养殖废水排放口监

管。完善入海排污口管理体系，对总量控制监管责任主体实施绩效评估，依托“湾长制”“河长制”巡海巡河等监管工作成果，常态更新污染源档案，掌握污染物种类、排污单位、环境达标保障措施等动态信息，确保涉海排污口百分之百纳入日常管理，实现总量控制计划目标化、定量化、制度化。

5.3.5 加强船舶污染防治

建立船舶污染物多部门联合监管机制，落实《防治船舶污染海洋环境管理条例》要求，强化对船舶垃圾、生活污水、含油污水、含有毒有害物质污水、废气等污染物及压载水处理处置的全过程管控。以国际游艇旅游自由港等为重点区域，严控船舶污水、垃圾直排入海，推进集中收集处理处置模式。

5.3.6 加强渔业及水产养殖业管理

逐步清理清退海水养殖，优化发展空间，加强海水养殖监管。持续开展减船转产、渔排清理整治工作，推广先进水产养殖技术，严格控制养殖饲料和药物使用。优先发展远洋渔业、深海渔业，优化升级渔业用海。

5.3.7 探索开展沉积物修复研究及应用

探索开展沉积物生物修复技术。利用大鹏半岛适生红树树种优先对潮滩湿地开展研究及应用试验。

第6章

海岸带区域微生物调查评估

微生物是其他一切生物存在的基础，也是人类探索生命规律的重要研究对象。微生物涉及重要生命物质的生产和循环，如氮、碳等，还涉及生物界的能量来源和循环。微生物涉及人类生活的方方面面，没有微生物就没有其他生物的存在，也没有人类的幸福生活。2020年末全球爆发了新型冠状病毒肺炎疫情，对全球人口健康及社会经济造成了史无前例的重创，也使得各国将微生物安全的重视提高了前所未有的高度。

大多数细菌和古细菌（1.2×10^{30}细胞数量）存在于“五大”生境：深海地下（4×10^{29}）、海洋沉积物（5×10^{28}）、大陆深层（3×10^{29}）、土壤（3×10^{29}）和海洋（1×10^{29}）。海洋沉积物是海洋微生物主要的生存环境。同时，在受陆源输入、污水排放影响强烈的近岸海域，其中难降解污染物在水中沉降，导致沉积物中积累了各类污染物。这些污染物可能会对沉积物微生物群落产生胁迫，使微生物在个体和群落两个水平上发生变化，由此影响该生境中的微生物功能组成。近年来发展迅速的宏基因组技术以环境中微生物的基因组的总和为研究对象，有效规避了传统方法中绝大部分微生物不能培养的缺陷，有助于从分子生态学的角度出发揭示微生物的在海岸带的分布特征及动态变化。目前已有的海洋微生物研究内容主要集中在微生物与生物关系、地点调查、新兴污染物影响及微生物的环境响应等方面。整体而言，人们对微生物状况及其风险长期以来重视不足。本书研究以大鹏半岛海岸带区域为对象开展此项研究，具有污染防治和生态环境精细化管理的重要示范价值，更是维护生物安全的重要举措。

对大鹏半岛海岸带区域微生物（以细菌和病毒为代表性）进行季度监测，获得种群时空分布、组成以及和环境因子之间的基础资料，可为提供微生物安全评估及管理建议提供数据支撑。

6.1 海岸带微生物监测方案

根据采样站位的环境特征，样品分为潮滩沉积物（Tidal flat sediment）和滨海沉积物（Littorall sediment）。潮滩沉积物是受到潮汐动力影响，在潮间带形成细粒的沉积物；滨海沉积物又称为沿海沉积物，是近岸海域或水深20m浅海域的沉积物。

本书研究中采样站位分布于8个海岸带单元中（图6-1和表6-1）。2020年8月至2021年5月，完成4个批次采样，每次从滨海区域或潮滩区域采集8个样品，共计32次采样；各批次分别进行宏基因组、宏病毒组和可培养细菌检测，采样详情和监测指标见表6-2和表6-3。

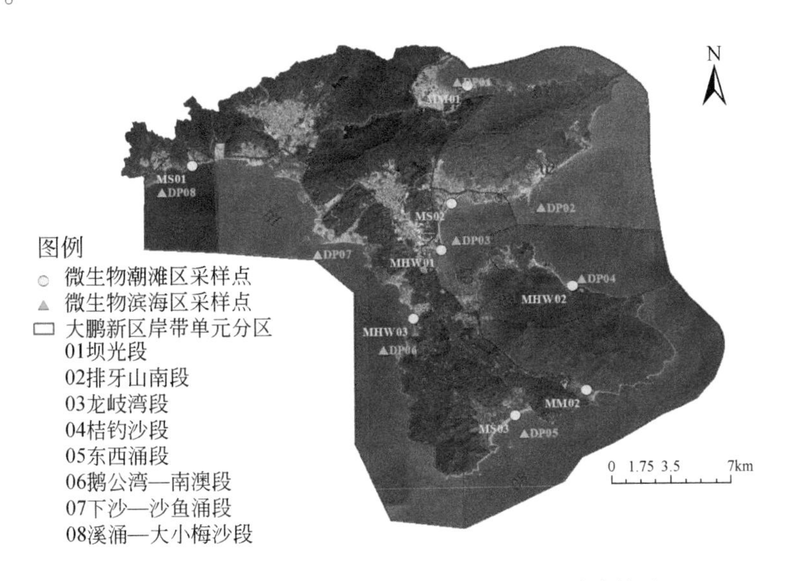

图6-1　大鹏半岛海岸带区域微生物采样点分布情况

表6-1　采样点分布表

序号	采样点编号	类型	经度	纬度	岸带	环境特征
1	DP01	滨海	E114°30′26.10″	N22°39′3.91″	01	坝光红树林
2	DP02	滨海	E114°33′7.28″	N22°35′22.46″	02	茅东湾珊瑚
3	DP03	滨海	E114°30′29.33″	N22°34′19.57″	03	水头排放口
4	DP04	滨海	E114°34′26.34″	N22°33′9.57″	04	杨梅坑珊瑚
5	DP05	滨海	E114°32′39.21″	N22°33′9.57″	05	西涌海滩外延
6	DP06	滨海	E114°28′24.44″	N22°28′24.06″	06	南澳养殖区
7	DP07	滨海	E114°26′21.30″	N22°34′5.39″	07	东部电场
8	DP08	滨海	E114°30′26.10″	N22°35′52.83″	08	溪涌珊瑚
9	MHW01	潮滩	E114°30′01.64″	N22°34′01.55″	03	王母河口
10	MHW02	潮滩	E114°34′08.15″	N22°32′53.64″	04	杨梅坑河口
11	MHW03	潮滩	E114°29′09.13″	N22°31′54.66″	06	南澳河河口
12	MM01	潮滩	E114°30′53.19″	N22°39′04.47″	01	红树林滩地
13	MM02	潮滩	E114°34′33.24″	N22°29′41.35″	05	东涌红树林
14	MS01	潮滩	E114°22′13.71″	N22°36′38.98″	08	玫瑰海岸沙滩
15	MS02	潮滩	E114°30′21.787″	N22°35′27.29″	03	较场尾沙滩
16	MS03	潮滩	E114°32′18.780″	N22°28′55.64″	05	西涌沙滩

表 6-2　四批次采样和检测情况

批次	采样开始日期	采样点编号	监测内容
1	2020 年 8 月 24 日	DP01、DP02、DP03、DP04、DP05、DP06、DP07 和 DP08	宏病毒组（DNA）、宏病毒组（RNA）、宏基因组和可培养细菌
2	2020 年 10 月 25 日	MM01、MM02、MS01、MS02、MS03、MHW01、MHW02、MHW03	宏病毒组（DNA）和宏基因组
3	2021 年 2 月 26 日	MM01、MM02、MS01、MS02、MS03、MHW01、MHW02、MHW03	宏病毒组（DNA）和宏基因组
4	2021 年 5 月 27 日	MM01、MM02、MS01、MS02、MS03、MHW01、MHW02、MHW03	宏病毒组（DNA）和宏基因组

表 6-3　监测指标汇总表

序号	批次	采样点编号	监测指标	监测编号
1	1	DP01	宏病毒组（DNA）	DP01d
2	1	DP02	宏病毒组（DNA）	DP02d
3	1	DP03	宏病毒组（DNA）	DP03d
4	1	DP04	宏病毒组（DNA）	DP04d
5	1	DP05	宏病毒组（DNA）	DP05d
6	1	DP06	宏病毒组（DNA）	DP06d
7	1	DP07	宏病毒组（DNA）	DP07d
8	1	DP08	宏病毒组（DNA）	DP08d
9	1	DP01	宏病毒组（RNA）	DP01r
10	1	DP02	宏病毒组（RNA）	DP02r
11	1	DP03	宏病毒组（RNA）	DP03r
12	1	DP04	宏病毒组（RNA）	DP04r
13	1	DP05	宏病毒组（RNA）	DP05r
14	1	DP06	宏病毒组（RNA）	DP06r
15	1	DP07	宏病毒组（RNA）	DP07r
16	1	DP08	宏病毒组（RNA）	DP08r
17	1	DP01	宏基因组	DP01g
18	1	DP02	宏基因组	DP02g
19	1	DP03	宏基因组	DP03g
20	1	DP04	宏基因组	DP04g
21	1	DP05	宏基因组	DP05g
22	1	DP06	宏基因组	DP06g

续表

序号	批次	采样点编号	监测指标	监测编号
23	1	DP07	宏基因组	DP07g
24	1	DP08	宏基因组	DP08g
25	1	DP01	可培养基细菌	DP01c
26	1	DP02	可培养基细菌	DP02c
27	1	DP03	可培养基细菌	DP03c
28	1	DP04	可培养基细菌	DP04c
29	1	DP05	可培养基细菌	DP05c
30	1	DP06	可培养基细菌	DP06c
31	1	DP07	可培养基细菌	DP07c
32	1	DP08	可培养基细菌	DP08c
33	2	MHW01	宏病毒组（DNA）	MHW01d1
34	2	MHW02	宏病毒组（DNA）	MHW02d1
35	2	MHW03	宏病毒组（DNA）	MHW03d1
36	2	MM01	宏病毒组（DNA）	MM01d1
37	2	MM02	宏病毒组（DNA）	MM02d1
38	2	MS01	宏病毒组（DNA）	MS01d1
39	2	MS02	宏病毒组（DNA）	MS02d1
40	2	MS03	宏病毒组（DNA）	MS03d1
41	2	MHW01	宏基因组	MHW01g1
42	2	MHW02	宏基因组	MHW02g1
43	2	MHW03	宏基因组	MHW03g1
44	2	MM01	宏基因组	MM01g1
45	2	MM02	宏基因组	MM02g1
46	2	MS01	宏基因组	MS01g1
47	2	MS02	宏基因组	MS02g1
48	2	MS03	宏基因组	MS03g1
49	3	MHW01	宏病毒组（DNA）	MHW01d2
50	3	MHW02	宏病毒组（DNA）	MHW02d2
51	3	MHW03	宏病毒组（DNA）	MHW03d2
52	3	MM01	宏病毒组（DNA）	MM01d2
53	3	MM02	宏病毒组（DNA）	MM02d2
54	3	MS01	宏病毒组（DNA）	MS01d2
55	3	MS02	宏病毒组（DNA）	MS02d2
56	3	MS03	宏病毒组（DNA）	MS03d2

续表

序号	批次	采样点编号	监测指标	监测编号
57	3	MHW01	宏基因组	MHW01g2
58	3	MHW02	宏基因组	MHW02g2
59	3	MHW03	宏基因组	MHW03g2
60	3	MM01	宏基因组	MM01g2
61	3	MM02	宏基因组	MM02g2
62	3	MS01	宏基因组	MS01g2
63	3	MS02	宏基因组	MS02g2
64	3	MS03	宏基因组	MS03g2
65	4	MHW01	宏病毒组（DNA）	MHW01d3
66	4	MHW02	宏病毒组（DNA）	MHW02d3
67	4	MHW03	宏病毒组（DNA）	MHW03d3
68	4	MM01	宏病毒组（DNA）	MM01d3
69	4	MM02	宏病毒组（DNA）	MM02d3
70	4	MS01	宏病毒组（DNA）	MS01d3
71	4	MS02	宏病毒组（DNA）	MS02d3
72	4	MS03	宏病毒组（DNA）	MS03d3
73	4	MHW01	宏基因组	MHW01g3
74	4	MHW02	宏基因组	MHW02g3
75	4	MHW03	宏基因组	MHW03g3
76	4	MM01	宏基因组	MM01g3
77	4	MM02	宏基因组	MM02g3
78	4	MS01	宏基因组	MS01g3
79	4	MS02	宏基因组	MS02g3
80	4	MS03	宏基因组	MS03g3

为了防止测定宏基因组和宏病毒组的样品中的微生物群落组成发生改变，样品全程在干冰中运输。用于培养的样品全程在干冰或冰袋中运输，送入实验室后放-80℃冰箱保存，直到开始分离。

6.2　海岸带滨海区微生物分布

滨海区是近岸海域或水深20m以内的浅海区域，该区域受人类活动影响大，含有丰富的有机质，其底泥中具有丰富的微生物种类。第一批次采样时间为2020年8月24日至25日，共来自8个具有代表性的环境，包括红树林、排水口、养殖区、电场区域、珊瑚区域及排水口区域（图 6-2），采样点基础信息见表 6-4。

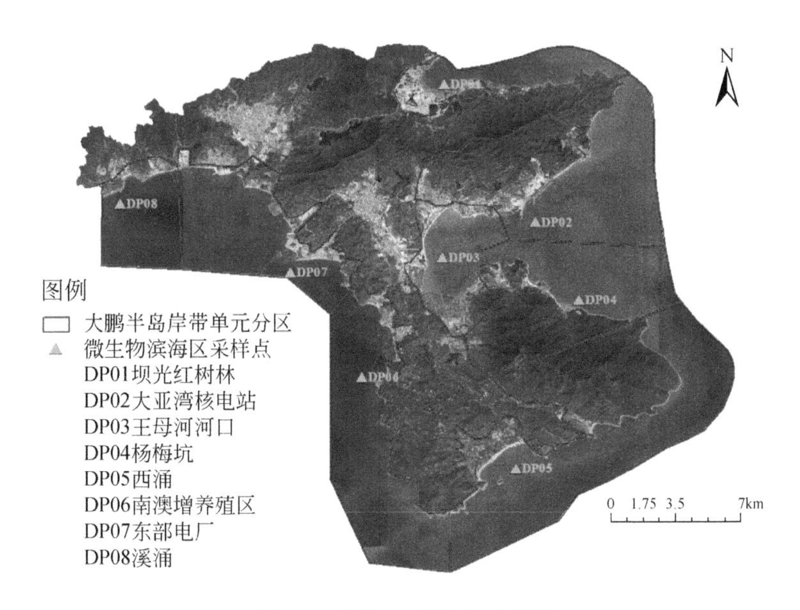

图 6-2　滨海区采样点示意图

表 6-4　滨海区底泥采样点基础信息

序号	采样点编号	采样点温度（℃）	深度（米）	采样日期	环境特征
1	DP01	30.5	0.7	2020 年 8 月 24 日	坝光红树林
2	DP02	31.1	11.7	2020 年 8 月 24 日	茅东湾珊瑚
3	DP03	31.6	5.2	2020 年 8 月 24 日	水头排放口
4	DP04	31.5	9.9	2020 年 8 月 24 日	杨梅坑珊瑚
5	DP05	29.7	14.0	2020 年 8 月 24 日	西涌海滩外延
6	DP06	30.0	15.0	2020 年 8 月 24 日	南澳增养殖区
7	DP07	30.7	6.7	2020 年 8 月 25 日	东部电场
8	DP08	31.0	13.8	2020 年 8 月 25 日	溪涌珊瑚

6.2.1　宏基因组微生物群落特征

样品 DNA 通过浓度和完整性检测，单个样品宏基因组数据下机数据超过 10G，质量控制后的数据占原始数据的比例为 78.4%±2.5%，样品的 GC% 为 54.1%±2.3%，8 个样品的数据质量和重复度高。

将 8 个样本所得有效序进行重排和聚类后得到的 Unigene 数量如图 6-3 和表 6-5 所示。

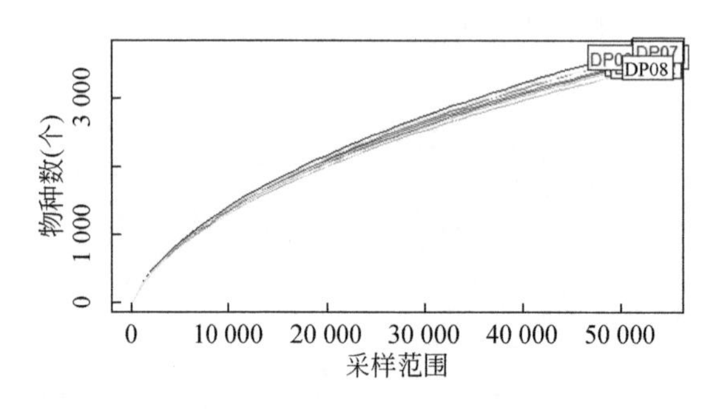

图 6-3　滨海区样品稀释曲线

表 6-5　滨海区样品操作分类单元（OTU）数量表

采样点编号	Unigene（个）	清理后数据量（G）
DP01	431 333	7.86
DP02	431 344	8.72
DP03	431 327	8.00
DP04	431 329	6.37
DP05	431 326	8.34
DP06	431 585	7.75
DP07	431 337	9.64
DP08	431 356	9.73

需要注意的是宏基因组测序获得的均是相对丰度，即每种菌占所有菌属的比例，无法对样品中的微生物种类进行绝对定量。本研究中，原始样品生境相似，测试定量为 1.0g 底泥，虽然测序数据量基本一致，但是由于数据测试分析中的误差，清理后数据存在差异，横向比较仅作为参考。另外，根据稀释性曲线（图 6-3）可知，目前曲线趋于平坦，说明测序数据量合理，测序深度增加，仅会获得少量新物种，说明目前测序结果能够反映样品的实际微生物种群数量。

6.2.2　宏基因组微生物种类和丰度

8 个样品宏基因组共注释获得来自古细菌（Archeae）、细菌（Bacteria）、真核生物（Eukaryota）和未知分类（Unkonwn）的生物（图 6-4）。其中细菌占比超过 90%，采样点 DP06 的古细菌含量略高于其他采样点，为 5.6%。

（1）门水平上的分布

8 个样品宏基因组共注释得到 173 个门，其中变形菌门（Proteobacteria）是环境中的绝对优势菌群占比，占比为 70.8%±2.0%（图 6-5）。除变形菌门外，在 8 个样品中占比

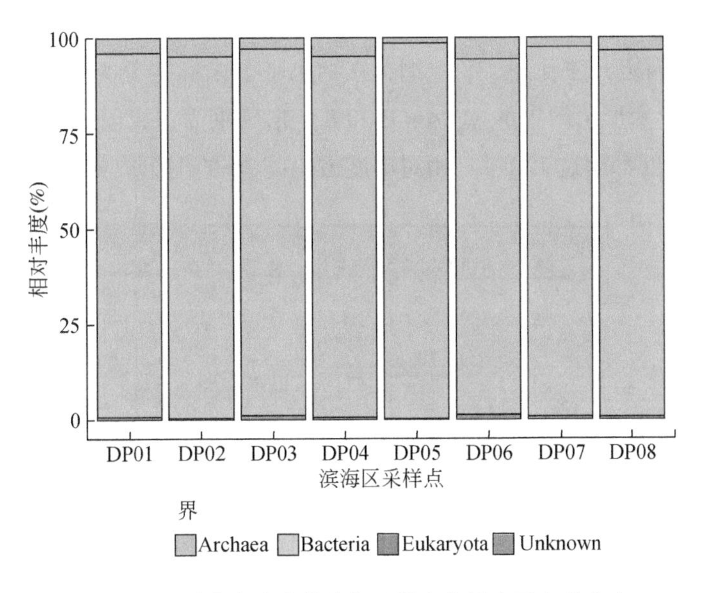

图 6-4　大鹏半岛海岸带滨海区微生物界水平上的分布

为前 5 的门类为奇古菌门（Thaumarchaeota）、酸杆菌门（Acidobacteria）、放线菌门（Actinobacteria）、拟杆菌菌门（Bacteroidetes）和绿弯菌门（Chloroflexi）。

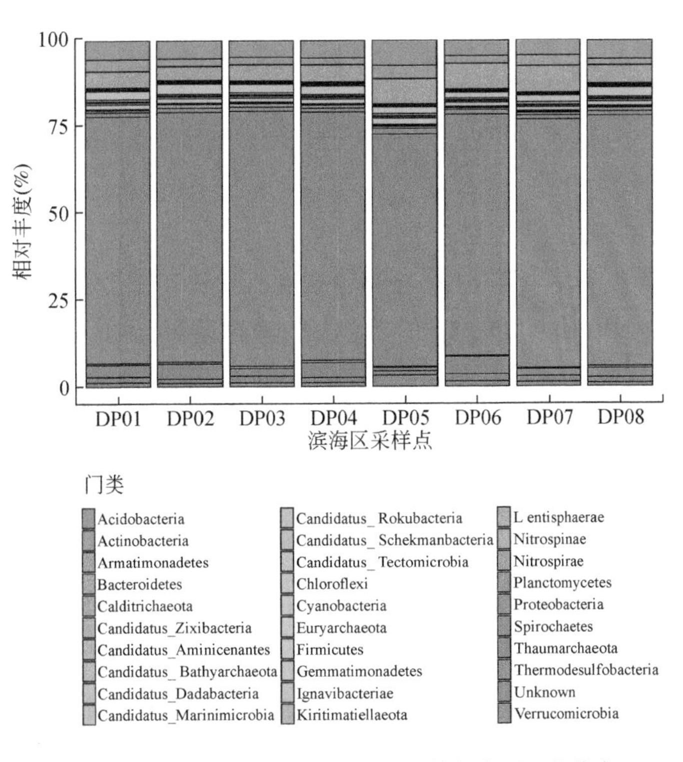

图 6-5　大鹏半岛海岸带滨海区微生物门水平上的分布

（2）纲水平上的分布

8 个样品宏基因组共注释到 138 个纲，在纲水平上未确定分类地位的物种的相对丰度为 14.4% ±1.1%。变形菌门中的 γ、α、β 和 δ 变形菌纲为占比前 10 的纲。放线菌门纲在各采样点的相对丰度都超过 1.0%。相对丰度占比前 30 的纲组成如图 6-6 所示。

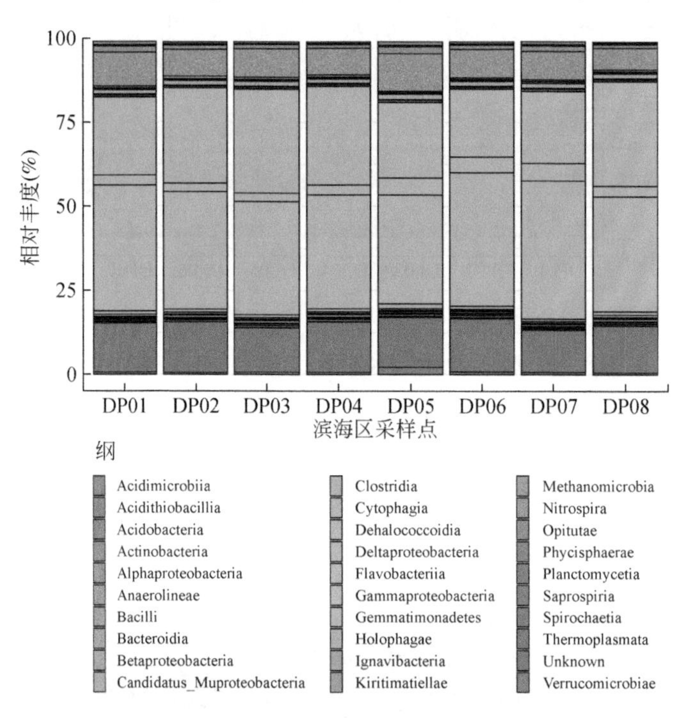

图 6-6　大鹏半岛海岸带滨海区微生物纲水平上的分布

（3）目水平上的分布

8 个样品宏基因组共注释得到 284 个目，在目水平上未确定分类地位的物种的相对丰度在 35.1% ±1.9%。相对丰度前 10 的目包括：着色菌目（Chromatiales）、脱硫杆菌目（Desulfobacterales）、根瘤菌目（Rhizobiales）、纤维弧菌目（Cellvibrionales）、红细菌目（Rhodobacterales）、黄单胞菌目（Xanthomonadales）、亚硝化侏儒菌目（Nitrosopumilales）、粘球菌目（Myxococcales）、黄杆菌目（Flavobacteriales）和红螺菌目（Rhodospirillales）（图 6-7）。

（4）科水平上的分布

8 个样品宏基因组共注释到 612 个科，在科水平上未确定分类地位的物种的相对丰度为 56.2% ±1.8%。相对丰度前 10 的科包括：脱硫杆菌科（Desulfobacteraceae）、红细菌科（Rhodobacteraceae）、Halieaceae、亚硝化侏儒菌科（Nitrosopumilaceae）、黄杆菌科（Flavobacteriaceae）、脱硫球茎菌科（Desulfobulbaceae）、红螺菌科（Rhodospirillaceae）、叶杆菌科（Phyllobacteriaceae）、外硫红螺旋菌科（Ectothiorhodospiraceae）和沃斯菌科（Woeseiaceae）（图 6-8）。

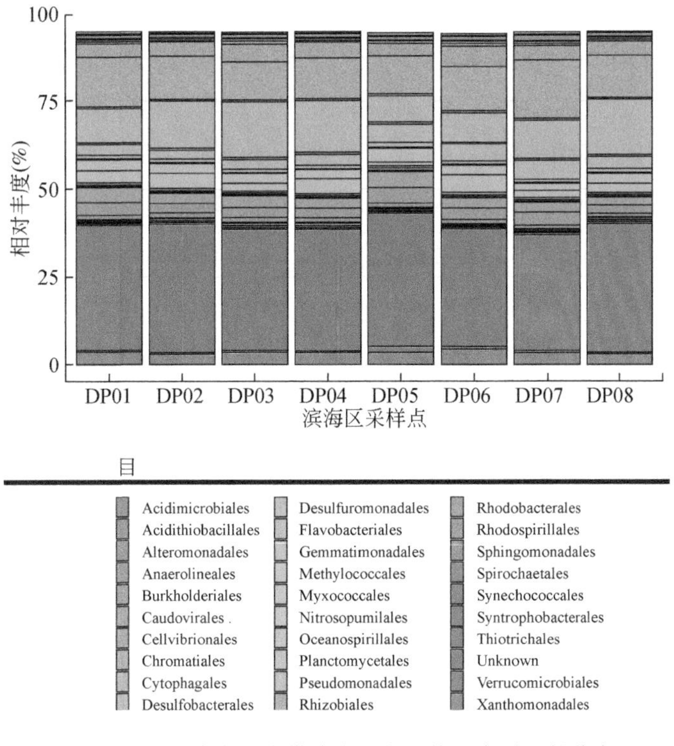

图 6-7　大鹏半岛海岸带滨海区微生物目水平上的分布

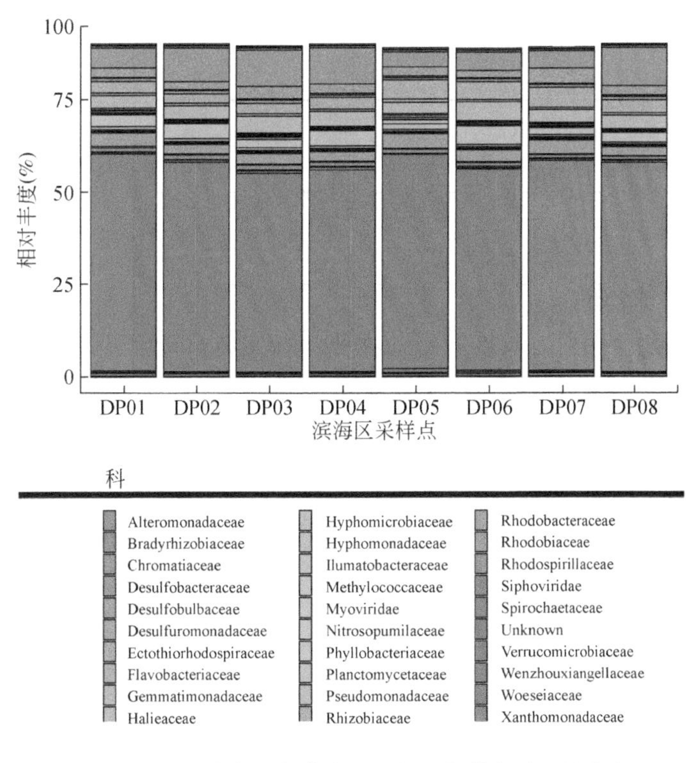

图 6-8　大鹏半岛海岸带滨海区微生物科水平上的分布

在NCBI的系统中，病毒最高注释的分类单元为科（拉丁名以-viridae结尾①）。8个样品宏基因组共注释获得17个科，包括埃凯曼病毒科（Ackermannviridae）、奥托吕科斯科（Autolykiviridae）、Bacilladnaviridae、Herelleviridae、虹彩病毒科（Iridoviridae）、Lavidaviridae、软体动物疱疹病毒科（Malacoherpesviridae）、Marseilleviridae、转座病毒科（Metaviridae）、Mimiviridae、肌尾噬菌体科（Myoviridae）、藻类脱氧核糖核酸病毒科（Phycodnaviridae）、阔口罐病毒科（Pithoviridae）、短尾噬菌体科（Podoviridae）、多去氧核糖核酸病毒科（Polydnaviridae）、长尾病毒科（Siphoviridae）和复层噬菌体科（Tectiviridae）。其中7个科为噬菌体，即以细菌为宿主的病毒。三个占比超过1%的科分别是肌尾噬菌体科、长尾病毒科和短尾噬菌体科。各个位点总病毒的相对丰度为0.62%±0.29%，相对丰度最高和最低的采样点分别为DP03和DP05（图6-9）。

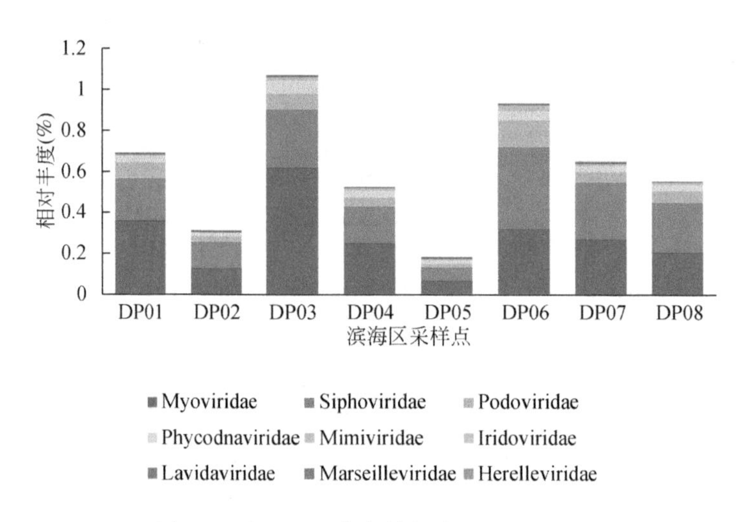

图6-9　宏基因组病毒科水平上的相对丰度

（5）属水平上的分布

由于宏基因组拼接序列的长度问题，物种注释在属水平无法获得精确的结果，超过68.6%±1.8%的微生物在属水平的分类为未知（Unknown）（图6-10）。此外，相对丰度超过1%的属为*Nitrosopumilus*、*Halioglobus*和*Methyloceanibacter*。*Nitrosopumilus*属于奇古细菌门，是海洋中重要的与氮代谢相关的古细菌（图6-11）。

8个样品宏基因组共注释获得129个病毒属，基于鉴定准确度的原因，明确属水平分离的病毒在各点样本中的相对丰度不足0.1%（0.028%±0.014%）。图6-12中显示了至少在一个点位相对丰度大于0.001%的属的情况，其中*Prymnesiovirus*在所有点位的相对丰度都大于0.001%。

① 病毒分类的详细说明见后续章节3.2。

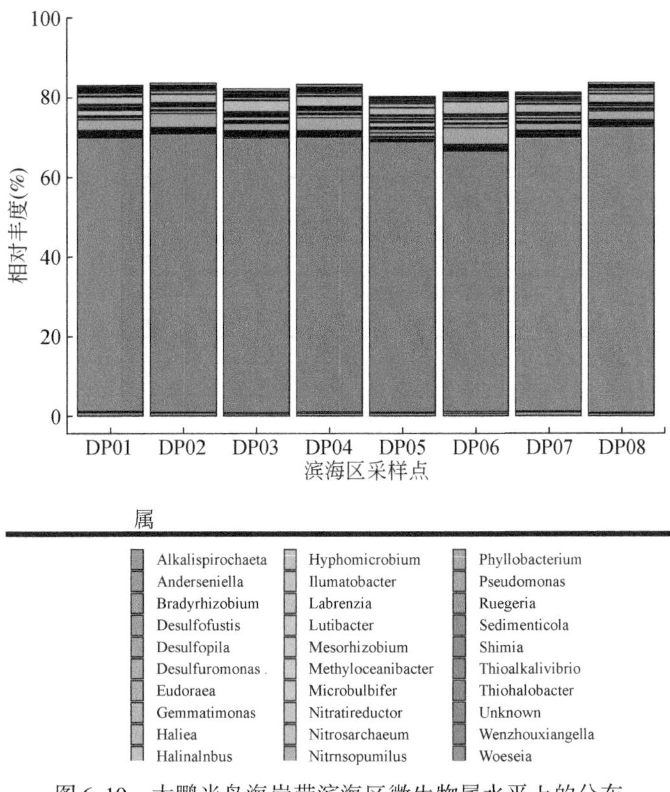

图 6-10 大鹏半岛海岸带滨海区微生物属水平上的分布

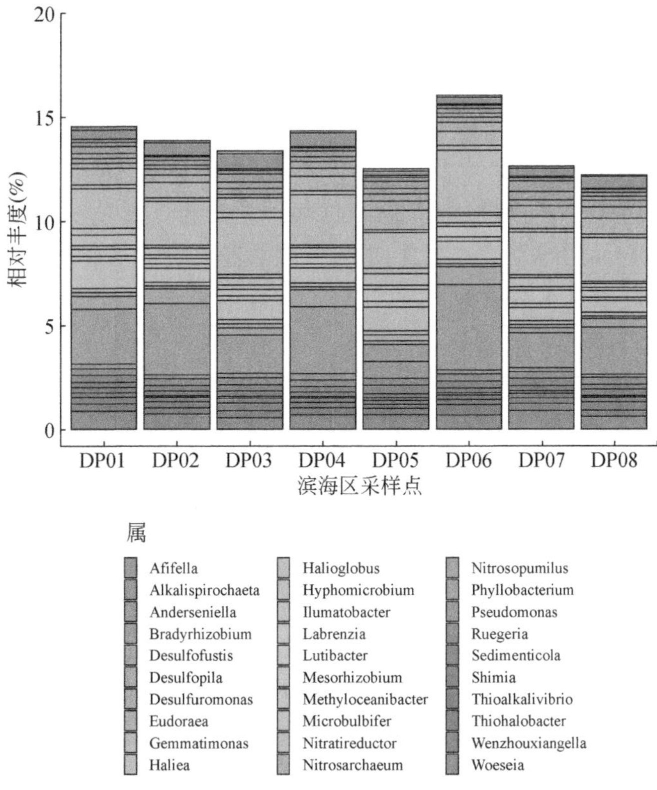

图 6-11 属水平可识别分类物种的相对丰度

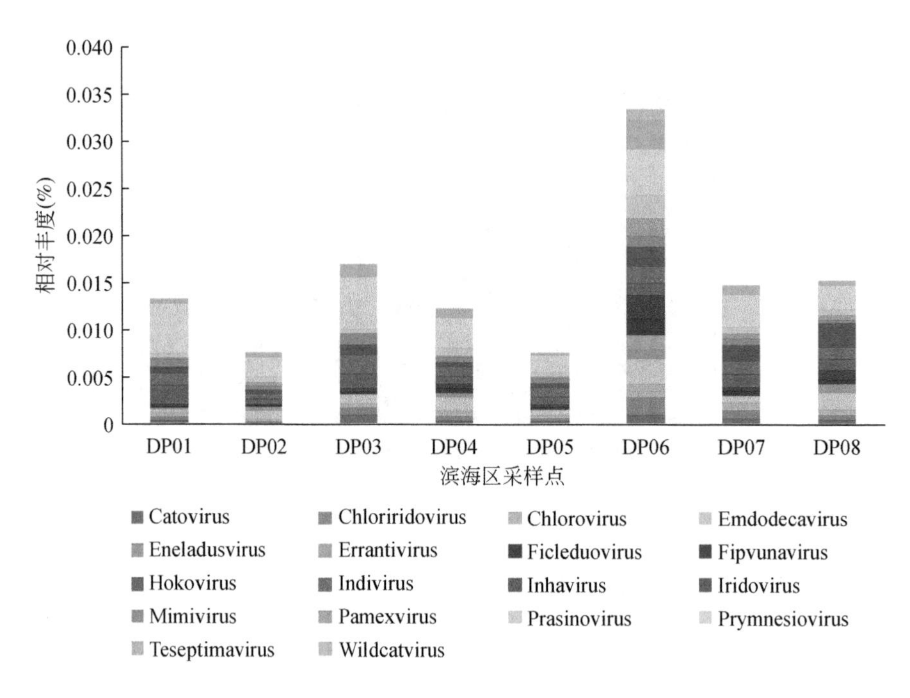

图 6-12　宏基因组病毒属水平上的相对丰度

6.2.3　宏基因组微生物多样性

(1) Alpha 多样性

Alpha 多样性结果见表 6-6。Chao 指数和 ACE 指数用于估计样品所含的 OTU 数，但 Chao 指数仅估算数目，ACE 指数则考虑了样品的丰富度和均匀度，因此，Chao 指数和 ACE 指数越大表示样品的丰富度越高，而 ACE 指数越高意味着物种分配均匀。基于这两个多样性指数，大鹏半岛 8 个滨海区样品中 DP05 和 DP01 样品物种丰富度最高，DP08 和 DP02 最低。由于测定使用的是非绝对定量法，且基于 1 个混合样品，该结果仅具备参考价值。

表 6-6　基于宏基因组的大鹏半岛滨海区样品 Alpha 多样性指数

指数	DP01	DP02	DP03	DP04	DP05	DP06	DP07	DP08
ACE	6 909. 9	6 739. 8	6 628. 5	6 583. 2	7 171. 2	6 984. 7	7 005. 7	6 549. 6
Chao	6 753. 7	6 579. 6	6 513. 9	6 476. 8	7 027. 4	6 718. 4	6 717. 7	6 285. 3
Shannon	4. 65	4. 62	4. 79	4. 70	4. 70	4. 77	4. 59	4. 63
Simpson	0. 944	0. 946	0. 954	0. 950	0. 949	0. 948	0. 934	0. 948

（2）Beta 多样性

基于 NMDS 分析、CA 分析层次聚类法，DP02、DP03、DP04 和 DP08 的微生物多样性最相似（图 6-13 ~ 图 6-15）。其中，DP02 ~ DP04 样品同属于大亚湾的龙歧湾及外围，3 个位点邻近，具有相似的理化条件。

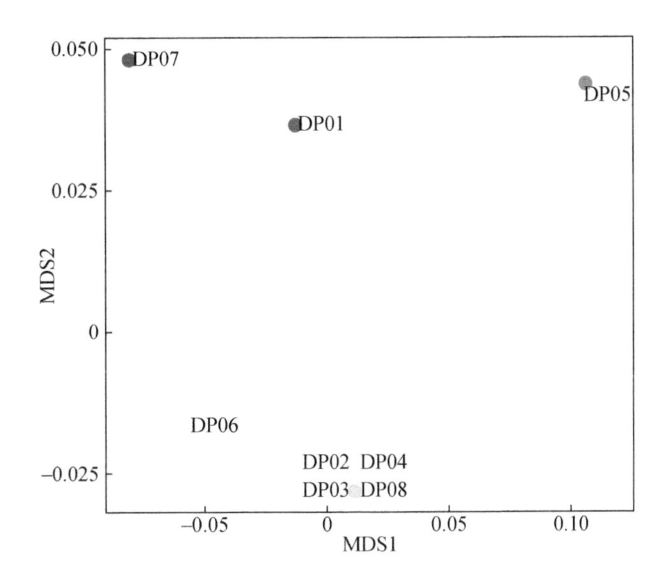

图 6-13　大鹏半岛滨海区宏病毒组非度量多维尺度（NMDS）分析

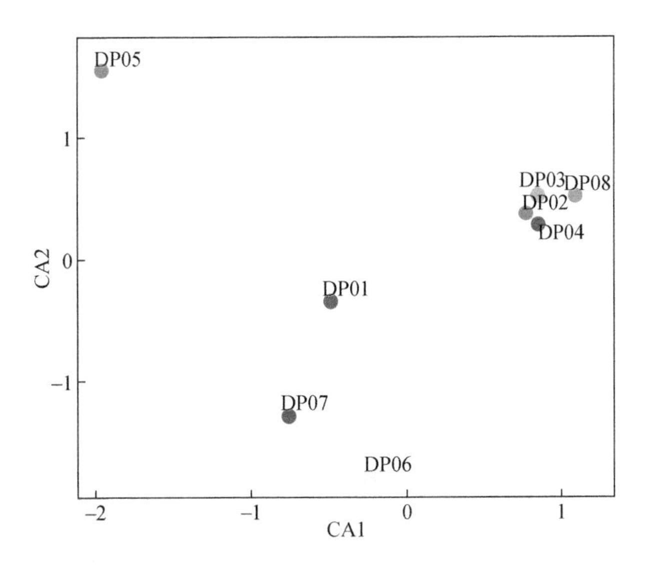

图 6-14　大鹏半岛滨海区宏基因组典范对应（CA）分析

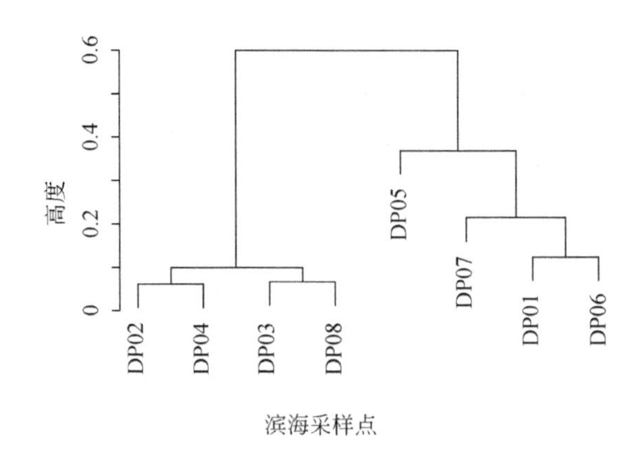

图 6-15　大鹏半岛滨海区宏基因组层次聚类

6.2.4　宏病毒组群落特征

海洋病毒研究尚处于萌芽阶段，通过免培养手段分离的已知病毒数量尚未达到海洋病毒总量的1%。海洋中的病毒具有极高的多样性，海水中病毒颗粒含量约为 10^7 cells/mL，以噬菌体为主（徐志伟等，2020）。病毒的分类和命名机构——国际病毒命名委员会（The International Committee on Taxonomy of Viruses，ICTV）成立于1996年，其将病毒原有的5级分类细分为15个等级，包括域、亚域、界、亚界、门、亚门、纲、亚纲、目、亚目、科、亚科、属、亚属、种。根据最近一次ICTV数据更新（2020年3月）①，共有5个域，10个门，39个纲，59个目，189个科，2242个属和9110个物种。由于目前使用NCBI的系统中搜集的数据以2009年数据进行分类，大鹏半岛8个滨海区样品中仅包括6个目，87个科，349个属和2285个物种。以科为精度能更好地平衡可注释物种的种类和多样性的层次信息；但由于测序方式和读长的限制，能被注释的读序（read）在数据中可以注释的比例不超过1%，其中以噬菌体最高，可达10%（表6-7）。

表 6-7　大鹏半岛滨海区宏病毒组（DNA）注释基本情况　（单位：%）

采样点	病毒读序（read）占总读序（read）比例	噬菌体比例	其他病毒比例
DP01	0.19	2.12	97.88
DP02	0.57	2.16	97.84
DP03	0.51	10.27	89.73
DP04	0.36	4.9	95.1
DP05	0.45	4.08	95.92

① https://talk.ictvonline.org/files/master-species-lists/m/msl/12314.

续表

采样点	病毒读序（read）占总读序（read）比例	噬菌体比例	其他病毒比例
DP06	1.26	4.03	95.97
DP07	0.41	4.32	95.68
DP08	3.33	0.77	99.23

组装后的数据根据比对长度和相似度分为确定数据和可疑数据，前者相似度大于80%且长度大于500bp，后者虽然不满足确定数据的条件，但是比对长度大于100bp。基于现有测序条件和数据库确定数据仅占1.63%。

（1）科水平病毒的种类和丰度

如图6-16所示，基于未拼接数据进行鉴定，相对丰度占比超过1%的有圆环病毒科（Circoviridae）、疱疹病毒科（Herpesviridae）、微小噬菌体科（Microviridae）、短尾噬菌体科（Podoviridae）、Genomoviridae和细小病毒科（Parvoviridae）。

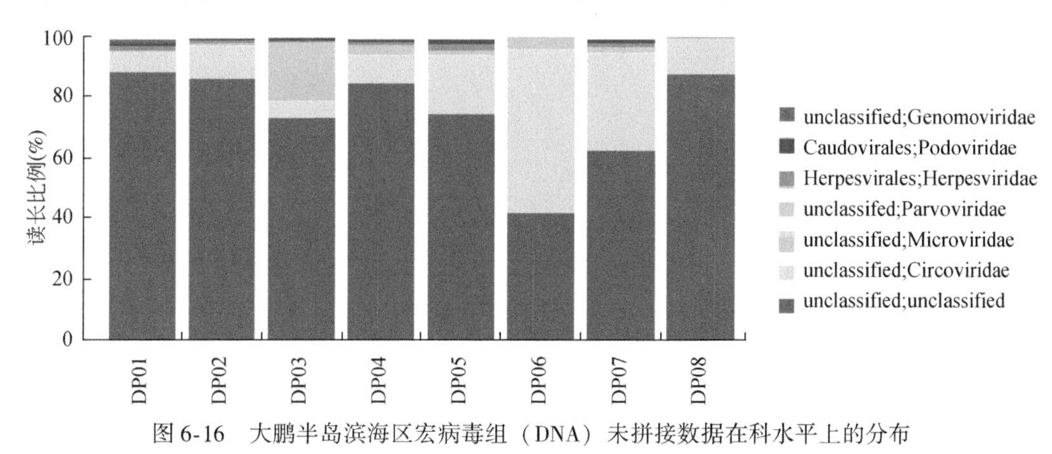

图6-16 大鹏半岛滨海区宏病毒组（DNA）未拼接数据在科水平上的分布

如图6-17所示，基于拼接后数据鉴定，相对丰度最高的为长尾噬菌体科（Siphoviridae）、短尾噬菌体科、Bacilladnaviridae和微小噬菌体科。

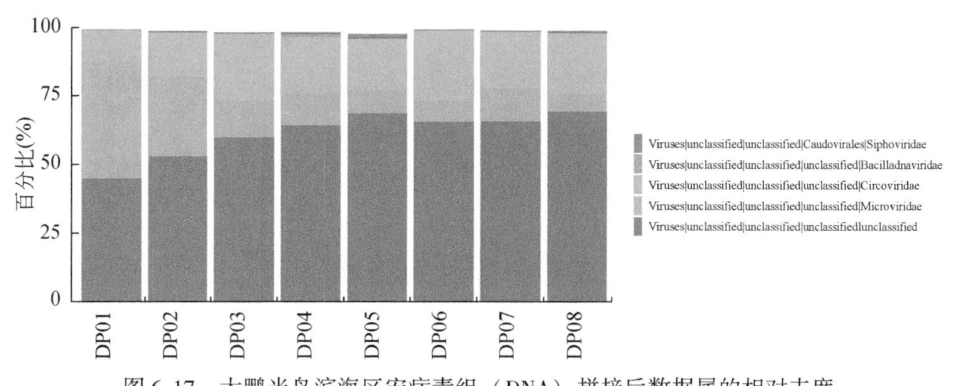

图6-17 大鹏半岛滨海区宏病毒组（DNA）拼接后数据属的相对丰度

(2) 病毒的多样性

由于病毒颗粒在环境中的质量较小，测序前进行了病毒颗粒富集、DNA/RNA 提取、遗传物质全基因扩增等步骤，序列本身的多少无法直接反映环境中病毒的准确量，因此无法计算获得具有比较意义的多样性指数，表 6-8 的香农（Shannon）指数仅供参考。

表 6-8　宏病毒组（DNA）香农指数表

采样点	DP01	DP02	DP03	DP04	DP05	DP06	DP07	DP08
Shannon	9.01	9.72	9.81	9.86	10.26	8.99	8.88	10.41

此外，对物种的分布特征进行了 NMDS 分析（图 6-18）、CA 分析（图 6-19）及层次聚类分析（图 6-20），以比较各个样本之间的关系。采样点 DP01 和 DP08 与大鹏半岛隔

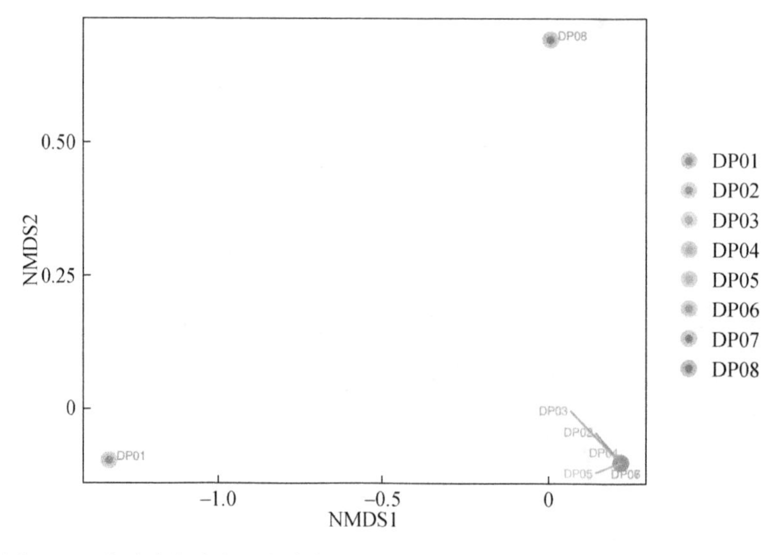

图 6-18　大鹏半岛滨海区宏病毒组（DNA）非度量多维尺度（NMDS）分析

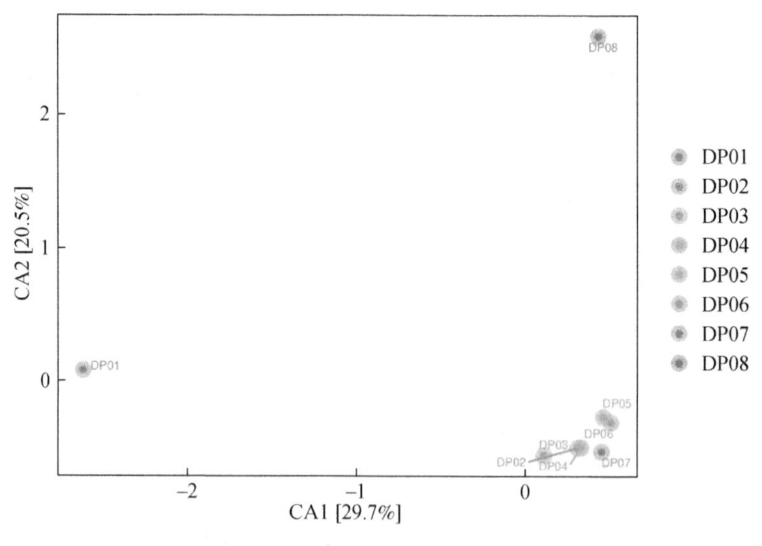

图 6-19　大鹏半岛滨海区宏病毒组（DNA）典范对应（CA）分析

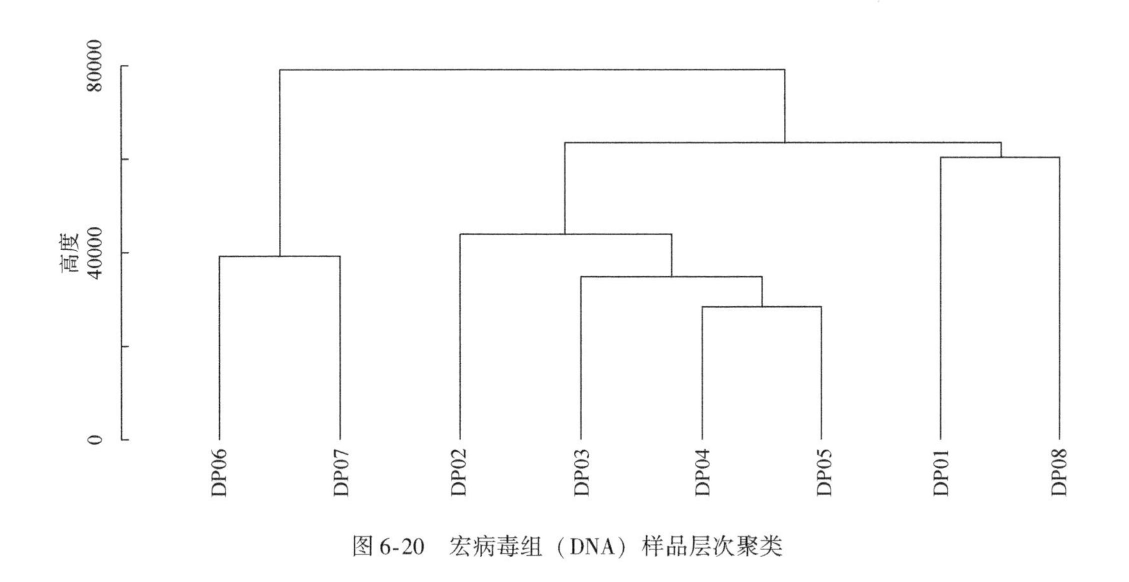

图 6-20　宏病毒组（DNA）样品层次聚类

绝，在 NMDS 和 CA 分析中距离远，且未与其他样点聚到一处。

6.2.5　可培养细菌群落特征

大鹏半岛各滨海区样品中每克底泥的细菌含量在 10^9 个至 10^{10} 个，细菌储量丰富（图 6-21）。其中，采样点南澳养殖区（DP06）细菌丰度最高（富集七天可培养细菌为 2.1×10^{10}个），东部电场区（DP07）细菌丰度最低（富集七天可培养细菌为 4.9×10^9个）。

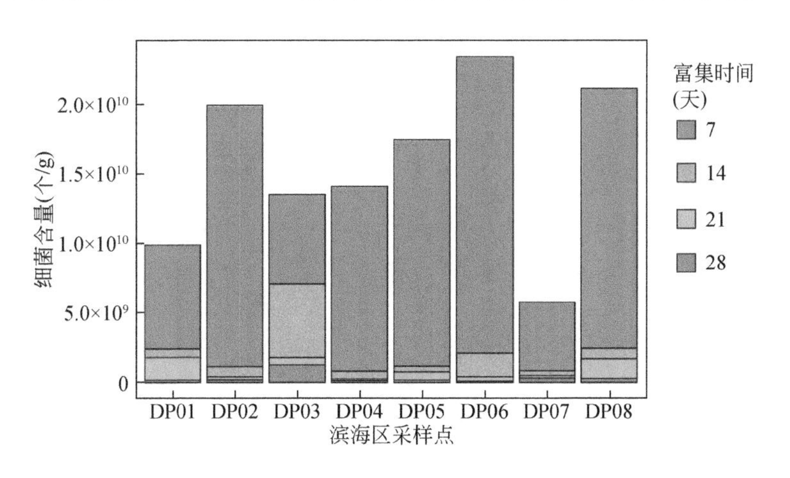

图 6-21　底泥样品中细菌数量随时间的变化情况

大鹏半岛海岸 8 个采样点底泥样品培养 28 天后，获得细菌共 285 株，排除重复分离的菌株后共计 117 个物种。8 个采样点获得的可培养细菌的物种数如表 6-9 所示。

表 6-9 8 个样点可培养细菌物种数

采样点	DP01	DP02	DP03	DP04	DP05	DP06	DP07	DP08
可培养细菌种类数	23	22	30	29	24	30	30	19

有 78 个细菌物种仅在一个采样点分离获得，有 3 个细菌物种在 7 个采样点同时获得，包括反硝化盐单胞菌（*Halomonas denitrificans*）、巴利阿里岛铁还原单胞菌（*Ferrimonas balearica*）和除烃海杆菌（*Marinobacter hydrocarbonoclasticus*）（图 6-22）。这 3 个菌株都是海洋环境中常见细菌，且与元素循环有密切关系。此外，水质分析中粪大肠杆菌指标最高为 20mpn/L（一升水样中能检出最大大肠菌群的数量）。

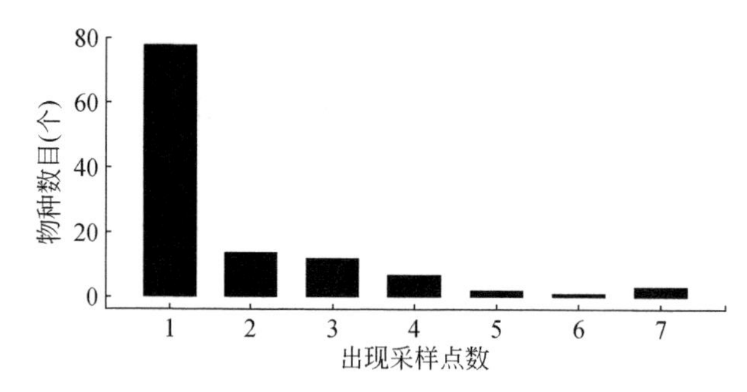

图 6-22 不同细菌物种在大鹏半岛滨海区采样点出现的数目

（1）门水平上分布

获得的细菌物种来自 4 个门：变形菌门（Proteobacteria）、拟杆菌门（Bacteroidetes）、放线菌门（Actinobacteria）和厚壁菌门（Firmicutes）（图 6-23）。其中，变形菌门细菌的相对丰度分布在 65.2% ~79.2%，与宏基因组结果一致。此外，虽然厚壁菌门细菌在环境中相对丰度低于 5%，但是厚壁菌门属于海洋中易培养细菌，其相对丰度为3.3% ~26.7%。

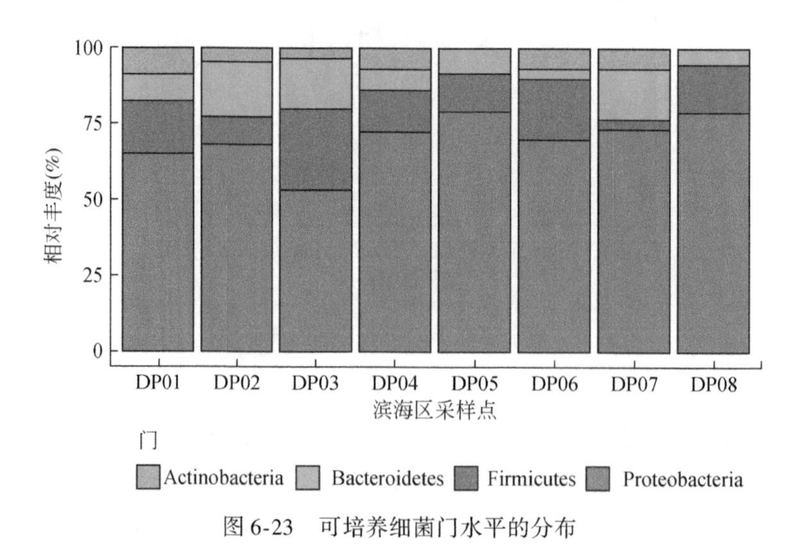

图 6-23 可培养细菌门水平的分布

(2) 纲水平上的分布

如图6-24所示，共分离获得7个纲的细菌。其中，α变形菌纲（Alphaproteobacteria）和γ变形菌纲（Gammaproteobacteria）占比最高；芽孢杆菌纲（Bacilli）和黄杆菌纲（Flavobacteriia）次之；而腈基降解菌纲（Nitriliruptoria）、腐败螺旋菌纲（Saprospiria）和蓝藻菌纲（Cytophagia）为非优势种群，仅在部分采样点分离获得。

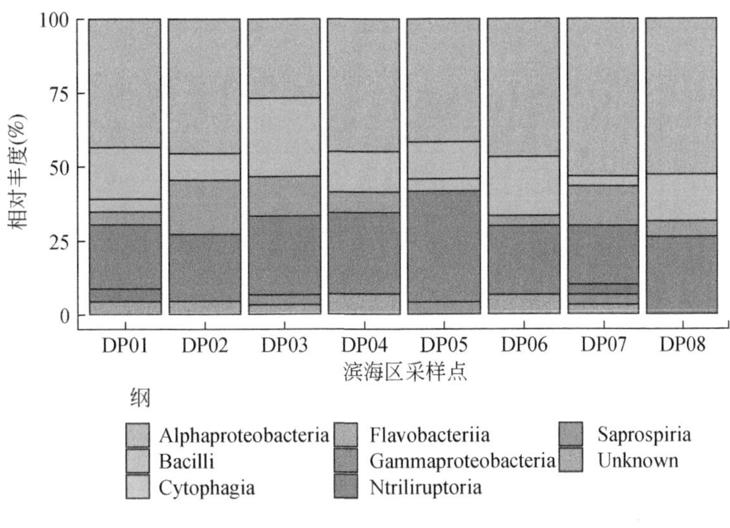

图6-24　可培养细菌纲水平的分布

(3) 目水平上的分布

目水平共分离来自17个目的细菌物种，其中相对丰富超过25.0%的目为芽孢杆菌目（Bacillales）和红杆菌目（Rhodobacterales），如图6-25所示。

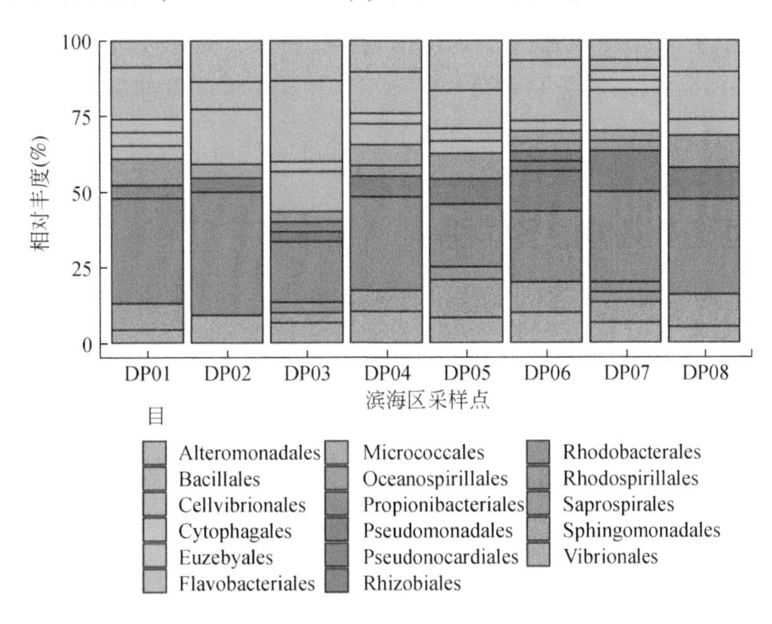

图6-25　可培养细菌目水平的分布

(4) 科水平上的分布

如图 6-26 所示，共分离获得来自 28 个科的细菌。各个采样点的细菌物种在科水平上的相对丰度见图 6-26。

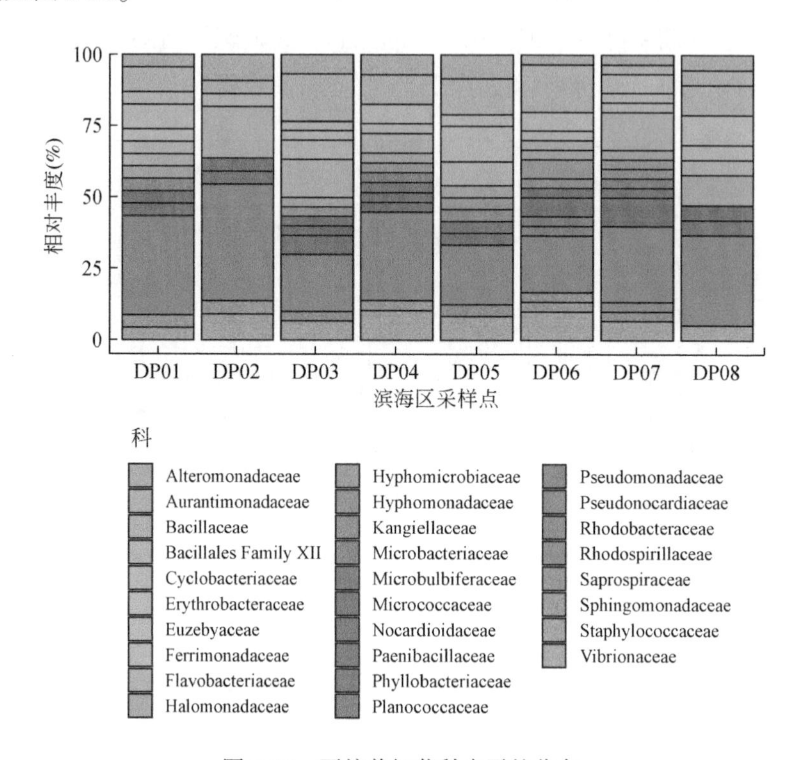

图 6-26 可培养细菌科水平的分布

(5) 属水平上的分布

在属水平上，共分离获得 72 个属的细菌物科。其中，铁还原单胞菌属（*Ferrimonas*）和海杆菌属（*Maritimibacter*）是分布最广的种类，在 8 个采样点都分离到其中的物种，具体如图 6-27 所示。

6.2.6 可培养细菌的多样性

(1) Alpha 多样性

8 个采样点的可培养细菌的 Alpha 多样性如表 6-10 所示。其中，DP03、DP06 和 DP07 采样点多样性最高，DP08 样品多样性最低。由于可培养细菌的分离次数与实验操作人的偏好密切相关，此处使用的数据仅体现有无，仅部分反映采样点的 Alpha 多样性。

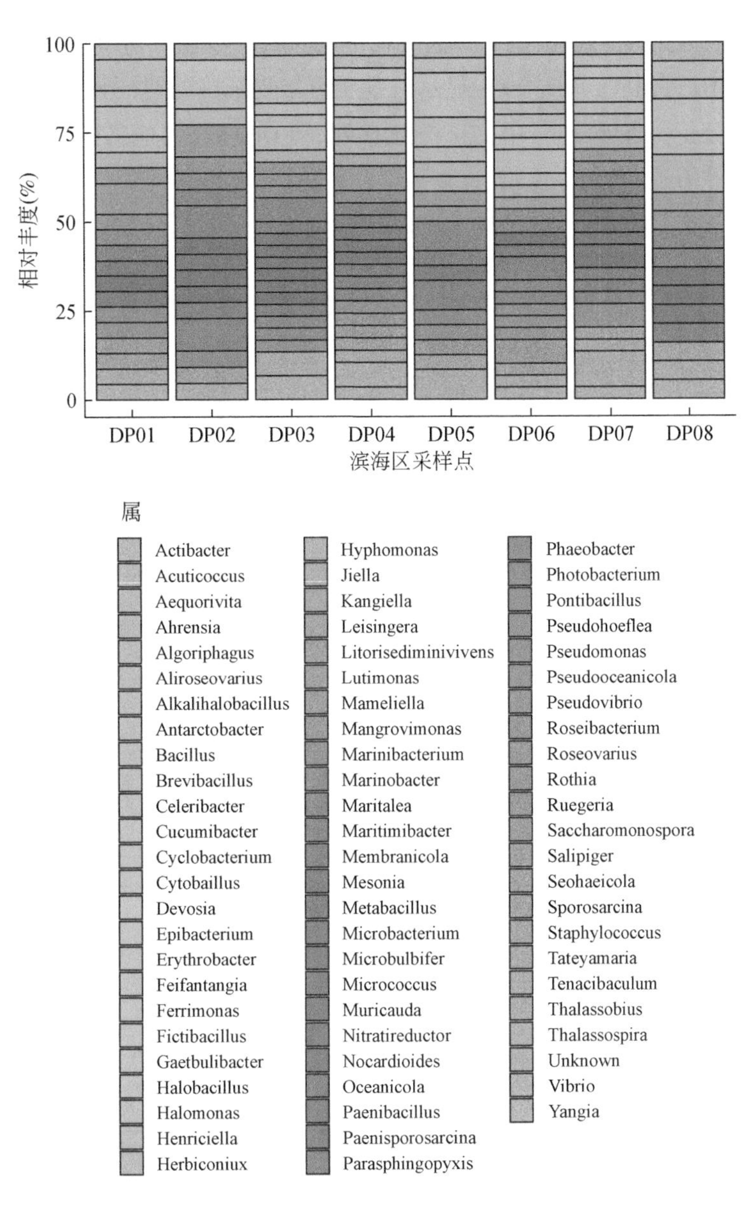

图 6-27　可培养细菌属水平的分布

表 6-10　滨海区采样点三种 Alpha 多样性评估

指数	DP01	DP02	DP03	DP04	DP05	DP06	DP07	DP08
Chao	276	253	465	435	300	465	465	190
Shannon	3. 14	3. 09	3. 40	3. 37	3. 18	3. 40	3. 40	2. 94
Simpson	0. 96	0. 95	0. 97	0. 97	0. 96	0. 97	0. 97	0. 95

（2）Beta 多样性

基于可培养细菌的物种组成，通过层次聚类法分析发现 8 个采样点可分为 4 个组

(图6-28)，其中DP06和DP08与其他采样点相差较远，DP04和DP05聚为一组。使用降维分析法时，NMDS分析（图6-29）显示，基于可培养细菌的特征8个采样点未形成明显的分组；在CA分析（图6-30）中，采样点DP06和DP08与其他采样点离散。

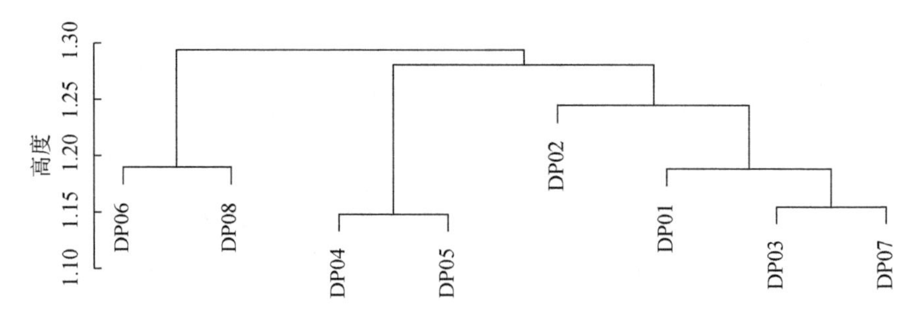

图6-28　8个采样点基于可培养细菌层次聚类

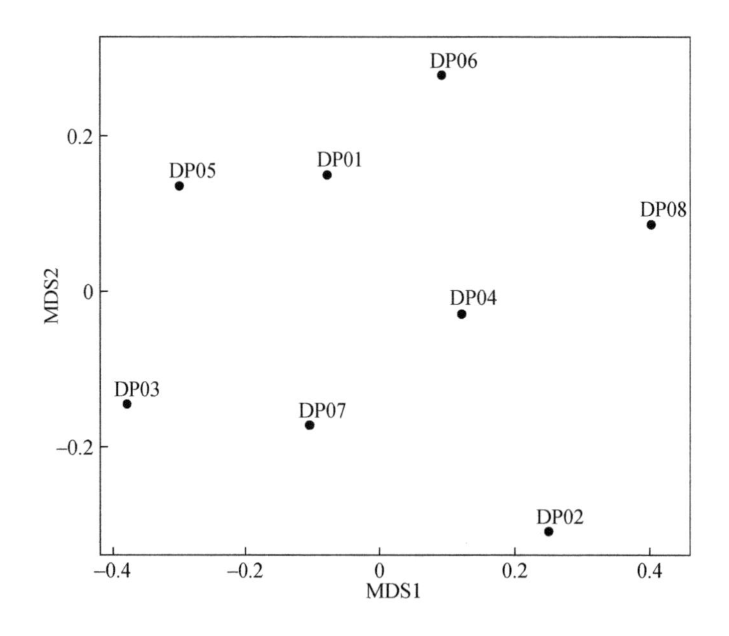

图6-29　8个采样点基于可培养细菌非度量多维尺度（NMDS）分析

6.2.7　细菌新物种资源

基于相似度98.7%和94.5%作为划分潜在新菌的标准（Kim et al.，2014），分离获得的细菌中包括35个潜在新种来自30个属，包括*Actibacter*、*Acuticoccus*、*Aequorivita*、玫瑰变色菌属（*Aliiroseovarius*）、抗结核杆菌属（*Antarctobacter*）、芽孢杆菌属（*Bacillus*）、德沃斯氏菌属（*Devosia*）、*Euzebya*、铁还原单胞菌属（*Ferrimonas*）、盐单胞菌属

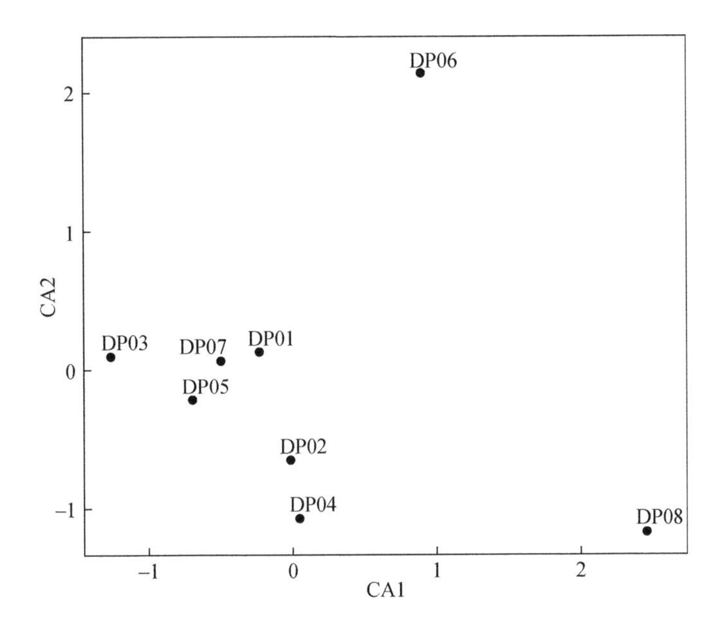

图 6-30　8 个采样点基于可培养细菌典范对应（CA）分析

(*Halomonas*)、草药菌属（*Herbiconiux*)、纪氏菌属（*Jiella*)、李斯特菌属（*Leisingera*)、*Litorisediminivivens*、*Lutimonas*、*Mameliella*、*Marinibacterium*、海杆菌属（*Maritimibacter*)、*Membranicola*、代谢杆菌属（*Metabacillus*)、暗棕色杆菌属（*Phaeobacter*)、发光杆菌属(*Photobacterium*)、叶瘤杆菌属（*Phyllobacterium*)、海芽孢杆菌属（*Pontibacillus*)、假赫夫勒氏菌属（*Pseudohoeflea*)、玫瑰杆菌属（*Roseibacterium*)、鲁杰氏菌属（*Ruegeria*)、糖单胞菌属（*Saccharomonospora*)、*Seohaeicola* 和弧菌属（*Vibrio*)，以及 3 个潜在新属新种来自交替单胞菌科（Alteromonadaceae）和腐败螺旋菌科（Saprospiraceae)。

分离的潜在新物种占全部分离物种的 32.5%，说明大鹏半岛蕴含丰富的可培养细菌资源，特别是其中的放线菌门，是新型药物的重要来源。

6.3　环境因子对滨海区微生物分布的影响

大鹏半岛滨海区微生物共测定理化数据 22 项。根据宏基因组数据中相对丰度前 49 的门分类单元以及理化因子的相关关系，得出图 6-31。22 个理化因子可划分为 4 个组，其中温度、悬浮颗粒物、水色及 Cu 浓度与物种的分布相关性最高。

通过进一步数据比对，大鹏半岛滨海区 Cu 浓度并未超过水质标准，说明 Cu 可能是一种潜在影响微生物分布的因素。特别是大量未培养的门——Candidatus 与 Cu 浓度成正相关，而普遍用来进行海洋细菌分离的培养基 2216E 或 marine broth 中使用的人工海水配方

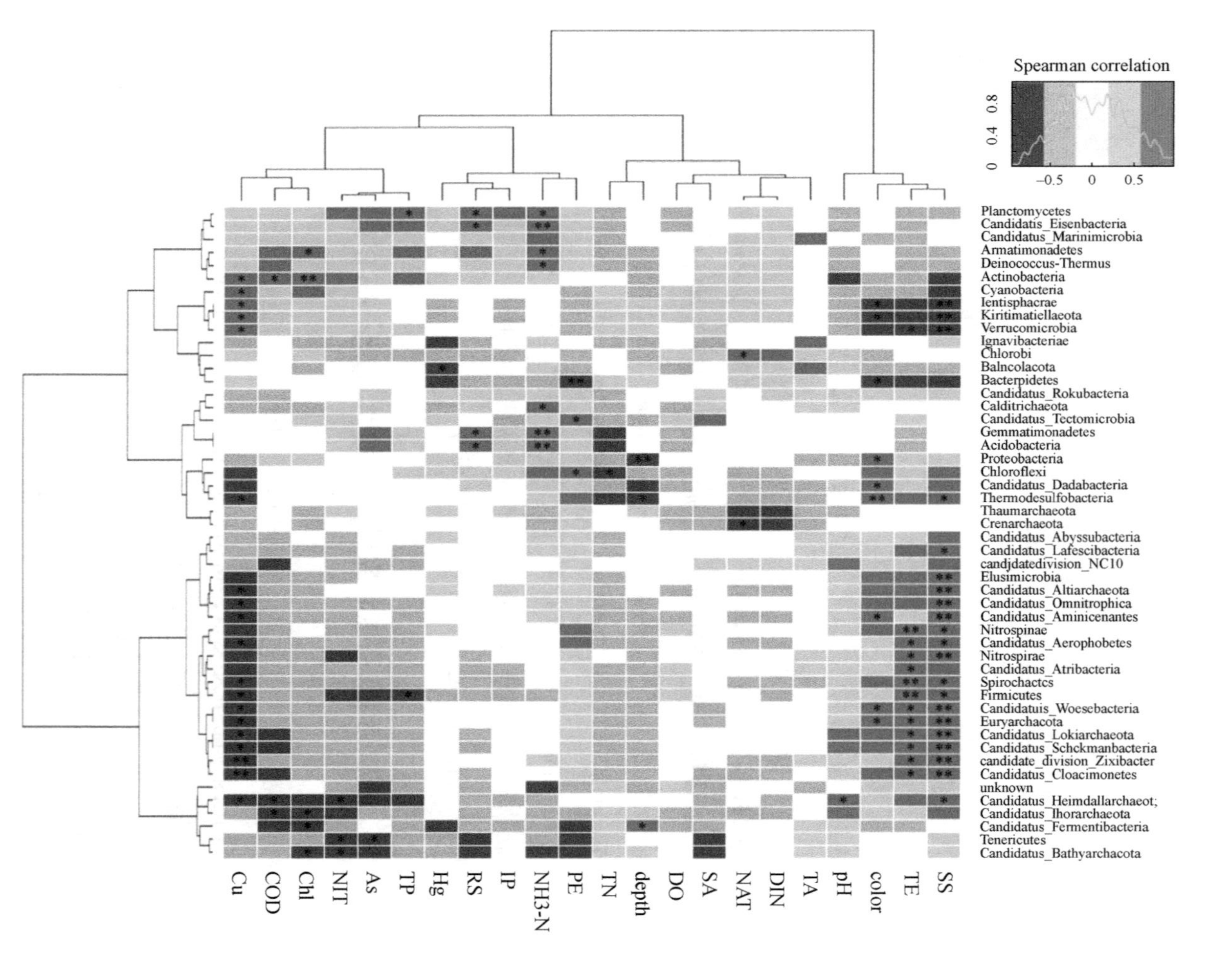

缩写	理化因子
depth	水深
color	水色
TA	透明度
TE	水温
SA	盐度
pH	pH
DO	溶解氧
IP	无机磷(活性磷酸盐)
COD	化学需氧量
RS	活性硅酸盐
NIT	亚硝酸盐(以氮计)
NAT	硝酸盐(以氮计)
NH_3-N	氨氮
DIN	无机氮
TN	总氮
TP	总磷
PE	石油类
Chl a	叶绿素a
SS	悬浮物
As	砷
Hg	汞
Cu	铜

图6-31　理化因子与宏基因组门水平上的相关性热力图

缺少铜离子，可能是部分微生物难以培养的一个原因。此外，在水质指标测定的元素中，5 月为 Cu 浓度的峰值，且 Cu 和 Pd 是水体中浓度偏高的金属元素，其季节变化可能与微生物群落发生响应（表 6-11）。

表 6-11　金属元素水体浓度年变化情况

月份	金属元素（μg/L）						
	Zn	As	Hg	Cu	Pb	Cd	Cr
1	0.00	0.00	0.00	2.80	3.11	0.00	0.49
2	0.00	0.63	0.04	0.04	39.67	0.04	1.25
3	0.01	0.75	0.01	4.81	3.82	0.00	0.71
4	0.02	1.25	0.02	1.05	0.00	0.00	0.40
5	0.01	1.25	0.02	7.93	0.08	0.00	0.00
6	0.00	0.73	0.01	3.13	9.15	0.00	0.78
7	0.00	0.63	0.06	0.00	0.00	0.00	2.53
8	0.00	0.70	0.06	0.76	0.00	0.00	0.89
9	0.00	0.46	0.02	2.09	7.48	0.00	3.51
10	0.00	0.98	0.10	2.89	0.00	0.00	0.23
11	8.36	1.19	0.04	2.18	0.00	0.00	0.00
12	0.00	0.51	0.03	3.68	0.00	0.00	0.71

6.4　海岸带潮滩区微生物时空分布

本研究对大鹏半岛海岸带潮滩区的 8 个采样点进行了 3 个批次不同季节（秋冬春季）的检测，在时间尺度上反映了近海微生物的变化趋势。所选采样点从岸带单元划分考虑，涵盖了沙滩（MS 采样点）、红树林（MM 采样点）和入海河口（MHW 采样点）。采样点分布情况见图 6-32。

潮滩区样点后缀 1 的样品采自 2020 年 10 月（平均温度 24.6℃，平均降雨量 30.9mm，夏末），2 采自 2021 年 2 月（平均温度 17.2℃，平均降雨量 18.4mm，春初），3 采自 2021 年 5 月（平均温度 27.9℃，平均降雨量 28.0mm，夏初）。季度划分按照深圳标准。

3 个批次的采样从 2020 年 10 月开始至 2021 年 5 月结束，除去季节因素导致的采样点环境因子改变，3 个河口采样点都不同程度地受到了人类活动影响。其中，王母河河口（MHW01）一直处于施工中，采样点邻近入海口。杨梅坑河口（MHW02）入海处部分地段填充石块，2020 年 10 月时采样处有大量甲壳类动物，且参观游客较多；到 2021 年 2 月时 2020 年 10 月采样点已经填充完毕，实际采样点为就近 5m 范围的其他样点。南澳河河口（MHW03）虽然不存在大范围工程，但是与 2020 年 10 月相比，2021 年 5 月船只停泊

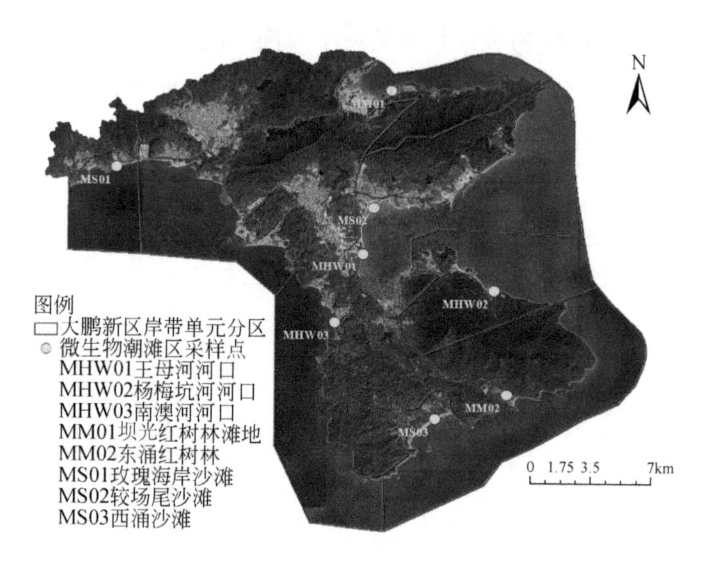

图 6-32　大鹏半岛海岸带潮滩区 8 个采样点分布情况

区域发生了改变，且采样点的潮位高于前两次。

坝光红树林滩地采样点（MM01）位于银叶树保护区中，受到人类影响较小，邻接采样点位置的红树植物主要为蜡烛果和海漆。东涌红树林采样点（MM02）位于居民小区附近，采样点处有一个排水口，采样点红树植物主要为海漆、蜡烛果和秋茄。

沙滩采样点选取了玫瑰海岸沙滩（MS01）、较场尾沙滩（MS02）和西涌沙滩（MS03）。其中，较场尾沙滩为开放景点，人流量最大，沙滩与餐饮住宿区紧接，且附近有生活污水排污口；玫瑰海岸沙滩以婚纱拍摄为特色，周围有餐饮住宿区，但是由于此处设门票封闭管理，人流相对较场尾沙滩小，受到餐饮住宿排污的影响较小；西涌沙滩是 3 个采样点中人流量最小的采样点，虽然西涌沙滩未封闭管理，但是由于地处大鹏半岛最南端，周围没有餐饮住宿区，条件更接近自然状态。

6.5　潮滩区宏基因组微生物时空变化

6.5.1　宏基因组微生物群落特征

从宏基因组结果来看，8 个采样点在门、纲、目、科和属水平上没有独有的种类，在物种水平 MHW02 采样点仅有 4 个特有物种，该结果说明不同样点之间的区别主要体现在群落内部的物种之间的相对比例变化（图 6-33）。

（1）门水平的分布

与滨海区相同，变形菌门（Proteobacteria）在海洋中的丰度占绝对优势门水平上，占

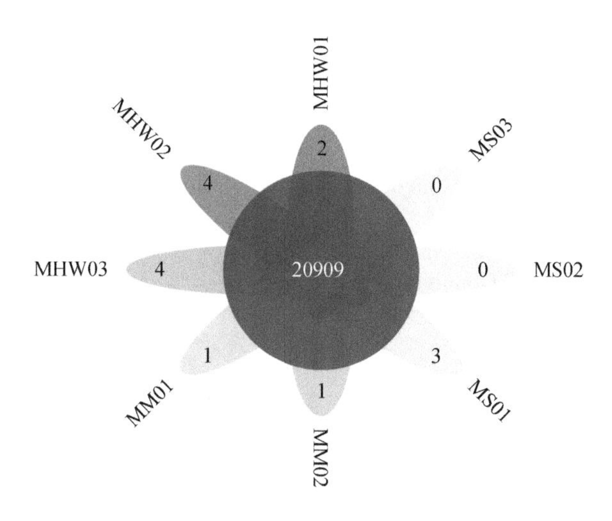

图 6-33　潮滩区 8 个采样点宏基因组微生物物种水平共有特有微生物韦恩图

比为 67.2% ±3.7%；其他相对丰度超过 1% 的门包括：酸酐菌门（Acidobacteria）、放线菌门（Actinobacteria）、绿弯菌门（Chloroflexi）、拟杆菌菌门（Bacteroidetes）、浮霉菌门（Planctomycetes）、芽单胞菌门（Gemmatimonadetes）和蓝细菌门（Cyanobacteria）（图 6-34）。与滨海区不同，古细菌相关门相对丰度未超过 1%。

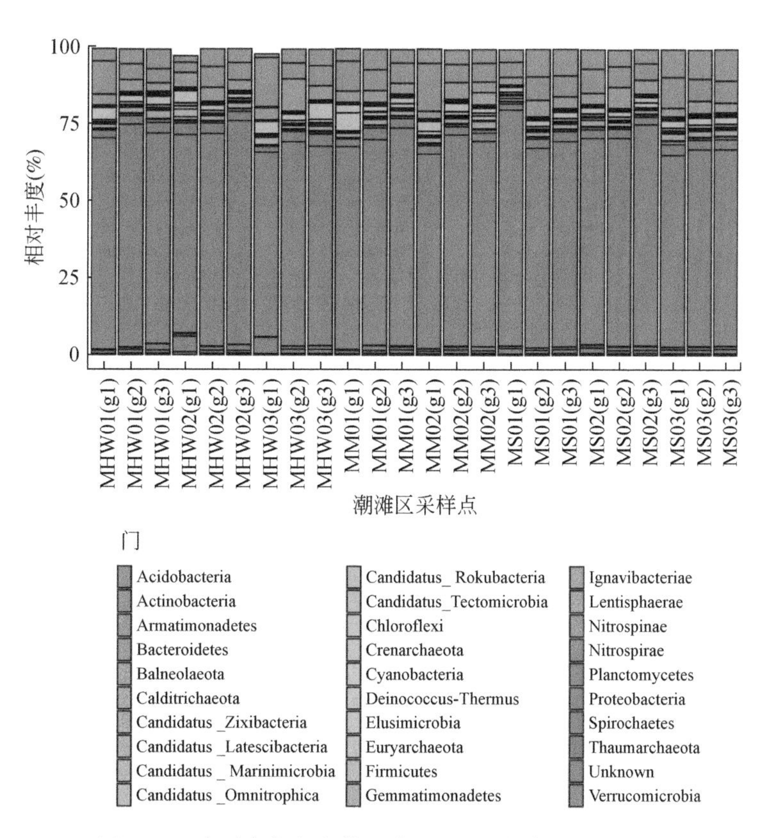

图 6-34　大鹏半岛海岸带潮滩区微生物门水平上的分布

(2) 科水平上

如图6-35所示，科水平上宏基因组未注释的比例为47.7%±8.1%，相对丰度超过1%的科包括：红螺菌科（Rhodospirillaceae）、叶杆菌科（Phyllobacteriaceae）、红细菌科（Rhodobacteraceae）、黄杆菌科（Flavobacteriaceae）、Ilumatobacteraceae、着色菌科（Chromatiaceae）、脱硫杆菌科（Desulfobacteraceae）、Halieaceae、外硫红螺旋菌科（Ectothiorhodospiraceae）和芽单胞菌科（Gemmatimonadaceae）。

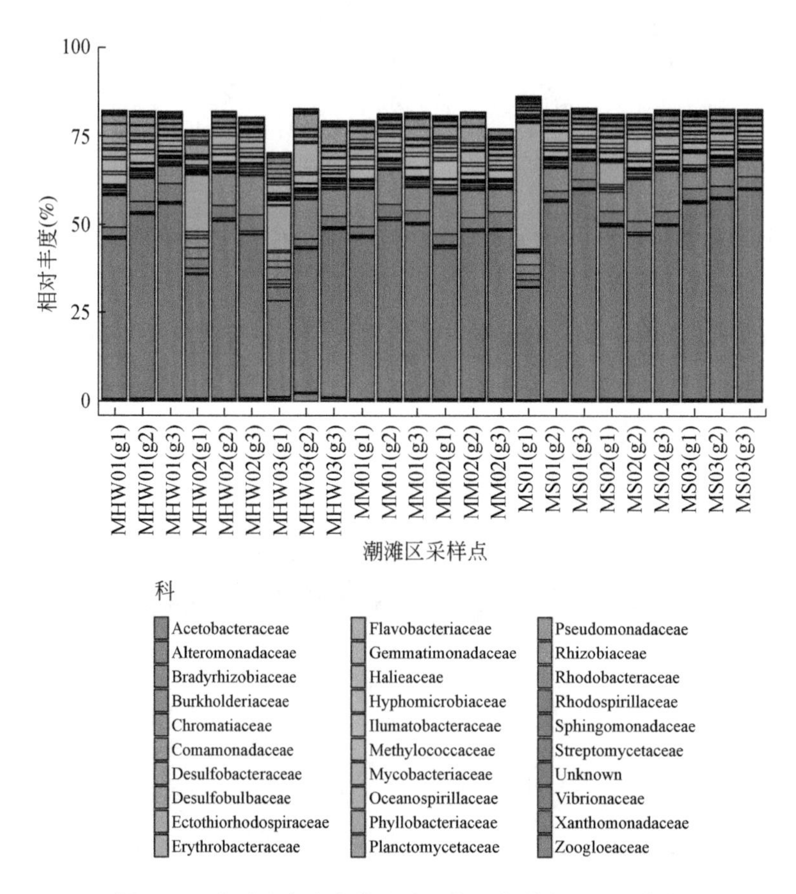

图6-35 大鹏半岛海岸带潮滩区微生物科水平上的分布

6.5.2 潮滩区微生物多样性

河口、红树林和沙滩区域的生物多样性指标见表6-12、表6-13和表6-14。3种生境中沙滩区域的辛普森指数低最低，Chao指数最高，说明沙滩区域宏基因组可注释的物种种类高，但是分布的均匀度较低，存在占比量较大的物种。从图6-35可发现较场尾沙滩的叶杆菌科（Phyllobacteriaceae，蓝色）远超其他点位的相对丰度。而河口区域样品虽然Chao指数最低，但其辛普森指数最高，说明河口区域的均匀度较高。

表 6-12　河口 Alpha 多样性指数表

指数	王母河河口 MHW01			杨梅坑河口 MHW02			南澳河河口 MHW03		
	g1	g2	g3	g1	g2	g3	g1	g2	g3
Chao	8 792. 0	9 052. 1	8 850. 9	7 128. 6	8 719. 8	8 313. 1	5 365. 3	9 087. 5	9 758. 5
ACE	9 026. 6	9 259. 5	9 154. 4	7 666. 5	9 045. 2	8 608. 7	5 459. 4	9 477. 3	1 0181. 5
shannon	5. 307	5. 025	5. 117	6. 100	5. 042	5. 112	6. 352	5. 508	5. 389
simpson	0. 968	0. 949	0. 956	0. 984	0. 947	0. 945	0. 989	0. 970	0. 970

表 6-13　沙滩 Alpha 多样性指数表

指数	玫瑰海岸沙滩 MS01			较场尾沙滩 MS02			西涌沙滩 MS03		
	g1	g2	g3	g1	g2	g3	g1	g2	g3
Chao	8 476. 0	9 202. 5	9 156. 1	9 748. 7	8 997. 5	8 402. 9	9 516. 2	9 005. 1	9 031. 2
ACE	8 526. 7	9 483. 1	9 371. 3	9 848. 1	9 181. 2	8 591. 0	9 785. 3	9 276. 0	9 390. 5
shannon	4. 779	4. 843	4. 668	5. 184	5. 234	5. 019	4. 978	4. 912	4. 778
simpson	0. 934	0. 942	0. 931	0. 957	0. 953	0. 940	0. 953	0. 946	0. 941

表 6-14　红树林 Alpha 多样性指数表

指数	红树林滩地 MM01			东涌红树林 MM02		
	g1	g2	g3	g1	g2	g3
Chao	8281. 2	8944. 5	9195. 0	8740. 0	9165. 9	8901. 4
ACE	8514. 2	9376. 8	9360. 0	9126. 3	9546. 6	9520. 5
shannon	5. 213	5. 083	5. 174	5. 391	5. 421	5. 269
simpson	0. 961	0. 950	0. 956	0. 970	0. 966	0. 960

6. 5. 3　潮滩区微生物随时间变化特征

根据物种的分布对潮滩区 8 个采样点 3 批次的样品数据进行聚类，发现分为 4 簇（图 6-36）。其中西涌沙滩（MS03）各批次的数据聚到一支，而其他采用点第一批次与后续批次之间的距离较大，特别是较场尾沙滩（MS01）。

从 CA 分析和 NMDS 分析中能更直观地看到各个采样点物种组成对其聚类的影响（图 6-37，图 6-38）。在图 6-38 中，2020 年 10 月采样点中 MM01 和 MM02 及 MHW02 和 MHW03 受到 CA1 的影响，未与 2021 年 5 月和 2021 年 2 月的采样点数据聚到一起；而其他采样点的差距主要体现在 CA2 对其影响。总体来说，三个批次的采样点的物种差别主要

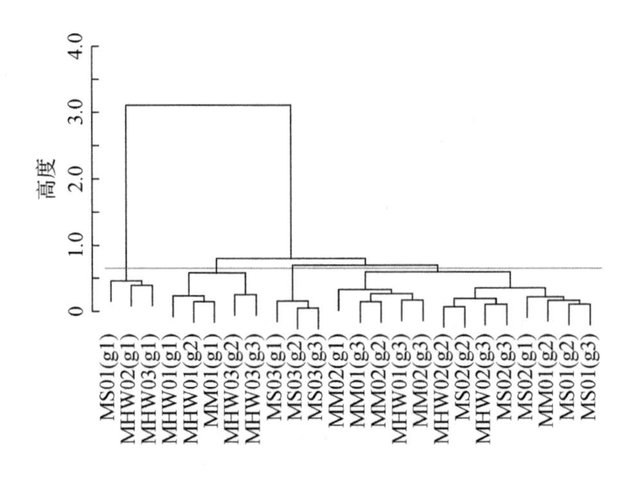

图 6-36 潮滩区采样点层次聚类

体现在批次上，而其生境的影响相对较小。

结合滨海区水质指标，潮滩区微生物物种同样出现了季节波动大而地理位置影响小的趋势，可推测大鹏半岛潮滩区域的微生物物种变化主要体现了环境波动导致的物种的相对丰度变化。因此，物种组成可作为环境变化的指标。

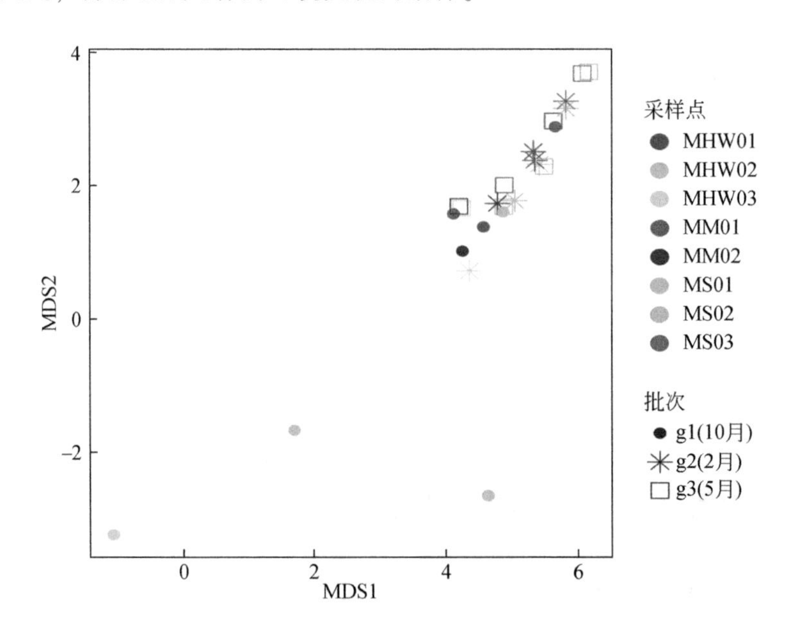

图 6-37 潮滩区宏病毒组非度量多维尺度（NMDS）分析

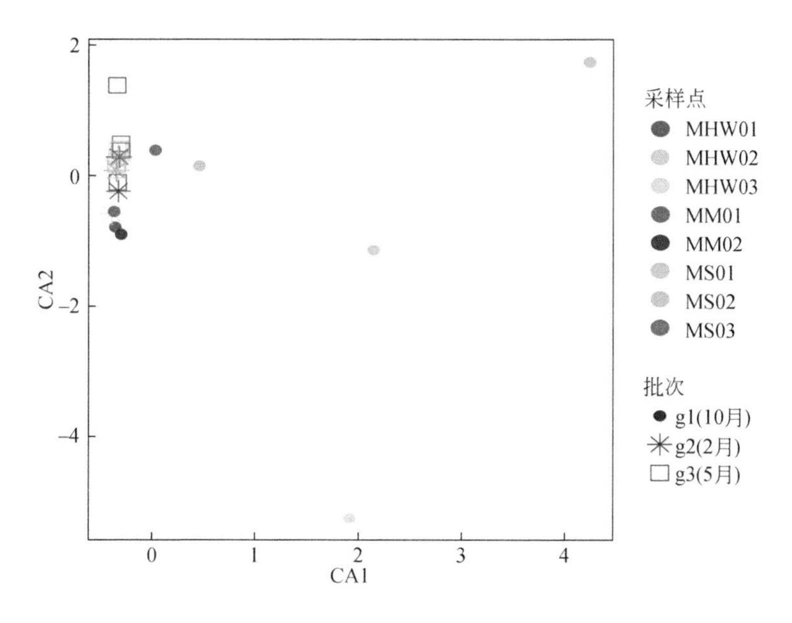

图 6-38 潮滩区宏病毒组典范对应（CA）分析

6.6 潮滩区病毒组群落时空变化

从病毒组（DNA）的注释情况上看（潮滩区数据见表 6-15，滨海区数据见表 6-7），潮滩区的宏病毒组（DNA）与滨海区有明显的差距。潮滩区最高可注释的比例达 79.10%，而滨海区仅为 3.33%，潮滩区各采样点的噬菌体比例为 10.79% ~70.18%，而滨海区仅为 0.77% ~10.27%。基于该情况我们推测由于与人类活动相关的病毒研究更为深入，所以潮滩区可注释的病毒远超滨海区。

表 6-15 潮滩区宏病毒组（DNA）注释基本情况 （单位:%）

采样点	病毒 read 占总 read 比例	噬菌体比例	其他病毒比例
MHW01（g1）	25.17	43.01	56.99
MHW01（g2）	52.15	14.01	85.99
MHW01（g3）	15.62	49.07	50.93
MHW02（g1）	24.60	70.18	29.82
MHW02（g2）	25.88	60.11	39.89
MHW02（g3）	47.17	43.34	56.66
MHW03（g1）	23.13	47.79	52.21
MHW03（g2）	28.64	30.29	69.71
MHW03（g3）	34.59	58.28	41.72
MM01（g1）	79.10	27.87	72.13

续表

采样点	病毒 read 占总 read 比例	噬菌体比例	其他病毒比例
MM01（g2）	46.90	50.22	49.78
MM01（g3）	78.90	39.49	60.51
MM02（g1）	52.28	20.00	80.00
MM02（g2）	47.70	66.88	33.12
MM02（g3）	41.97	57.74	42.26
MS01（g1）	60.05	23.27	76.73
MS01（g2）	57.85	31.22	68.78
MS01（g3）	60.13	35.42	64.58
MS02（g1）	26.51	16.57	83.43
MS02（g2）	55.83	23.56	76.44
MS02（g3）	63.09	24.63	75.37
MS03（g1）	31.88	10.79	89.21
MS03（g2）	51.40	28.01	71.99
MS03（g3）	20.23	64.30	35.70

6.6.1 宏病毒组（DNA）群落特征

如图6-39所示，基于香农指数发现滨海区与潮滩区采样点具有显著性区别，除了王母河河口（MHW01）采样点。而潮滩区样本之间虽然玫瑰海岸沙滩（MS01）香农指数较低，但是不存在显著性区别。

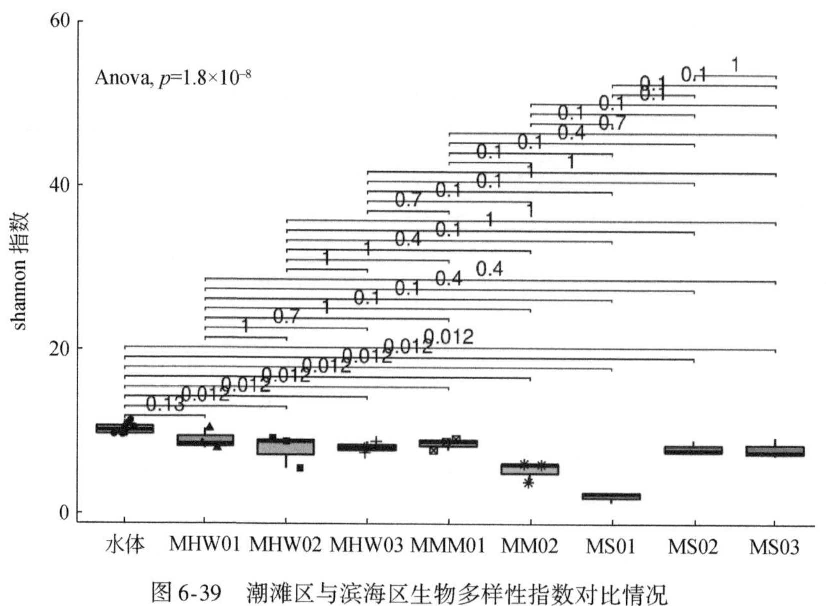

图6-39　潮滩区与滨海区生物多样性指数对比情况

从采样点的组成来看，组装前后的数据在科水平上的注释情况看，潮滩区和滨海区都存在明显的差距（图6-40，图6-41）。从未拼接数据上来看，与表6-15的信息一致，未注释的物种在滨海区为主要部分（红色，Unclassified），潮滩区和滨海区最大的区别体现在Genomoviridae上（黄色）。

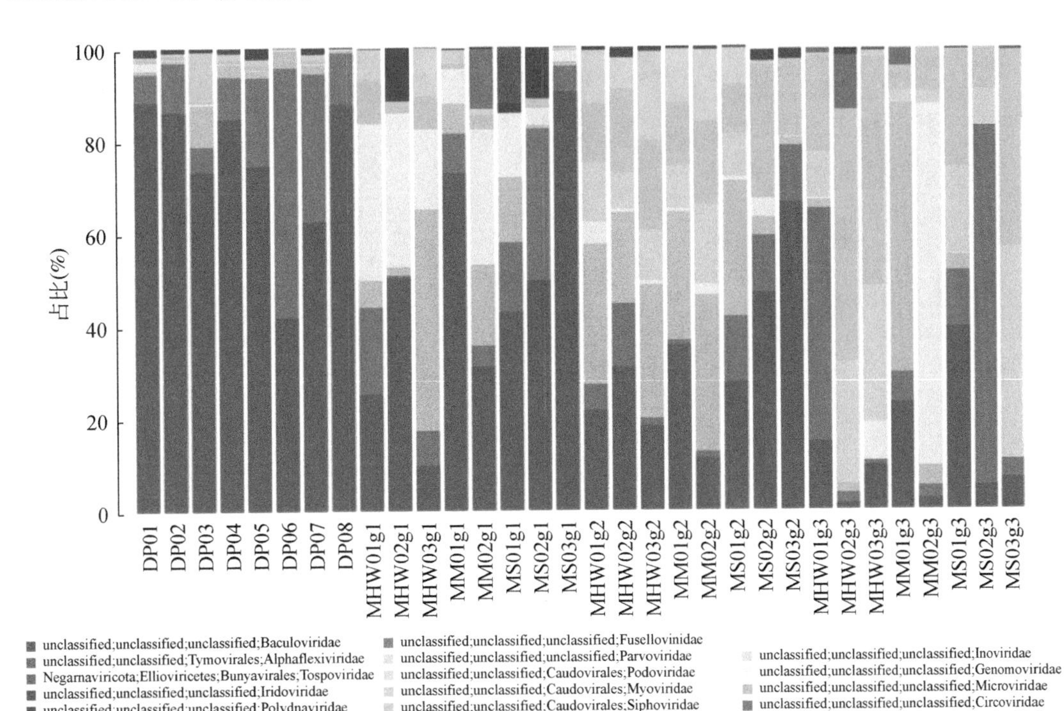

图6-40　宏病毒组（DNA）未拼接数据在科水平上的分布情况

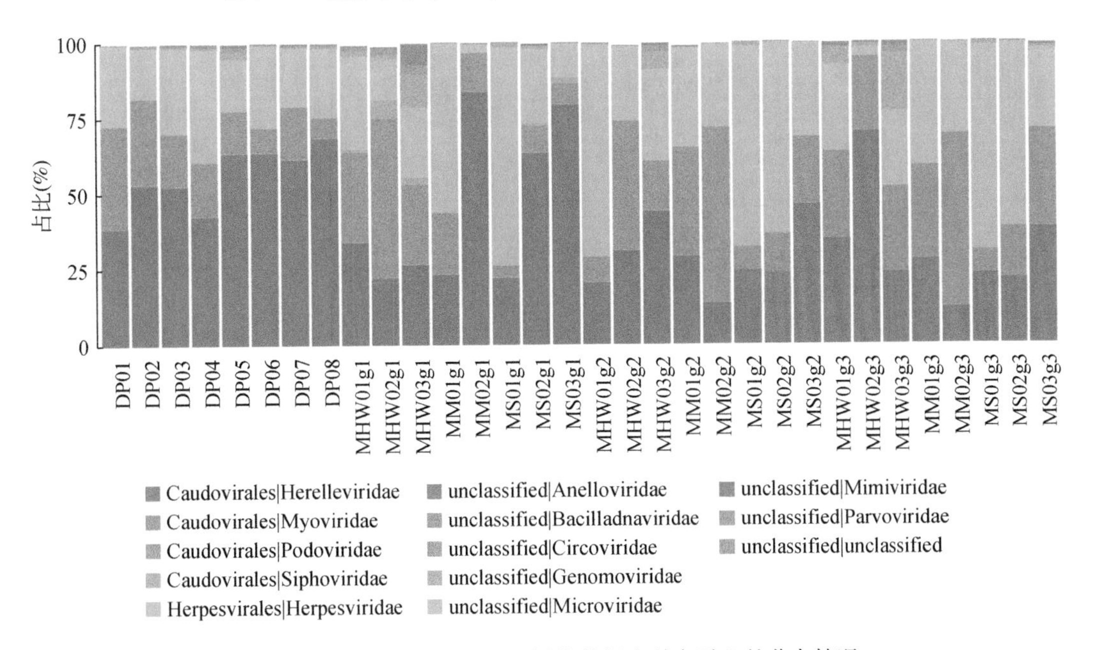

图6-41　宏病毒组（DNA）拼接数据在科水平上的分布情况

6.6.2 DNA 病毒的时空分布特征

基于全部 4 批次，16 个采样点，共 32 个的数据进行聚类分析（图 6-42），共分为两个大支，其中玫瑰海岸沙滩（MS01）与其他点的 DNA 病毒组成差异较远。这一规律在图 6-43 和图 6-44 中都能明显体现。此外，东涌红树林（MM02）也与其他点的物种特征存在差异。各采样点存在不同趋势之间聚类的情况（图 6-43），说明采样点生境之间引起的差异大于采样时间之间的差异。

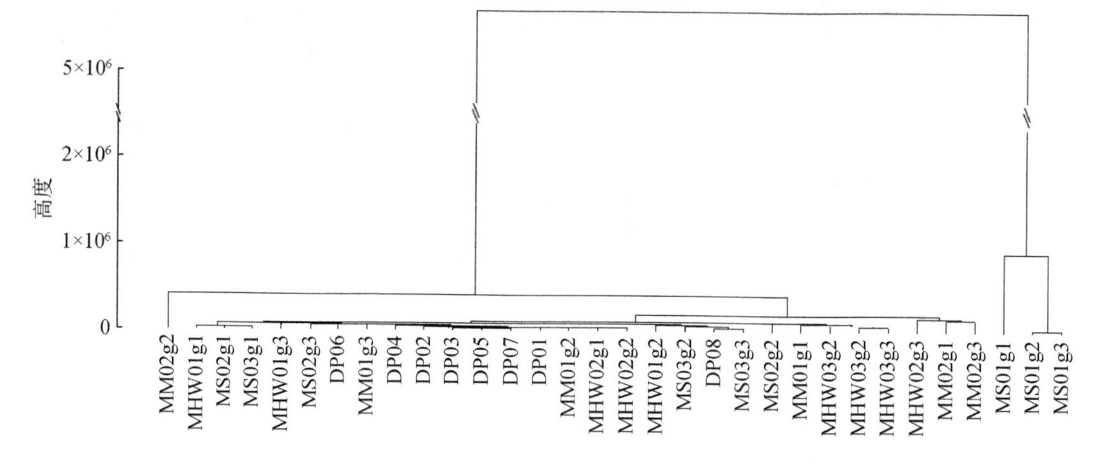

图 6-42 大鹏半岛 DNA 病毒层次聚类

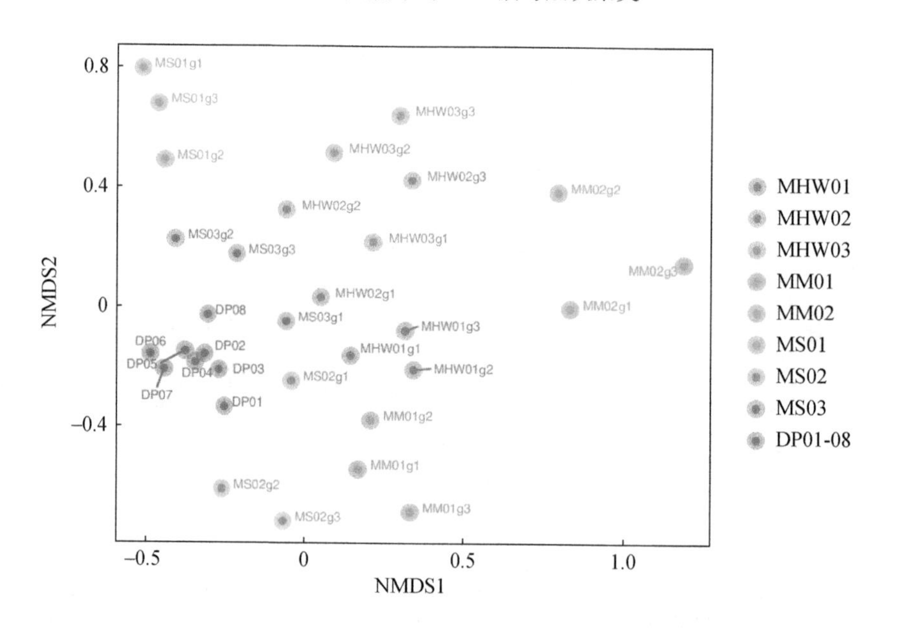

图 6-43 宏病毒组非度量多维尺度（NMDS）分析

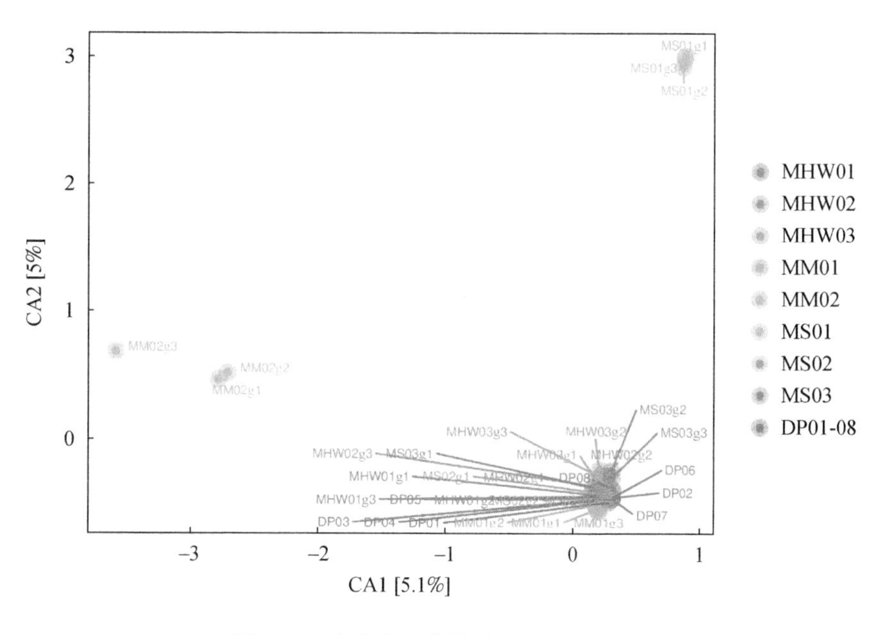

图 6-44　宏病毒组典范对应（CA）分析

6.6.3　宏病毒组（RNA）群落特征

为了构建对大鹏区域的 RNA 病毒的初步理解，本研究中在首次潮滩区采用中加测一次宏病毒组（RNA）。但是，由于 RNA 病毒的遗传物质容易降解，测序依赖逆转录步骤，目前数据库信息不足，可注释获得的准确信息量小。从表 6-16 可知，环境中提取的 RNA 通过逆转录后测序获得的序列中属于病毒的序列基地，最高的采样点不足 1%（MS01），最低点仅占 0.007%（MHW01）。宏病毒组（RNA）拟测定宏病毒组（DNA）难以测定的 RNA 病毒，但由于双链 DNA 病毒和有缺口的双链 DNA 病毒在转录阶段也以 RNA 形式存在，因此宏病毒组（RNA）同时会测得 DNA 病毒。从本次数据可知样品测得 RNA 病毒比例范围及广从 0.22% 至 88.83%。由于宏病毒组（RNA）的测定过程中存在多个步骤的随机误差的叠加，且数据库相关信息严重匮乏，表 6-16 展示的群落特征数据，与环境中的真实状况可能存在差异。

表 6-16　潮滩区宏病毒组（RNA）注释基本情况　（单位：%）

采样点	病毒序列占总序列比例	噬菌体比例	其他病毒比例	DNA 病毒比例	RNA 病毒比例
MHW01r	0.007	75.95	24.05	96.62	3.38
MHW02r	0.009	7.58	92.42	11.17	88.83
MHW03r	0.066	17.11	82.89	94.25	5.75

续表

采样点	病毒序列占总序列比例	噬菌体比例	其他病毒比例	DNA 病毒比例	RNA 病毒比例
MM01r	0.003	17.74	82.26	72.97	27.03
MM02r	0.031	97.14	2.86	99.78	0.22
MS01r	0.872	99.48	0.52	99.54	0.46
MS02r	0.024	42.61	57.39	78.59	21.41
MS03r	0.031	79.48	20.52	87.21	12.79

测序中通过拼接获得长度更长的重叠群（contig），通过 NCBI 数据库对物种进行注释能确定为病毒的仅 7 个，其中 4 个可确定分类地位，包括单股正链 RNA 病毒——帚状病毒科（Virgaviridae）和 Marnaviridae，以及双股 DNA 病毒——肌尾噬菌体科（Myoviridae）（图 6-45）。此外，可信度较低的 contigs 共 720 个。在 MS01 和 MHW02 点位的样品中未能在科水平上注释到结果。

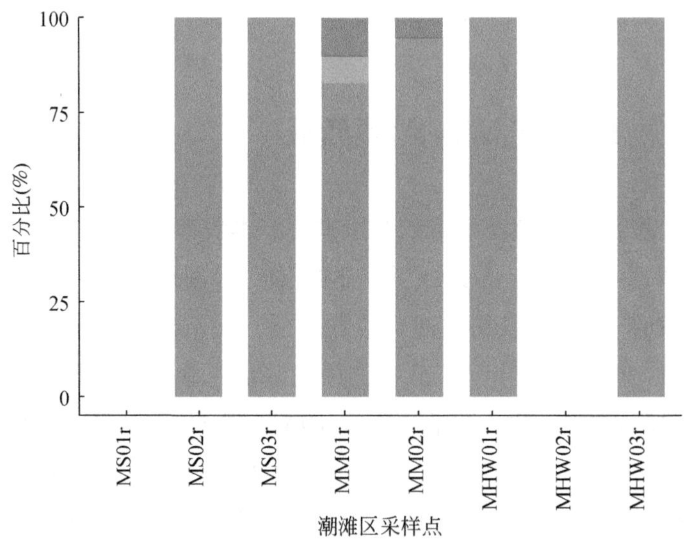

图 6-45　宏病毒组（RNA）拼接后科水平注释情况

现阶段，虽然利用宏病毒组（RNA）的方法能获得宏病毒组（DNA）方法不能测试到的数据，但是由于数据库信息不足，无法分析获得有效的信息。从极为有限的数据，通过对各样品丰度数据层次聚类法，可将 8 个潮滩区采样点样品聚为 2 个簇（图 6-46）。

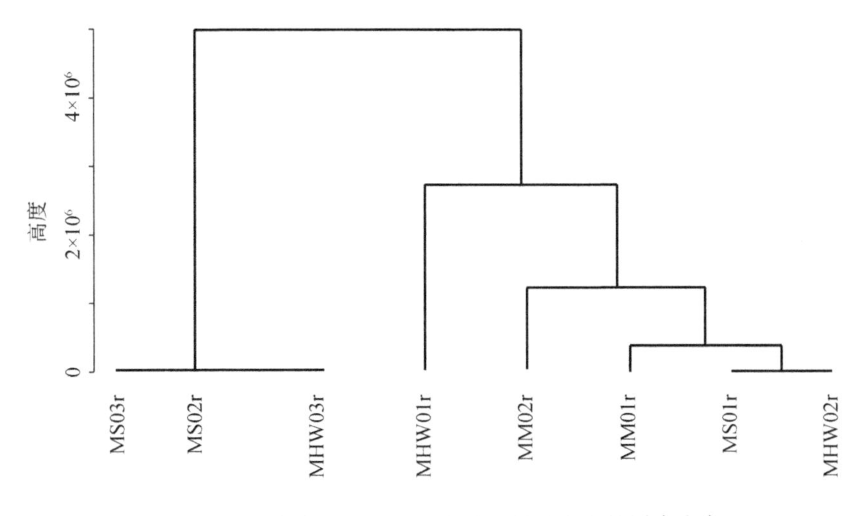

图 6-46　宏病毒组（RNA）潮滩区样品丰度的层次聚类

6.7　海岸带微生物风险评估

基于毒力因子数据库、病原与宿主互作特征数据库、KEGG 数据库、BacMet 数据库及 CARD 数据库的注释信息，对大鹏半岛海岸带的致病微生物、致病基因、抗生素抗性基因及重金属抗性基因的时空分布特征，通过对比滨海区、红树林区域、沙滩区域和河口区域进行比较，识别人类活动对环境微生物产生的影响，评估大鹏半岛海岸带的微生物风险。

6.7.1　病原与宿主的互作特征

（1）病原体致病的疾病种类和时空分布

大鹏半岛海岸带中注释获得的与疾病相关基因的相对丰度为 11.18% ±1.27%，其中人类相关疾病包括院内感染疾病、肺炎、肺结核、皮肤感染、食物感染、沙门氏菌病、疟疾、肺炎球菌性肺炎、李斯特菌病等。疾病相关基因的相对丰度在滨海区（11.13% ± 0.70%）与潮滩区（11.22% ±2.82%）无显著性差异（t = −0.13，p 值 = 0.89）。但是，从每个岸带单元分析来看，鹅公澳—南澳段（06）中南澳增养殖区相对丰度（DP06，10.05%）远高于南澳河河口（MHW03，7.86% ±4.98%），推测与养殖过程中的鱼类、贝类疾病有关。

滨海区疾病相关基因相对丰度和潮滩区疾病相关基因相对丰度如图 6-47 所示。滨海区样点间的疾病相关基因相对丰度差异较小，其中相对丰度最高的是坝光红树林（DP01），最低的是南澳增养殖区。河口样点间疾病相关基因相对丰度差异较大，其中最高的是王母河河口（MHW01），最低的是南澳河河口。红树林区和沙滩区样点间疾病相关基因相对丰度差异较小。潮滩区样品中，红树林区（12.66%±0.94%）相对丰度大于河口区（10.07%±4.22%）和沙滩区（11.40%±1.09%）。以不同季度的潮滩区样品进行显著性检验，未发现河口区、沙滩区和红树林区之间的显著性差异（$F=1.679$，p 值 $=0.211$）。

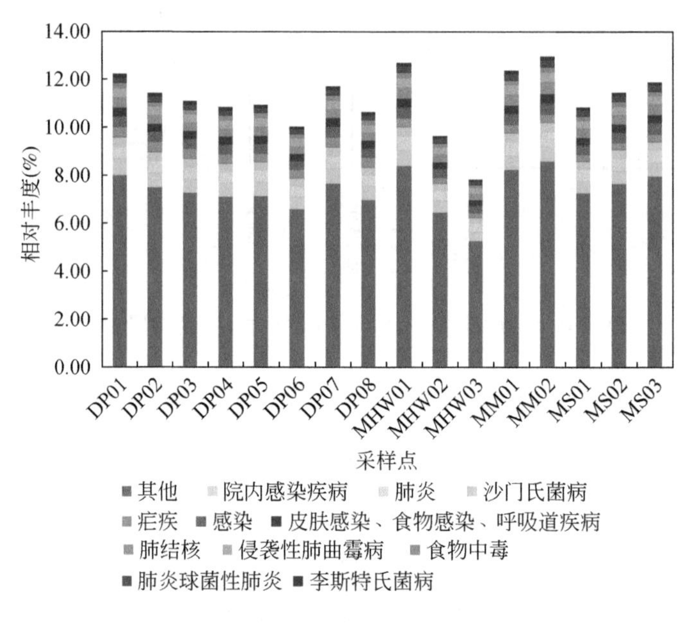

图 6-47　滨海区与潮滩区病原体致病的疾病种类和相对丰度情况

潮滩区疾病基因相对丰度随时间变化如图 6-48 所示。其中，杨梅坑河河口、南澳河河口、玫瑰海岸沙滩（MS01）和较场尾沙滩（MS02）疾病基因相对丰度随时间变化增加，最低值出现于 2020 年 10 月，如南澳河河口 2020 年 10 月份疾病基因相对丰度（2.11%）为潮滩区最低；东涌红树林相对丰度最高值出现于 2020 年 10 月（14.39%），为潮滩区最高。总体而言，大鹏半岛海岸带陆地样疾病基因相对丰度略高于水体样，陆地样中以王母河河口和南澳河河口的相对丰度随时间变化最为显著，其最低值均出现于 2020 年 10 月。

（2）宿主的种类

大鹏半岛海岸带病原体宿主相对丰度值在 11.00% 左右，宿主相对丰度前三的分别是哺乳动物（除灵长类，包括兔类、啮齿类、偶蹄类和食肉动物）、植物（包括被子植物、裸子植物）和昆虫（包括蛾、线虫、甲虫、蜂、蚂蚱、蝇类、螨虫、蜱虫和跳蚤）。灵长类宿主相对丰度为 0.43%±0.05%，占总宿主的比例为 3.82%，说明环境中病原微生物针对人类的比例较低。图 6-49 和图 6-50 展示了滨海区与潮滩区病原体宿主相对丰度随时间变化的情况，其中亮黄色为与人类相关的基因。

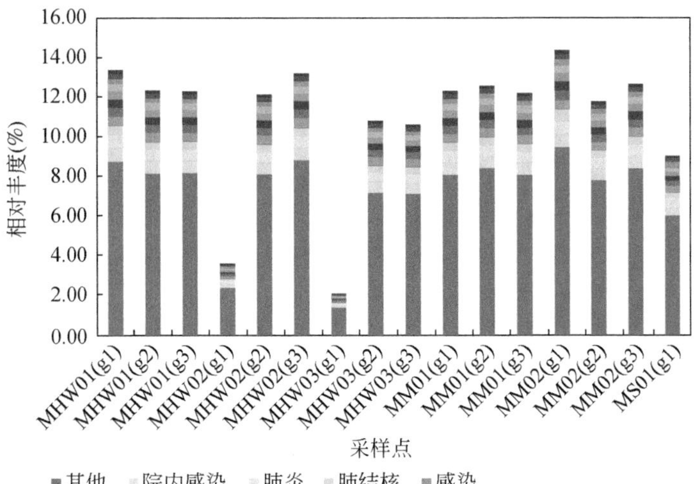

图 6-48　潮滩区病原体致病的疾病种类和相对丰度随时间变化

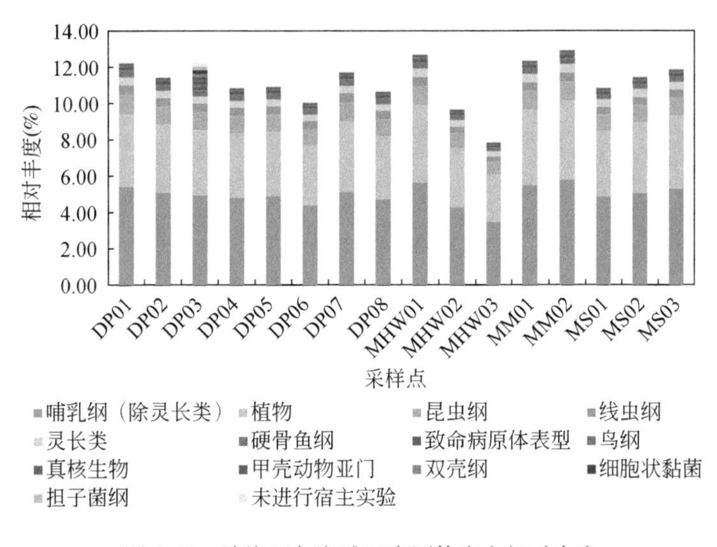

图 6-49　滨海区与潮滩区病原体宿主相对丰度

6.7.2　致病基因的种类和分布

(1) 致病菌毒力因子的时空分布

总的来说，大鹏半岛滨海区、潮滩区样点环境总毒力因子量少（<0.45%），滨海区总毒力因子（0.88%±0.04%，大鹏半岛环境背景值）略高于潮滩区（0.76±0.20%），滨

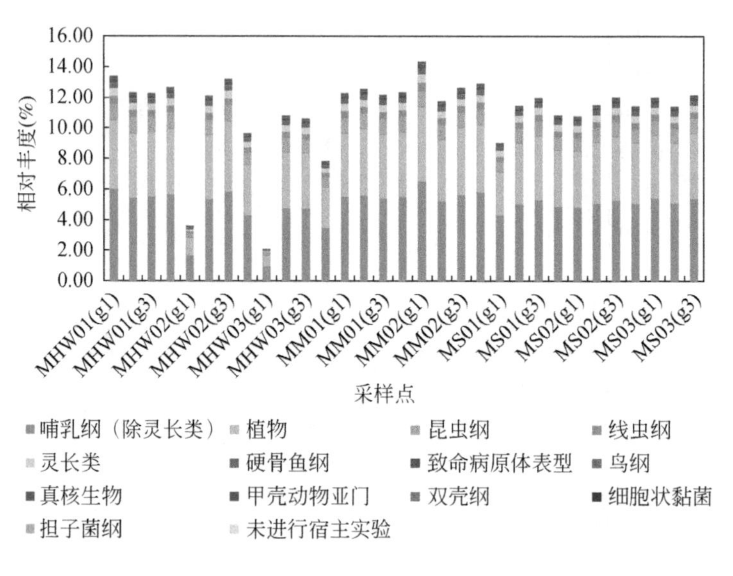

图 6-50　潮滩区病原体宿主相对丰度随时间变化情况

海区攻击性独立因子和防御性毒力因子均高于潮滩区（图 6-51）。根据大鹏半岛岸带划分，除东西涌岸带的陆地红树林样（MM02）总毒力因子略高于西涌滨海样点（DP05）外，属于同一岸带单元的水体样品总毒力因子均高于陆地样品总毒力因子。总毒力因子最高的岸带单元为桔钓沙段，最低的为鹅公澳—南澳段。

滨海区样点总毒力因子差别较小，其中最高为坝光红树林（DP01），最低为南澳增养殖区（DP06）。潮滩区中，红树林区总毒力因子（0.88% ± 0.05%）高于河口区（0.69% ±0.30%）与沙滩区（0.77% ±0.08%）。滨海区 8 个采样点毒力因子与潮滩区 8 个采样点毒力因子均值对比如图 6-51 所示。其中，总毒力因子最高的采样点为坝光红树林（DP01），最低的两个样点分别为南澳河河口（MHW03）和杨梅坑河河口（MHW02）。

潮滩区样点毒力因子批次间差异如图 6-52 所示。总毒力因子最高为 2020 年 10 月的东涌红树林（0.98%），最低的为 10 月的南澳河河口（0.12%）和杨梅坑河河口（0.24%）。

河口区的三个样点中，王母河河口（MHW01）总毒力因子随时间变化略降低，杨梅坑河河口（MHW02）和南澳河河口（MHW03）2020 年 10 月毒力因子最低。红树林区样点三批次总毒力因子差异较小，东涌红树林总毒力因子最高值为 2020 年 10 月，最低值为 2021 年 2 月（0.82%）。3 个沙滩样点总毒力因子最高均为 2021 年 5 月，最低为 2020 年 10 月，玫瑰海岸沙滩（MM01）和较场尾沙滩（MM02）总毒力因子随批次变化较为显著。

总体而言，红树林区总毒力因子批次间差异小，受人类活动影响较大的河口区和沙滩区总毒力因子最高出现在 2021 年 2 月和 2021 年 5 月，最低出现在 2020 年 10 月，推测河口区（除王母河河口外）和沙滩区的毒力因子相对丰度变化与旅游旺季有关。

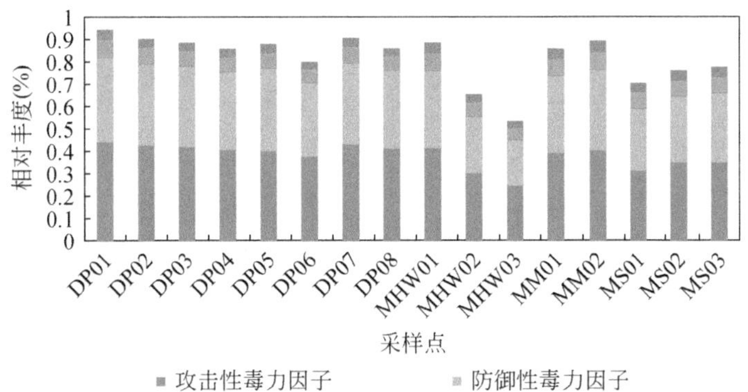

图 6-51　滨海区与潮滩区毒力因子相对丰度对比情况

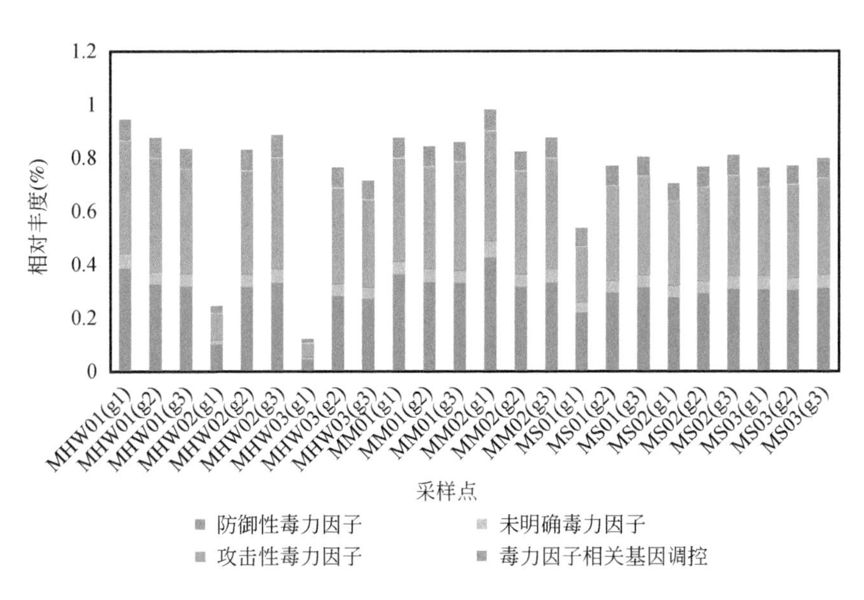

图 6-52　潮滩区毒力因子批次间差异情况

(2) 致病基因的时空分布特征

基于 KEGG 数据库中疾病相关的基因注释情况发现，其规律与毒力因子的注释情况一致，在各点位之间未见显著性区别（图 6-53，图 6-54）。

6.7.3　抗性基因的种类和分布

(1) 抗生素抗性基因分布特征

基于 CARD 数据的抗生素抗性基因注释情况发现，潮滩区注释的基因个数为 191 个，远远超过滨海区的 45 个（图 6-55）。从两个区域的相对丰度对比也能明显对比出其相对丰

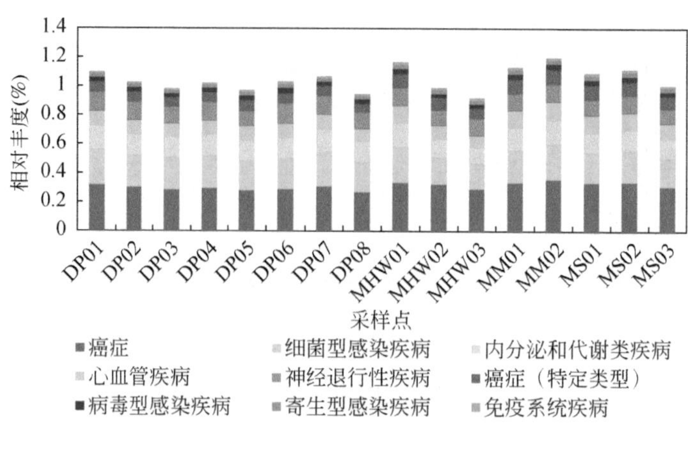

图 6-53　滨海区与潮滩区致病基因相对丰度对比情况

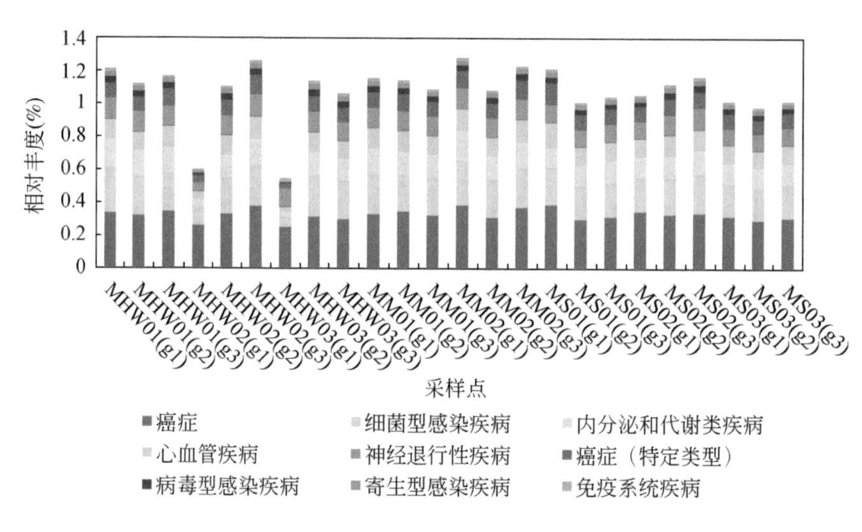

图 6-54　潮滩区致病基因批次差异情况

度的差距（图 6-56）。滨海区的均值为 0.003% ±0.000%，潮滩区为 0.014% ±0.008%，虽然占比较其他基因的注释少，但是两者之间的差距达到一个数量级。海洋中可注释到 28 类，对比医药化工废水中注释到的抗生素有 74 类抗生素基因（陈红玲等，2020）。

此外，从图 6-57 中发现 2020 年 10 月样品中的抗生素基因相对丰度高于 2021 年 2 月和 2021 年 5 月的趋势。特别是玫瑰海岸采样点（MS01）2020 年 10 月的抗生素基因相对丰度是 2021 年 5 月和 2021 年 2 月的 10 倍，另外两个沙滩为 1.9 ~ 2.7 倍。其他类型的采样点中除了杨梅坑采样点（MHW02）为 2.8 倍，其他的采样点增加程度未超过 1.5 倍。推测 2020 年 10 月份增高的抗生素抗性基因与旅游旺季中人流增加抗生素使用增加存在联系。

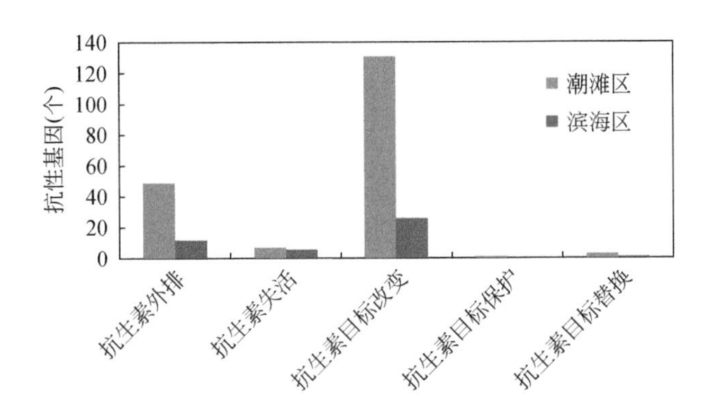

图 6-55　潮滩区滨海区注释获得的抗性基因个数对比情况

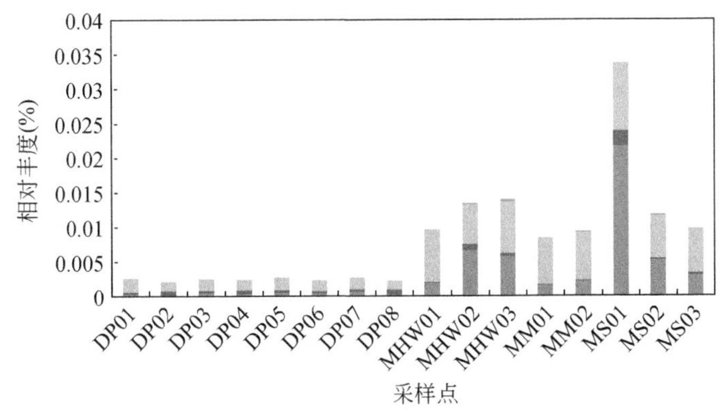

图 6-56　滨海区与潮滩区抗生素抗性相关基因相对丰度

（2）重金属抗性基因分布特征

大鹏半岛海岸带环境样品中重金属抗性相关基因丰度最高的为砷（0.11% ±0.03%），最低的为溴化乙锭（0.02% ±0.01%）。滨海区样品总重金属抗性基因相关丰度（0.44% ±0.04%，大鹏半岛环境本底值）小于潮滩区（0.47% ±0.14%）。滨海区样品中，重金属抗性基因相对丰度最高的为坝光红树林（DP01），最低为南澳增养殖区（DP06）；潮滩区样品中，未受人类活动影响的红树林区样品均值（0.55% ±0.06%）高于河口区（0.40% ±0.21%）和沙滩区（0.45±0.07%）样品均值。

滨海区 8 个采样点和潮滩区 8 个采样点重金属抗性相关基因相对丰度对比情况如图 6-58 所示，其中，相对丰度最高的为王母河河口（MHW01），其次为坝光红树林（MM01）和东涌红树林（MM02），最低为南澳河河口（MHW03）。

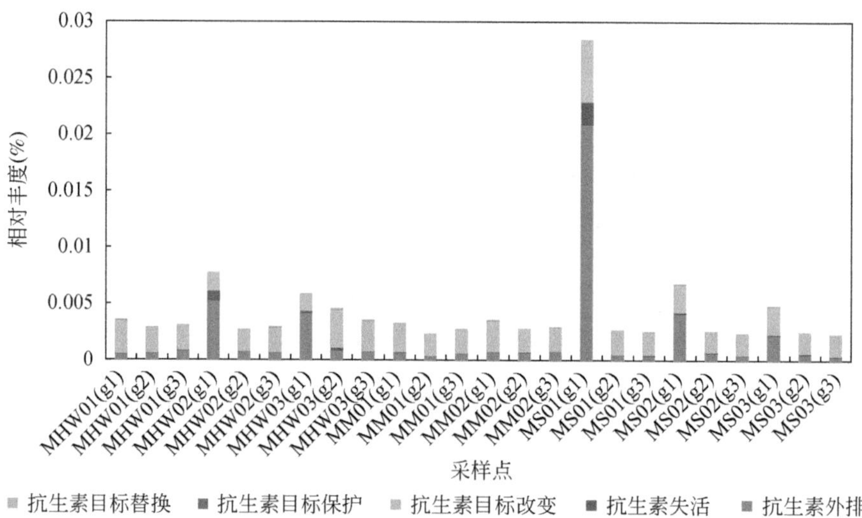

图 6-57　潮滩区抗生素抗性基因相对丰度批次差异情况

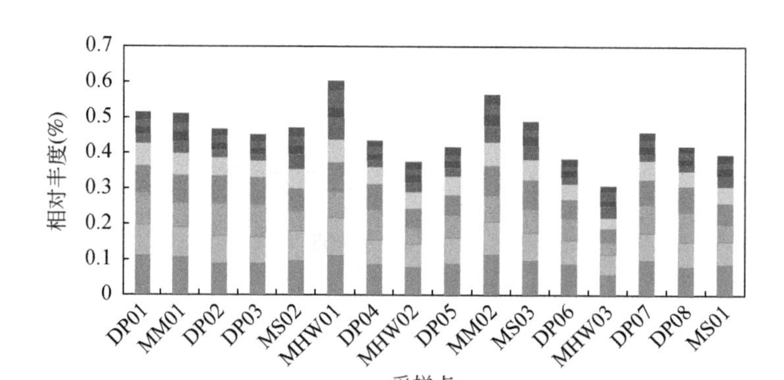

图 6-58　滨海区与潮滩区重金属抗性相关基因相对丰度对比情况

潮滩区采样点重金属抗性相关基因相对丰度随时间变化如图 6-59 所示。河口区采样点中，王母河河口（MHW01）重金属抗性相关基因相对丰度随批次变化较小，最低值在 2021 年 2 月；杨梅坑河河口（MHW02）和南澳河河口（MHW03）随时间变化相对丰度增大，最低值为 2020 年 10 月（分别为 0.12% 和 0.06%）。红树林区（MM01）相对丰度随批次变化较小，其中东涌红树林（MM02）相对丰度最高值出现在 2020 年 10 月（0.65%），为潮滩区中最高。沙滩区样品中，玫瑰海岸（MS01）相对丰度最低值在 2020 年 10 月（0.26%），为 3 个沙滩中最低。

大鹏半岛海岸带重金属抗性物种相对丰度总量低，其中最高的是大肠杆菌（0.006% ± 0.01%），其次是假单胞菌（0.02% ±0.002%）。海滨样品中共注释出 2513 个重金属抗性

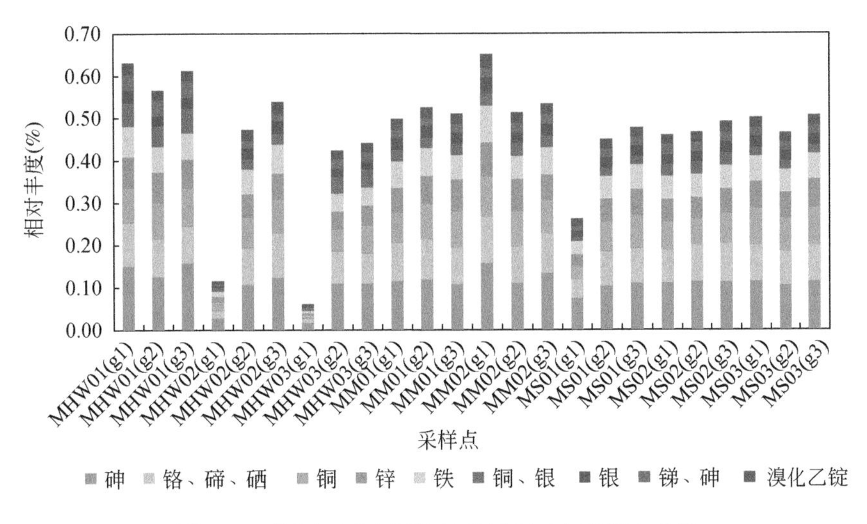

图 6-59 潮滩区重金属抗性基因相对丰度批次差异

相关微生物，潮滩区共注释出 4780 个重金属抗性相关微生物，是滨海区的 1.9 倍。

总体而言，滨海区重金属相关基因抗性丰度低于潮滩区。滨海区和潮滩区的红树林区样点间的相对丰度差异较小，潮滩区的河口区和沙滩区样点间的差异较大，说明环境中重金属抗性相关基因的相对丰度受人类活动影响较大。其中，杨梅坑河河口、南澳河河口、玫瑰海岸沙滩三处重金属抗性基因丰度最低值均在 2020 年 10 月，推测与人类活动减弱有关。

6.8 大鹏半岛海岸带微生物现状

6.8.1 近海环境微生物群落结构稳定

对比不同生境发现，大鹏半岛海岸带中自然环境（滨海区）与受人类活动影响区域（潮滩区）之间微生物种类无显著差别，微生物群落组成主要受到季节变化的影响，即群落在不同的环境因素影响下其优势物种出现季节性波动。该结果说明虽然潮滩区域受到人类活动的影响，但是目前尚未发现人类活动对环境微生物的群组成落造成不良影响。此外，研究还表明环境理化因子的波动可直接影响微生物群落的组成，说明微生物群落是反映环境波动的重要指标。

6.8.2 细菌资源丰富

大鹏半岛海岸带存在丰富的细菌资源，基于免培养方法发现的微生物在物种水平上超过70.0%无法识别，表明目前对海洋微生物的研究尚在不断地累积中。我们通过培养的方式发现潜在新物种占可培养细菌的34.5%，该结果说明大鹏半岛海岸带区域获得新物种的比例较高。随着深圳市发展海洋生物产业支持海洋中心城市建设的需求，不断获得新型物种对产业下游的药物、活性物质开发以及微生物多样性保护有着重要的价值。

6.8.3 可培养致病菌含量低，但存在致病基因风险

大鹏半岛海岸带中致病微生物以极低的含量存在环境中，未在培养过程中检出致病菌；同时，环境中致病基因含量可达10%以上。由于致病基因在微生物的生存中发挥重要作用，例如相关分泌系统，使得致病基因是基因多样性中的一个组成部分，其丰度虽高但不能直接理解为致病风险。因此，在后续的研究中应重点监测环境中机会型的条件致病菌的丰度，这是进行环境微生物安全控制的重要环节。

6.8.4 抗生素基因丰度与人类活动相关

沙滩区域的抗生素抗性基因丰度存在明显的季节变化，夏末（2020年10月）存在明显的抗生素抗性峰值，可达2021年2月和2022年5月的10倍。推测这一波动与夏季为旅游旺季，人流增加，抗生素使用增加有相关关系。这一趋势说明，目前的抗生素暴露程度及对环境微生物产生了影响，需要进一步对抗生素类药品的使用进行调查和监管。

同时，沙滩区域的致病基因和重金属抗性基因未发现相同的趋势。例如，南澳养殖场未见其致病菌的含量高于其他采样点，也未观察到抗生素抗性高于其他点。目前，在基因水平上未见养殖场中的抗生素使用存在超标情况。

6.8.5 可利用宏组学对各类环境进行评估

研究表明宏基因组和宏病毒组可以作为评估环境微生物群落和潜在威胁的有力手段，但是目前由于病毒数据库的信息量较小，且主要为与人类相关的病毒数据，特别是RNA病毒的相关数据库不足，采用宏病毒组的分析方法虽然能提高病毒序列的测序量，但是可获得的信息较少。因此，在后续研究中，可以增加以致病菌的荧光探针技术对重点关注的群落进行研究，能够对微生物潜在风险有更精确的监测。

6.9 管理建议

6.9.1 常态化微生物群落监测以反映碳循环过程

海洋微生物与C、N、P和S等重要物质循环存在密切关系，其复杂的时空分布，实际上反映了大尺度的气候变化及人类社会经济活动的改变。未来在我国减污降碳实现碳中和的过程中，除了利用直观的碳核算（直接排放的二氧化碳及其当量）的方式来评估社会经济活动以控制引起气候变化的“因”，通过绝对定量的宏基因组法微生物群落变化能对气候变化的“果”进行研究，且环境中的微生物相比于碳核算能更少地受到数据搜集过程的影响，能更为客观地显示出环境的真实变化。通过常态化的对水体和底泥微生物监测，对全面评估环境变化有着重要的科学意义和现实价值。

6.9.2 基于浓度和暴露数据模型构建微生物风险预警系统

环境变化引起的微生物群落结构变化可能会对人类社会造成不可估计的重大损失，为了构建微生物风险预系统，一方面需要保持微生物的常态化检测，另一方面需要将现有与微生物暴露相关的流行病数据纳入到检测体系中，特别是医院中的由细菌和病毒性感染引起的急性疾病数据。通过构建微生物浓度和疾病暴露数据之间的模型，构建微生物风险预警系统。

6.9.3 开展环境抗生素风险摸底调查

调查发现抗生素抗性基因的季节变化与人流密度存在相关关系。已有研究针对深圳10条河流的20种抗生素在河流的丰水期和枯水期的浓度调查，发现河流存在抗生素的联合污染（李可等，2019），而目前尚无任何研究对大鹏海域的环境抗生素进行摸底调查。因此，针对人流密集区域（港口和沙滩）进行环境抗生素污染的归趋调查，对沙滩抗生素污染溯源及控制抗生素污染造成公众健康、细菌耐药等其他潜在生态环境威胁有着重要的价值。

第7章

海岸带区域沙滩资源调查评估

沙滩是宝贵的旅游资源，是典型地质地貌、水体、人文、气候等多种资源要素的集合体（李占海等，2000）。沙滩是人们海洋旅游的首选目的地，特别是发达国家的沙滩旅游已非常普遍，在世界上所有的旅游资源类型中，沙滩是吸纳游客最多、同时也是创造税收最多的旅游地（Agardy，1993）。沙滩旅游是我国海洋经济重要的组成部分，是海洋经济的重要增长点，2019年我国滨海旅游业产值达1.81万亿元。我国是海洋大国，具有丰富的海洋资源，拥有18 000多千米的大陆海岸线，以及14 000多千米的岛屿海岸线，同时跨越三个气候带，其中有1400千米可用作浴场（胡镜荣等，2000）。根据国家海洋局公布的数据显示，滨海旅游业增加值占海洋生产总值的比例不断走高，从2008年的11.6%上升至2019年的20.2%。我国沙滩旅游的产品更加丰富，产业规模不断扩大，处于迅速发展的重要阶段。除了较为乐观的市场前景，我国政府也加大了对旅游业的扶持力度，大多数沿海地区已经将滨海旅游作为经济先导产业，推出众多娱乐性、参与性的多样化旅游产品（高峰，2019）。

沙滩是良好的自然资源和旅游资源，其位置介于陆地生态系统和海洋生态系统之间，受两者共同影响，是海滨生态系统中一个动态和脆弱的子系统（Mir-Gual et al.，2015）。海滨地区复杂的环境因子变化过程造就了独特而高度敏感的沙滩子系统。在自然环境和人为因素动态影响下，沙滩的可持续发展与沙滩本身的适应性能力具有十分紧密的联系。在过去的几个世纪里，沙滩的健康发展一直没有得到充分的重视，受限于错误的发展理念，大量的沙滩，主要是人工沙滩，一直采用错误的管理维护模式。健康的沙滩系统能提供很多有价值的服务，在旅游、海岸防护安全、经济等多方面都有影响，但当前旅游沙滩在生态环境质量、游客安全、旅游体验等方面尚存在诸多问题。造成沙滩系统发生变化的主要因素包括：开发建设、旅游活动等人类活动；风暴潮、海平面上升等自然灾害。在沙滩旅游资源开发利用过程中，过度的开发建设活动会导致旅游资源、沙滩生态环境和地形地貌的改变，旅游活动对于生态环境的影响不可忽视，休闲活动与生态的冲突不可避免（罗静海和郭梦媞，2011）。其影响形式主要包括：①由于对动态过程和环境价值的系统性忽视，旅游活动和相关的房地产活动经常使海岸的各个方面发生变化和功能性的丧失；②将这些区域从自然区域改为功能区域以满足大量游客的需求，但给海岸系统的保护和稳定性带来极大的挑战。在此背景下，如何优化沙滩管理模式、协调沙滩资源和改善沙滩环境、促进可持续发展都是旅游沙滩管理需要解决的难题（赵玉杰和焦桂英，2011）。

如何客观、科学、全面地评价沙滩旅游环境质量，一直是热门研究课题。沙滩质量评价作为一种有效的管理工具，不仅为使用者选择沙滩提供更多的帮助，也为进一步提高休闲旅游沙滩质量提供指导（Micallef and Williams，2004），能够更清晰地认识沙滩资源开发利用现状，促进旅游业的可持续发展，以及不同旅游目的地之间的战略比较，有利于沙滩的合理开发利用与保护（刘修锦等，2016）。沙滩评价是极为有效的沙滩管理维护工具，可以从日常管理维护和旅游区域质量评价两方面促进沙滩的健康、可持续发展，为沙滩旅游提供指导意见。

国内外沙滩评价标准、体系多样，针对不同的目标和客观条件，沙滩评价采用的具体标准各异。为与国内外沙滩评价接轨和全面评价大鹏半岛沙滩质量，本研究采用国外认可度最高的蓝旗沙滩评价体系和构建沙滩综合评价体系，系统、全面地对大鹏半岛的沙滩质量进行客观评价。

7.1 沙滩评价体系研究进展

7.1.1 国际沙滩评价体系

沙滩质量评价体系是基于沙滩特性而被广泛使用的沙滩管理工具。国外的学者对沙滩质量评价的研究起步较早，目前已形成多套沙滩评价标准（孙静和王永红，2012）。

（1）欧洲蓝旗沙滩质量评价标准

欧洲蓝旗沙滩质量评价标准（Blue Flag Campaign，简称“蓝旗”标准）目前在沙滩评价体系中认可度最高。1985 年在法国最先开始，1987 年开始在欧洲正式实施，2001 年开始在欧洲以外（南非）实施，后来由一个非营利性的机构——欧洲环境教育基金会（the Foundation for Environmental Education）继续实施（Cagilaba and Rennie，2005）。“蓝旗”标准对沙滩评价的主要指标包括 5 项水质要求（包含符合水质采样和次数的要求，符合水质分析的标准和要求，没有影响沙滩区域的工业废水或相关污水的排放，符合“蓝旗”标准关于大肠杆菌等微生物参数的要求，符合“蓝旗”标准关于物理和化学参数的相应要求）、6 项环境教育和信息（包含展示“蓝旗”标准的相关信息，进行环境教育活动并向沙滩使用者进行宣传，展示水质的相关信息，展示当地生态系统和环境现象的信息，展示标明各种设施的沙滩地图，展示管理沙滩和周边区域使用的行为准则）、15 项环境管理标准、7 项安全和服务指标，共 33 项指标。至今已有西班牙、加拿大、丹麦、英国、意大利、法国、德国、希腊等 49 个国家的 4820 个旅游地（主要是沙滩）被授予“蓝旗奖”。采用该评价标准的国家主要集中在欧洲，近些年亚洲的日本和韩国也陆续有沙滩被授予“蓝旗奖”，我国山东半岛也已经开展申请一些沙滩的“蓝旗奖”的工作（李亨健等，2016）。

（2）英国优秀沙滩指导标准

英国优秀沙滩指导标准（Good Beach Guide）由海洋保护学会（Marine Conservation society）提出，1998年英国有109个沙滩受到了推荐（Nelson et al.，2000）。该体系主要评价标准是水质，但是若存在如信息不完整、附近有污染排放、有负面报道等情况，即使水质达到要求，也不会被推荐。评价中也包含沙滩描述、安全、垃圾管理和清洁、沙滩设施、海滨活动、公共交通等方面的信息（Cagilaba and Rennie，2005）。

（3）英国海滨奖励标准（Seaside Award）

1992年，英国海岸整洁组织（Tidy Britain Group，TBG）提出一项沙滩奖励标准，将旅游地和乡村的沙滩分开进行评价，分别从水质、沙滩和潮间带、安全、管理、清洁、信息和教育6个方面提出了29项和13项评价标准（Morgan，1999）。其中管理方面的要求相差最大，其他5项的内容相差稍小。将沙滩监管者、沙滩入口安全、对驾驶车辆和露营等的管理、建筑物和设施的状态列入乡村沙滩管理中，旅游地沙滩在管理方面除了包含乡村沙滩要求的4项外还涉及公共设施、公共服务和动物管理方面（孙静和王永红，2012）。

旅游地沙滩一般有餐馆、商店、公共交通、救生员等；有处理突发污染事件的紧急措施；有公示水质监测情况、停车场、急救和救生员情况等信息；有关机构进行与海岸带环境相关的教育活动。一般乡村沙滩的设施相对较少，通常比旅游地沙滩要偏远，没有进行成熟的管理和开发（Cagilaba and Rennie，2005）。1998年英国有99个旅游地沙滩和150个乡村沙滩受到此项奖励（Nelson et al.，2000）。

（4）英国格拉摩根大学的沙滩质量评价标准

英国格拉摩根大学研究提出了一个沙滩质量评价标准（Beach Quality Rating Scale）。其中，根据沙滩的开发程度分级考虑，分为没有设施、极少必需的设施、设施较全的小型浴场、设备齐全的中型浴场和高度开发的大型浴场5种类型。为确定沙滩使用者的偏好和选择时的优先顺序并确定各类因子的权重，研究者设计了一个由沙滩开发程度和自然类、生物类、人文类的49个评价因子组成的调查表，调查分析得出这三类因子的权重分别为39.2%、19.6%、41.2%。其中，自然因素包括沙滩物质组成及宽度、坡度、气温、水温、波浪等共19项，最后得分以百分数形式表示。该评价标准较多地从使用者的视角出发进行考虑，能够为沙滩使用者提供更多的有用信息。通过调查分析得出因子的权重，大大降低了评价者自身的主观性，有利于客观地展现评价的结果（孙静和王永红，2012）。

（5）Williams等提出的沙滩质量评价标准

Williams等用自然、生物和人类因素三大类共50个因子设计了一个评价标准来对沙滩进行评价。其中，自然因素主要包括沙滩宽度、沙滩物质、水温、气温、日照天数、降水量、风速、水下坡度、沿岸流、裂流、潮差等；生物因素主要有水的颜色、水中藻类的量、赤潮、野生动物等；人类因素主要有垃圾和污物、油污、建筑物、救生员、公共安全等。

每一项都可得到 1 分（差）~5 分（好），通过评价美国的 650 个沙滩和英国的 182 个沙滩及土耳其的 28 个沙滩得出了百分数形式的评分，获得较高分数的沙滩被认为质量较好。其中土耳其的 Sarigerme 沙滩为 89%，英国康沃尔郡的 Porthmeir 沙滩为 86%，美国夏威夷的 Kapula 沙滩为 92%。由于选取的 50 个因子在总评分中各占 2%，因此不能体现各自的重要性。另外，该标准也没有考虑不同类型沙滩使用者的喜好。

（6）马耳他群岛的沙滩质量评价标准

马耳他群岛的沙滩质量评价标准（Beach Classification for the Maltese Islands）是由 Anton Micallef 和 Al-lan Williams 为马耳他群岛设计的（Cagilaba and Rennie，2005）。该标准综合考虑沙滩使用者的偏好和沙滩使用者问卷调查中收集的信息，选取安全、水质、设施、沙滩周边环境和垃圾情况 5 个方面的参数作为评价标准。该标准将沙滩分为旅游地沙滩和乡村沙滩，采用从一颗星到五颗星的评价标准（Micallef，2003；Micallef and Williams，2004）。

（7）美国国家健康沙滩质量评价标准

美国国家健康沙滩质量评价标准（National Healthy Beaches Campaign）是依据美国佛罗里达国际大学的 Stephen Leatherman 博士的沙滩评价方法制定的，目前主要应用于美国的沙滩（Cagilaba and Rennie，2005）。其目标是维持高标准的沙滩管理，并确保沙滩使用者能够得到可靠的信息。将评价标准划分为水质、砂质、安全、环境质量和管理以及服务五大部分，其中水质方面要求定期进行评价。海藻和赤潮发生的次数都予以考虑。砂质方面主要包括沙滩在低潮时的宽度、沙滩物质、沙滩环境状况。安全方面主要包括是否有公共预警、裂流发生的频率、沿岸流、沙滩坡度、鲨鱼的袭击等。

（8）美国蓝色波浪评价标准

蓝色波浪评价标准（Blue Wave Campaign）是由美国清洁沙滩理事会（Clean Beaches Council）提出的。清洁沙滩理事会是 1998 年为保护美国的沙滩而设置的非营利性机构，由代表学术、环境保护、商业、政府和健康的成员组成。此项评价标准要求实现 7 个方面的管理，包括水质、沙滩和潮间带情况、危害、服务、栖息地保护、公共信息和教育和侵蚀管理。旅游地沙滩和乡村沙滩在以上 7 个方面中分别设置 33 项和 27 项评价标准。由于侧重点的不同，乡村沙滩在安全、服务和信息与教育方面的要求比旅游地沙滩稍低一些（Cagilaba and Rennie，2005）。

（9）哥斯达黎加沙滩评价标准

哥斯达黎加沙滩评价标准（Costa Rica's Rating System）由 Chaverri 设计，其中包括 113 个评价因子，这些因子分为水质、沙滩、砂、岩石、沙滩总体环境和周边区域等 6 组。

各组都涉及有益因子和有害因子，每个因子被赋予 0 ~4 分，最后的评价得分是用有益因子的总得分减去有害因子的总得分来得到。此评价体系大量依靠主观评价，较少考虑沙滩使用者对各个参数的理解。该评价体系中选取的评价因子较多，涵盖面较广，但对因子赋予的得分带有一定的主观性，在一定程度上影响评价的结果（孙静和王永红，2012）。

（10）大洋洲沙滩质量评价标准

大洋洲沙滩质量评价标准（Short's Surf Beach Classification）由澳大利亚海浪救生组织（Surf Life Saving Australia）支持，Andrew Short 组织编写，对澳大利亚维多利亚州的 560 个沙滩进行了描述和评估。每个沙滩的信息中包括巡逻服务、沙滩危险评价、沙滩类型、沙滩长度、沙滩周边环境描述、沙滩设施等。所列出的一些沙滩也附有地图，展示了沙滩主要的形态特征、设施和道路，对深水区、裂流、强浪等可能产生危险的地形和环境特征进行了分级（Victoria，2002）。这个评价标准十分关注沙滩的安全方面，对游客十分重要。

综合来看，国外各沙滩评价标准对我们有以下启示。

1）沙滩评价体系的地域性。欧洲的沙滩评价开展得较早，应用得也较为广泛，主要以“蓝旗”评价标准为代表。其他各地的沙滩评价标准可能应用于当地的沙滩，可以提供有益的借鉴。

2）旅游地沙滩和乡村沙滩评价标准的差异性，主要是由两者服务的对象和利用程度不同决定的，不同的标准有利于两种沙滩的发展和管理。两个评价标准的主要差异之处在于休闲娱乐设施和清洁程度等方面。

3）自然因素和其他因素的权重差异。这是由于各类因素对沙滩使用者的影响不同，需要区分其影响程度的大小。

4）自然因素和其他因素的选择。国外沙滩质量评价标准对于自然因素一般选择沙滩的长度、宽度、砂质情况、气候等方面进行评价，而其他因素主要包括沙滩管理、环境教育和安全方面。国外的沙滩评价标准为我们进行沙滩评价提供了很多的参考，但是评价中选取的各项参数应该尽量符合沙滩用途及其使用者的实际需求情况（孙静和王永红，2012）。

目前我国还未形成完整的沙滩质量评价体系，整体处于起步阶段，而且国内的沙滩评价主要集中在山东、海南、福建和广东等旅游地沙滩。国内学者多基于沙滩的自然属性来建立评价指标体系。

7.1.2 国内沙滩评价工作基础

王永红等（2017）总结了国外主要使用的沙滩质量评价因子，并结合我国国情和沙滩质量评价的特点，选择 12 个评价因子，包括沙滩规模、沙滩状态、沉积物组成、动力条件、海水特征和沙滩区位条件等，依据12个因子的得分划分等级并赋予权重值，以此来建立沙滩质量评价体系。李占海等（2000）在借鉴国内外评价体系的基础上，根据各因子性质及其影响差异，建立一个符合我国国情的综合沙滩质量评价体系，分成2个大类、8个亚类和80个因子，其中旅游资源条件大类包括地貌、水体、生物、气候气象和人文亚类，可利用条件大类包括基础设施、管理、安全、卫生亚类，并利用新的评分规则“6级5分制”，利用先决条件因素判断沙滩发展旅游的可行性。李淑娟等（2017）基于使用者的感知视角，通过探索性因子分析方法构建自然资源质量感知、自然环境感知、服务质量感知、设施质量感知和条件质量感知为主的沙滩质量评价体系，基于沙滩使用者满意度选取19个指标，利用权重法对整个沙滩质量进行评分，把关注焦点集中于游客感知因素，这对于我国现有的沙滩质量评价体系而言是一个创新和发展。于帆等（2011）基于自然环境和社会经济环境属性两类，选取54个因子。自然指标利用3分制定量分析方法和社会指标利用定性分析方法，对不同开发程度的沙滩进行评价（开发成熟、低度开发、未开发），通过权重法得到最后的得分，最终将沙滩分为钻石、金、银、铜和不及格5个等级。综合以上研究，我国沙滩质量评价各有侧重，大多关注单一方面的评价标准，缺乏系统全面的体系。

7.2 大鹏半岛沙滩评价体系

以“蓝旗”标准进行沙滩管理，是促进沙滩走向国际化的必然趋势。但“蓝旗”标准也有一定的局限性。首先，蓝旗标准缺乏对地形地貌、水文等因素的考虑。滨海沙滩海域水动力环境对沙滩稳定性有重要影响。部分沙滩侵蚀比较严重，而有些沙滩出现了淤泥化现象。综合分析水文、气象、地形引起的沙滩变化，便于管理者采取合理的护滩方案。其次，我国滨海旅游发展还处于发展阶段，管理水平尚未达到发达国家程度，各种滨海沙滩基础设施仍在建设，采用“蓝旗”标准评价不能反映地区设施发展的程度和不同沙滩发展的差异性。为更好管理沙滩，参考国外、国内［《海滩质量评价与分级》（HY/T 254—2018）］评价体系，在“蓝旗”标准的基础上增加沙滩生态环境状态、基础设施、自然资源条件及开发程度四大类因子，合计100个指标，构建沙滩质量综合评价体系，全面评价沙滩质量现状，识别影响沙滩质量的主要问题。

7.2.1 蓝旗海滩评价标准

“蓝旗”标准体系从环境教育、水质、环境管理和安全服务四个方面共33项标准对海滩进行评价，标准分为强制性标准和建议性标准，强制性标准每个海滩必须执行，建议性标准可以选择性执行。

(1) 环境教育标准

为提高使用者对本地环境保护的关注和实践，鼓励人们参与环境管理，每个海滩必须向使用者提供最少五项环境教育活动，并必须设有至少一个“蓝旗”资料板，展列“蓝旗”各项准则所要求的所有资料。

标准1：必须标示有关“蓝旗”标准的信息。

标准2：必须向海滩用户提供和推广环境教育活动。

标准3：必须标示海滩海水质量状况。

标准4：必须标示与当地生态系统和文化场所有关的信息。

标准5：地图必须标明急救设备、电话、卫生间等设施的位置。

标准6：必须标示与海滩地区相关的法律或行为守则。

(2) 水质标准

“蓝旗”标准规定海滩须保持其水质良好。水质标准是根据国际和国家标准与立法制定的。“蓝旗”是一个国际生态标签，因此它有一个最低的全球蓝旗海滩水质标准。除非已有更严格的国家标准，否则海滩的水质必须采用本标准。

标准7：必须符合水质采样和频率要求。在游泳者集中程度最高的地方、有潜在污染源的地方，在这些地点必须设采样点，以证明这些污染物流入不会影响洗浴水质。对于每个采样点，采样间隔不得超过31天。

标准8：海滩水质分析必须符合的标准及规定。

标准9：工业废水或与下水道有关的排放不得影响海滩地区。

标准10：海滩必须达到“蓝旗”标准规定的大肠杆菌（粪便大肠杆菌）和粪肠球菌（链球菌）的微生物参数。

标准11：水质必须符合“蓝旗”标准规定的物理和化学参数。

(3) 环境管理标准

标准12：设立海滩管理委员会。(建议性标准)

标准13：地方当局/海滩营办商必须遵守所有影响海滩位置及运作的法律。

标准14：管理海滩附近的敏感区域，以确保海洋生态系统的保护和生物多样性。

标准15：海滩必须保持清洁。

标准16：藻类植物或天然碎片须留在海滩上。

标准17：必须设置足够数量的垃圾桶，并定期维护。

标准18：必须设有可回收废物的分类设施。

标准19：必须提供足够数量的卫生间。

标准20：卫生间必须保持清洁。

标准21：卫生间必须有污水处理设施。

标准22：不得在未经许可的情况下露营或驾车，以及倾倒垃圾。

标准23：必须严格控制宠物进入海滩。

标准24：所有建筑物及海滩设备必须妥善保养。

标准25：必须监测海滩附近的海洋和淡水敏感生境（如珊瑚礁或海草床）。

标准26：应该在海滩地区推广可持续的交通方式。(建议性标准)

（4）安全标准

标准27：必须采取适当的公共安全控制措施。

标准28：海滩上必须有急救设备。

标准29：必须有应对污染风险的应急计划。

标准30：必须对海滩的不同用户和用途进行管理，以防止冲突和事故。

标准31：必须有适当的安全措施来保护海滩的用户，并且必须允许公众自由出入。

标准32：在海滩上应该有饮用水供应。(建议性标准)

标准33：至少有一个海滩必须为残疾人提供出入和设施。

“蓝旗”标准并不是将海滩按一定的标准分成若干个档次，而是根据申请的海滩是否符合其标准，对于符合标准的海滩授予“蓝旗”标志并对之后的海滩运营进行监督和管理。

7.2.2 管理应用指标

（1）生态环境状态

标准34：沙滩动物丰度，以单位面积沙滩可见到的大型底栖动物及相关痕迹表征。

标准35：沙滩周边植被覆盖度。

标准36：沙滩周边的鸟类丰度，以5分钟观测到的鸟类数量表征。

标准37：藻类丰度，以沙滩及近岸可见到的海藻数量表征。

标准38：是否有敏感生物。

标准39：海水的透明度。

标准40：海水的水质等级。

标准41：海水的颜色。

标准42：沙滩周边的噪声水平。

标准43：沙滩单位面积垃圾覆盖比例（%）。

标准44：沙滩空气上是否有异味。

标准45：沙滩周边蚊蝇等有害昆虫情况。

标准46：近岸是否存在人工养殖及其面积。

标准47：沙滩生物残骸堆积情况。

（2）基础设施

标准48：沙滩周边是否有摄像头，以及其覆盖情况。

标准 49：沙滩是否有语音广播，是否在播报与沙滩相关的信息。

标准 50：沙滩是否有 LED 显示屏展示沙滩的相关信息，以及是否开启。

标准 51：沙滩是否有瞭望台，是否有人值守。

标准 52：沙滩上的警示牌覆盖情况，警示牌的维护是否良好。

标准 53：海上救生船数量是否足够。

标准 54：是否有医疗/救护站，及其距离沙滩距离。

标准 55：沙滩上是否有健身器材，及其数量和状态。

标准 56：沙滩是否有足够的路灯保证夜间照明。

标准 57：沙滩周边停车场的个数，停车位是否充足。

标准 58：沙滩周边的公路状况（数量）。

标准 59：到达沙滩的公共交通（数量）。

标准 60：沙滩旁边是否有码头，包括码头数量。

(3) 自然资源条件

标准 61：沙滩长度（km）。

标准 62：高潮位往后区域地形地貌特征；2m 深水域距岸带距离。

标准 63：前滨宽度，低潮线至高潮线宽度；干滩宽度，高潮线以上的宽度。

标准 64：干滩的坡度。

标准 65：潮间带的坡度。

标准 66：后滨状态，高潮位往后区域的地形地貌特征。

标准 67：2m 深水域距岸带距离。

标准 68：<0.5mm 粒径沙占比。

标准 69：沙子颜色。

标准 70：滩面砾石的数量和覆盖。

标准 71：沙滩的厚度（m）。

标准 72：平均海浪的浪高（m）。

标准 73：高潮和低潮之间的高差（m）。

标准 74：海平面形态，沙滩平面展布形式。

标准 75：沙滩向海开阔度，自陆向海观察，沙滩近海的遮蔽情况和视野开阔程。

标准 76：低潮时破波线离岸距离，正常动力情况下，低潮时磁波线至海岸的水平距离。

标准 77：干滩沉积物类型，干滩沙子的粗细程度。

标准 78：潮间带沉积物类型，潮间带沙子的粗细程度。

标准 79：沙滩舒适度，沙滩滩面沉积物密实程度。

标准 80：沙的纯净度，沙滩沉积物中其他杂质情况。

标准81：沉积物分选度，沙滩颗粒大小的均匀程度。

标准82：沙滩蚀积状态，沙滩受侵蚀情况。

标准83：周边人工地貌，沙滩周边人工构筑物类型和分布情况。

标准84：沙滩构筑物，沙滩人工构筑物数量和类型。

标准85：内滨海底状况，沙滩相邻海域近海的自然礁石分布情况。

标准86：裂流、海浪和浅滩地形共同作用下，岸边的一股射束式的强劲水流发育和分布情况。

(4) 开发因子

标准87：是否有沙滩浴场，以及浴场的大小。

标准88：是否有游艇/水上运动。

标准89：是否有潜水项目。

标准90：游客密度，单位面积的游客数量。

标准91：沙滩利用类型，是否改变沙滩的利用属性。

标准92：沙滩举办的主要大型活动类型。

标准93：周边治安情况，是否有治安巡查。

标准94：沙滩入口类型和数量。

标准95：公共娱乐设施是否完善，是否与环境协调。

标准96：沿海栈道/自行车专用道设施是否完善。

标准97：沙滩周边旅店条件。

标准98：沙滩周边餐饮条件。

标准99：沙滩周边休闲、休息设施使用性质及是否完备。

标准100：沙滩上的水上运动是否与正常旅游活动产生冲突。

7.2.3 调查与数据评价

大部分指标通过实地走访后进行记录，如关于沙滩的基本信息、环境教育和信息标准、环境管理标准、安全与服务标准、生态环境状态及基础设施。部分指标参考《深圳市滨海自然沙滩现状清查统计报告》中提供的信息。

评价因子得分主要采用5分（1～5分）评分标准，部分定性分析因子等级间区分模糊，采用3分（1、3、5分）标准或2分（1、5分）标准，得分越高表示沙滩质量越好。对部分不可量化因子采用模糊性评价方式，如差、较差、一般、较好、好。

“蓝旗”标准目前仅考虑申请的沙滩是否符合其标准，并不区分沙滩对标准的符合程度。一方面，从“蓝旗”沙滩申请的角度，需要确定沙滩是否符合“蓝旗”标准。因此，本研究设定评分在4分及以上为符合该条“蓝旗”评价的标准，评分在3分及以下的为不符合“蓝旗”评价的标准。沙滩质量综合评价以各评价因子得分的综合获得，并且分析每个沙滩的得分率。

采用幂级分布来设置因子权重，Ⅰ、Ⅱ、Ⅲ三个级别分别设置权重为8、4、2。

沙滩质量综合评价采用归一化加权平均法，将沙滩综合质量得分（F）转变为0～100分制：

$$F = \left(\frac{\sum W_i \times S_i}{\sum W_i} - \frac{\sum W_i \times 1}{\sum W_i} \right) \div \left(\frac{\sum W_i \times 5}{\sum W_i} - \frac{\sum W_i \times 1}{\sum W_i} \right)$$

式中，W_i为因子权重，S_i为因子得分。

根据海滩综合评价得分，将海滩分为4个等级，分别为健康、较健康、亚健康和不健康。具体划分如表7-1所示。

表7-1　沙滩健康等级划分

等级	健康	较健康	亚健康	不健康
分植	>80	≥60，且<80	≥40，且<60	<40

根据沙滩使用权、安全、生态、交通等因素，大鹏半岛沙滩区分为4个类别，分别为沙滩浴场、开放管理、围合管理、封闭管理四个类别。其中，沙滩浴场型沙滩为已取得海域使用权沙滩且具有沙滩浴场的沙滩，大鹏半岛有5个此类沙滩，分别为溪涌工人度假村、玫瑰海岸、金沙湾、西涌、东涌；开放管理型沙滩为未取得海域使用权的可作浴场开放的沙滩，大鹏半岛有10个这样的沙滩；围合管理型沙滩指的是未取得海域使用权的不宜作浴场开放沙滩，大鹏半岛有12个这样的沙滩；封闭管理型沙滩指的是因安全、生态、交通等因素暂不具备开放条件的沙滩，大鹏半岛这个类型的沙滩最多，有27个（表7-2，表7-3）。

表7-2　沙滩类型及划分依据

类别	说明
沙滩浴场	已取得海域使用权沙滩
开放管理	未取得海域使用权的可作浴场开放沙滩
围合管理	未取得海域使用权的不宜作浴场开放沙滩
封闭管理	因安全、生态、交通等因素暂不具备开放条件的沙滩

大鹏半岛共有54个沙滩，其中位于大鹏湾的KC4和湖湾沙滩由于被填海造陆改造，已经彻底消失，因此本次评价针对大鹏半岛现存的52个沙滩开展。

表 7-3　沙滩名录及类型

编号	名称	管理形式	编号	名称	管理形式
3	溪涌工人度假村	沙滩浴场	1	KC1	封闭管理
5	玫瑰海岸	沙滩浴场	2	KC2	封闭管理
16	金沙湾	沙滩浴场	6	黄关梅	封闭管理
35	西涌	沙滩浴场	7	下洞	封闭管理
37	东涌	沙滩浴场	8	水产	封闭管理
9	沙鱼涌	开放管理	11	KC4	封闭管理
21	海贝湾	开放管理	12	KC5	封闭管理
22	巴厘岛	开放管理	14	迭福	封闭管理
23	下企	开放管理	15	DP1	封闭管理
25	望鱼角	开放管理	24	畲吓	封闭管理
26	半天云度假村	开放管理	27	洋畴湾	封闭管理
29	公湾	开放管理	28	洋畴角	封闭管理
47	较场尾	开放管理	30	吉坳湾	封闭管理
48	DP2	开放管理	31	鹅公湾	封闭管理
49	大塘角	开放管理	33	大鹿湾海河	封闭管理
4	万科十七英里	围合管理	34	大鹿湾	封闭管理
10	湖湾	围合管理	36	沙湾仔	封闭管理
13	大湾	围合管理	38	大水坑	封闭管理
17	山海湾	围合管理	40	马湾	封闭管理
18	大澳湾	围合管理	44	NA2	封闭管理
19	云海山庄	围合管理	45	冬瓜湾	封闭管理
20	南澳大酒店	围合管理	46	黄泥湾	封闭管理
32	柚柑湾	围合管理	50	DP3	封闭管理
39	鹿咀	围合管理	51	DP4	封闭管理
41	杨梅坑	围合管理	52	DP5	封闭管理
42	桔钓沙	围合管理	53	DP6	封闭管理
43	NA1	围合管理	54	DP7	封闭管理

7.3 蓝旗体系评价

7.3.1 环境教育和信息标准

在“蓝旗”标准的环境教育和信息标准评价中共包含6个指标，然而大鹏半岛的沙滩得分率均较低，其中得分最高的是金沙湾和西涌，分别有两个标准基本达到蓝旗海滩要求，分别为必须标示急救设备、电话、卫生间等地图和必须标示海滩使用守则及邻近地区的相关法规；有20个海滩满足6个标准中的1个标准；而剩余的30个海滩在环境教育和信息标准中的得分为0，亟须加强环境教育和信息标准方面的建设。

环境教育和信息标准总分6分，大鹏半岛的全部沙滩平均得分仅为0.5分。通过不同类型沙滩的环境教育和信息标准得分比较，可以发现沙滩浴场型沙滩的得分明显高于其他类型，平均得分为1.2分；而平均得分第二的为围合管理型沙滩，平均得分为0.7分；再次为开放管理型沙滩，平均得分为0.4分；得分最低的为封闭管理型沙滩，平均得分为0.2分（图7-1）。

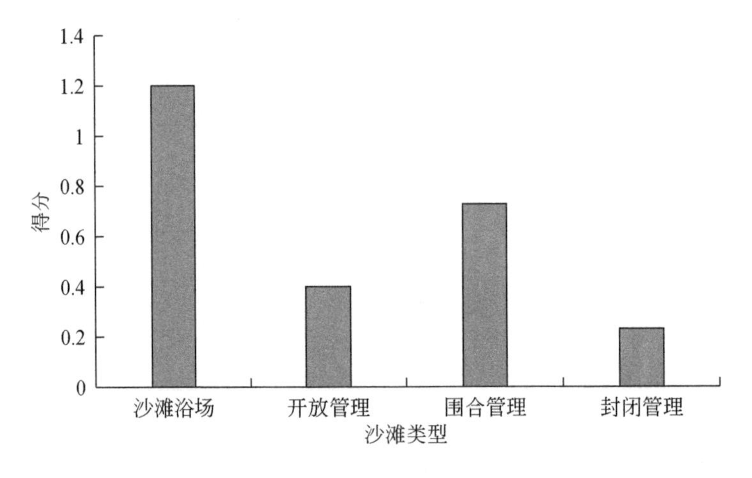

图7-1 不同类型沙滩的“蓝旗”标准的环境教育和信息标准得分

7.3.2 水质标准

在“蓝旗”标准的水质标准评价中共包含5个指标，大鹏半岛的沙滩有35个沙滩得分为3分，15个沙滩得分为2分，2个沙滩得分为1分。针对所制定的评价标准，大鹏半岛沙滩中完全符合水质采样及分析要求的比例低，需进一步加强对沙滩水质的监测，针对沙滩的水质分析应做到规范化、定期化、透明化、公开化。

水质标准评价总分 5 分，大鹏半岛的全部沙滩平均得分仅为 2. 6 分。通过不同类型沙滩的水质标准评价得分比较，可以发现沙滩浴场型沙滩的得分明显高于其他类型，平均得分为 3 分；而平均得分第二的为围合管理型沙滩，平均得分为 2. 7 分；再次为封闭管理型沙滩，平均得分为 2. 6 分；得分最低的为开放管理型沙滩，平均得分为 2. 4 分（图 7-2）。

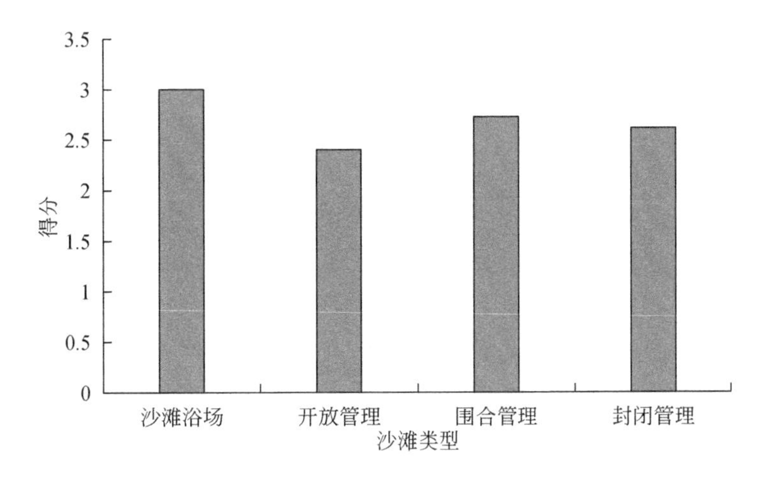

图 7-2　不同类型沙滩的“蓝旗”标准的水质标准得分

7. 3. 3　环境管理标准

在“蓝旗”标准的环境管理标准中共包含 15 个指标，大鹏半岛的沙滩得分最高为 12 分，为沙鱼涌沙滩；3 个沙滩得分为 11 分，分别为金沙湾、桔钓沙和云海山庄沙滩；2 个沙滩得分为 10 分，分别为溪涌工人度假村和东涌沙滩；2 个沙滩得分仅为 1 分，分别为水产和冬瓜湾沙滩。

环境管理标准总分 15 分，大鹏半岛的全部沙滩平均得分仅为 5. 8 分。通过不同类型沙滩的环境管理标准得分比较，可以发现沙滩浴场型沙滩的得分明显高于其他类型，平均得分为 8. 8 分；而平均得分第二的为围合管理型沙滩，平均得分为 7. 5 分；再次为开放管理型沙滩，平均得分为 6. 7 分；得分最低的为封闭管理型沙滩，平均得分为 4. 1 分（图 7-3）。

7. 3. 4　安全与服务标准

在“蓝旗”标准的安全与服务标准中共包含 7 个指标，大鹏半岛的沙滩得分最高为 4 分，为金沙湾、桔钓沙和较场尾沙滩；3 个沙滩得分为 3 分，为东涌、西涌和南澳大酒店

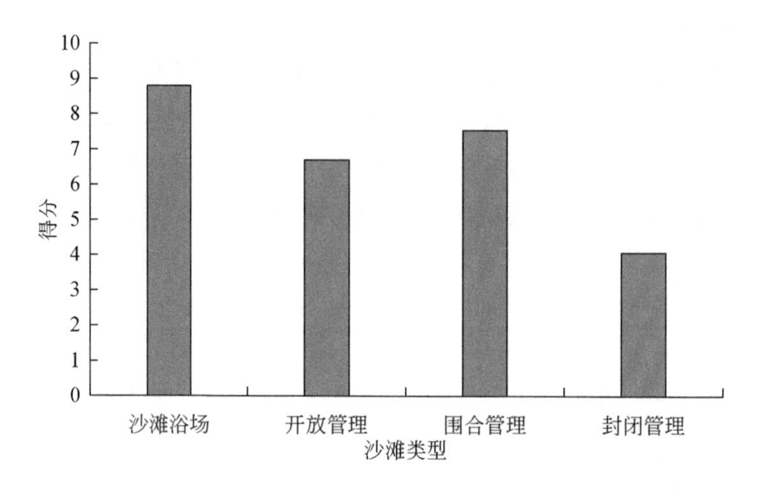

图 7-3　不同类型沙滩的“蓝旗”标准的环境管理标准得分

沙滩；5 个沙滩得分为 1 分；其他 40 个沙滩得分为 0 分。

安全与服务标准总分为 7 分，大鹏半岛的全部沙滩平均得分仅为 0.5 分。通过不同类型沙滩的安全与服务标准得分比较，可以发现沙滩浴场型沙滩的得分明显高于其他类型，平均得分为 1.8 分；而平均得分第二的为围合管理型沙滩，平均得分为 0.7 分；再次为开放管理型沙滩，平均得分为 0.6 分；得分最低的为封闭管理型沙滩，平均得分为 0.04 分（图 7-4）。

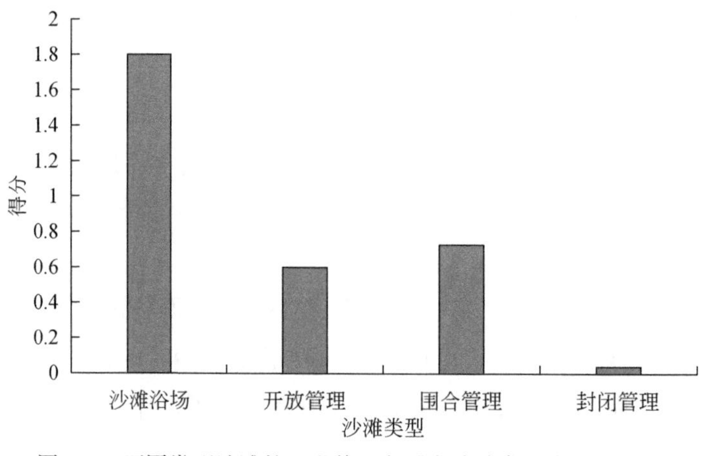

图 7-4　不同类型沙滩的“蓝旗”标准的安全与服务标准得分

7.3.5　大鹏半岛沙滩的“蓝旗”标准评价

整体来看，大鹏半岛的沙滩距离申请“蓝旗”沙滩还有一定距离。52 个沙滩中金沙湾沙滩对“蓝旗”标准的达标率最高，33 条“蓝旗”标准中的 20 条指标基本达标

（图 7-5），未达标的标准 13 项。其次为桔钓沙沙滩，达标数量为 19 个，尚有 14 条指标还

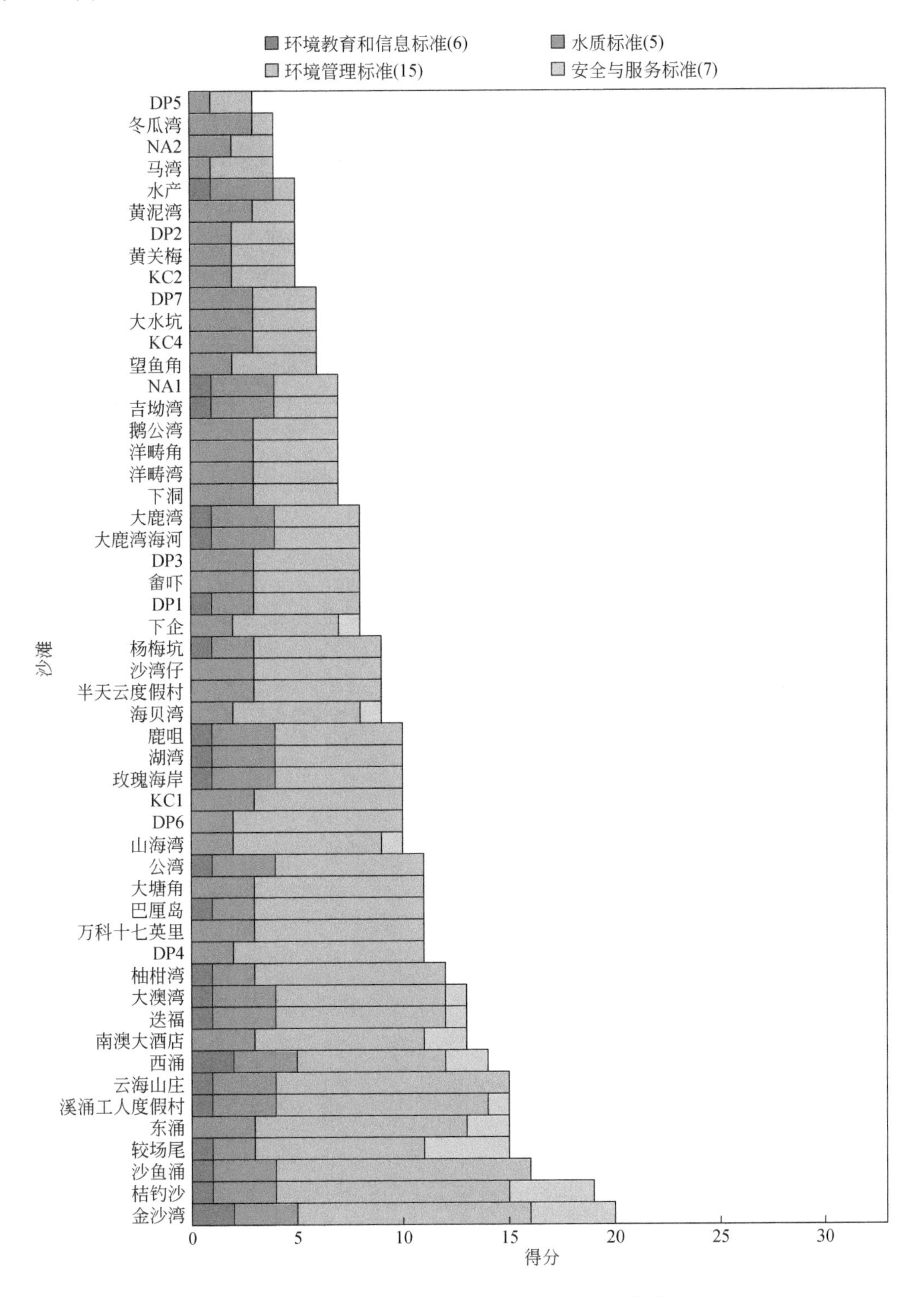

图 7-5 大鹏半岛沙滩“蓝旗”标准得分情况

需努力。这两个沙滩的达标程度远高于其他沙滩。除了以上 2 个沙滩外，得分率 3 ~ 8 位的沙滩分别为沙鱼涌、较场尾、东涌、溪涌工人度假村、云海山庄和西涌沙滩，得分在 14 ~ 15 分。

此外，马湾、NA2、冬瓜湾、DP5 沙滩仅有 3 ~ 4 条指标基本达标，全部因为安全、生态、交通等因素暂不具备开放条件的封闭管理沙滩。通过对不同类型沙滩的“蓝旗”标准得分比较，可以发现沙滩浴场型沙滩的得分明显高于其他类型，平均得分为 14.8 分；而平均得分第二的为围合管理型沙滩，平均得分为 11.7 分；再次为开放管理型沙滩，平均得分为 10.1 分；得分最低的为封闭管理型沙滩，平均得分为 7.0 分（图 7-6）。

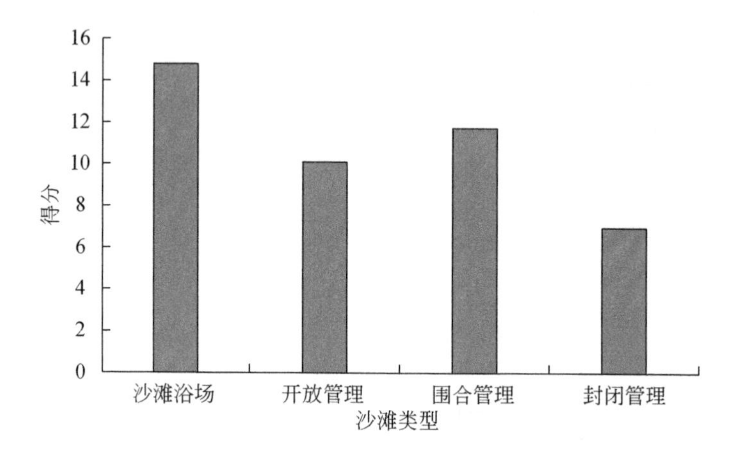

图 7-6　不同类型沙滩的“蓝旗”标准评价得分

7.4　综合体系评价

7.4.1　环境教育和信息标准

环境教育和信息标准评价得分约占综合评分的 6.7%。大鹏半岛的 52 个沙滩中得分最高的为西涌沙滩，得分为 3.6 分；其次为金沙湾沙滩，得分为 3.5 分；再次为较场尾沙滩，得分为 3.3 分；其余沙滩得分均在 3 分以下。

大鹏半岛的全部沙滩的环境教育和信息标准平均得分仅为 1.8 分。通过不同类型沙滩的环境教育和信息标准得分比较，可以发现沙滩浴场型沙滩的得分明显高于其他类型，平均得分为 2.6 分；而平均得分第二的为围合管理型沙滩，平均得分为 2.1 分；再次为开放管理型沙滩，平均得分为 1.8 分；得分最低的为封闭管理型沙滩，平均得分为 1.4 分（图 7-7）。

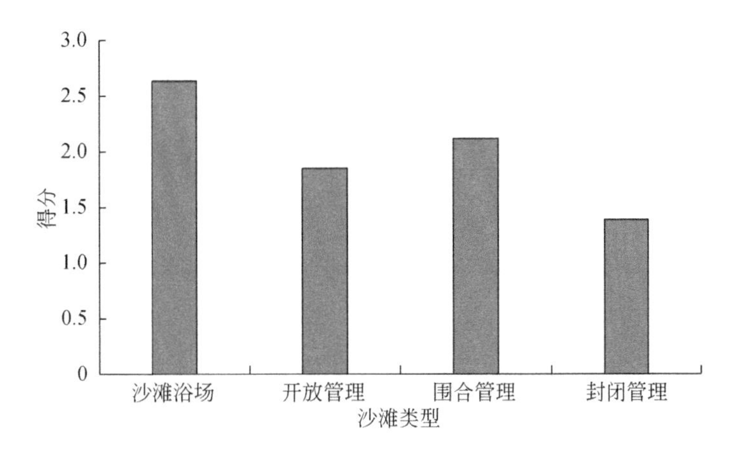

图 7-7　不同类型沙滩的综合评价环境教育和信息标准得分

7.4.2　水质标准

水质标准评价得分约占综合评分的 5.6%。52 个沙滩中得分最高的为桔钓沙、金沙湾和西涌沙滩，得分为 4.2 分；其次是溪涌工人度假村、东涌、沙鱼涌、南澳大酒店、云海山庄和鹿咀沙滩，得分均在 3.8 分以上；DP5 沙滩得分最低，得分仅为 1.6 分，主要是因为它有较大的污水排放口。

大鹏半岛的全部沙滩的水质标准平均得分为 3.3 分。通过不同类型沙滩的水质标准评价得分比较，可以发现沙滩浴场型沙滩的得分明显高于其他类型，平均得分为 4.0 分；而平均得分第二的为围合管理型沙滩，平均得分为 3.6 分；再次为开放管理型沙滩，平均得分为 3.2 分；得分最低的为封闭管理型沙滩，平均得分为 3.1 分（图 7-8）。

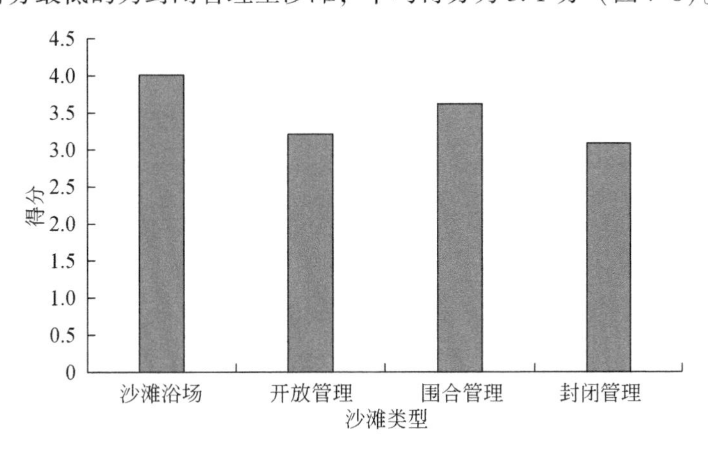

图 7-8　不同类型沙滩的综合评价水质标准得分

7.4.3 环境管理标准

环境管理标准评价得分约占综合评分的14.8%。52个沙滩中得分最高的为金沙湾，得分为12.1分；其次为桔钓沙沙滩，得分为11.5分；然后依次是东涌、沙鱼涌、溪涌工人度假村、云海山庄、较场尾、大澳湾和西涌沙滩，得分均在10分以上。水产沙滩得分最低，得分仅为2.4分。

大鹏半岛的全部沙滩的环境管理标准平均得分仅为6.6分。通过不同类型沙滩的环境管理标准得分比较，可以发现沙滩浴场型沙滩的得分明显高于其他类型，平均得分为10.1分；而平均得分第二的为围合管理型沙滩，平均得分为8.4分；再次为开放管理型沙滩，平均得分为7.1分；得分最低的为封闭管理型沙滩，平均得分为5.0分（图7-9）。

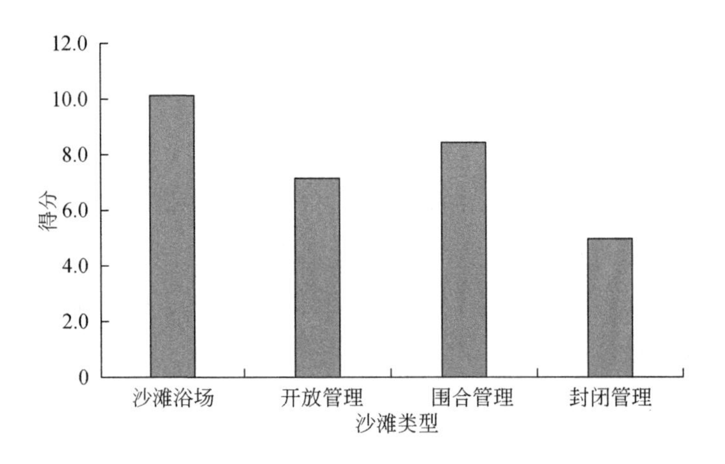

图7-9 不同类型沙滩的综合评价环境管理标准得分

7.4.4 安全与服务标准

安全与服务标准评价得分约占综合评分的8.1%。大鹏半岛的金沙湾沙滩和较场尾沙滩得分最高，为5.1分；其次为桔钓沙沙滩，得分为4.9分；大水坑沙滩得分最低，得分仅为1.1分。

大鹏半岛的全部沙滩的安全与服务标准平均得分为1.9分。通过不同类型沙滩的安全与服务标准得分比较，可以发现沙滩浴场型沙滩的得分明显高于其他类型，平均得分为3.5分；而平均得分第二的为围合管理型沙滩，平均得分为2.4分；再次为开放管理型沙滩，平均得分为2.0分；得分最低的为封闭管理型沙滩，平均得分为1.3分（图7-10）。

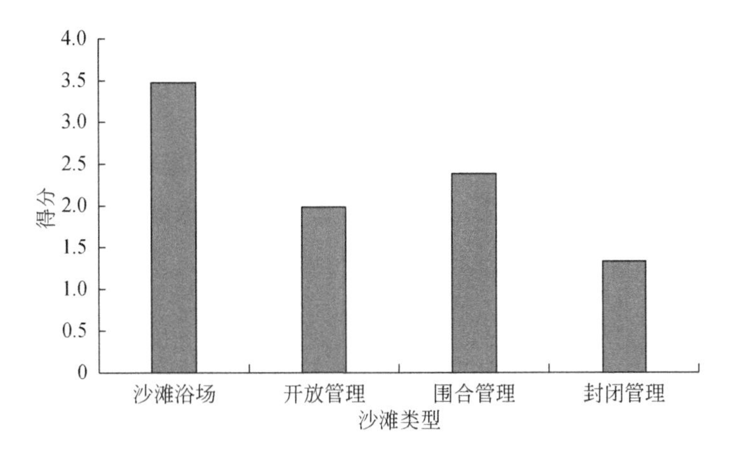

图 7-10　不同类型沙滩的综合评价安全与服务标准得分

7.4.5　生态环境状态标准

生态环境状态标准评价得分约占综合评分的 13.7%。大鹏半岛的西涌沙滩得分最高，为 15.1 分；其次为大澳湾沙滩和山海湾沙滩，得分均超过 11 分；黄泥湾沙滩得分最低，得分仅为 6.0 分。

大鹏半岛的全部沙滩的生态环境状态标准平均得分为 8.5 分。通过不同类型沙滩的安全与服务标准得分比较，可以发现围合管理型沙滩的得分最高，平均得分为 9.8 分；而平均得分第二的为沙滩浴场型沙滩，平均得分为 8.6 分；再次为开放管理型沙滩，平均得分为 8.3 分；得分最低的为封闭管理型沙滩，平均得分为 8.0 分（图 7-11）。

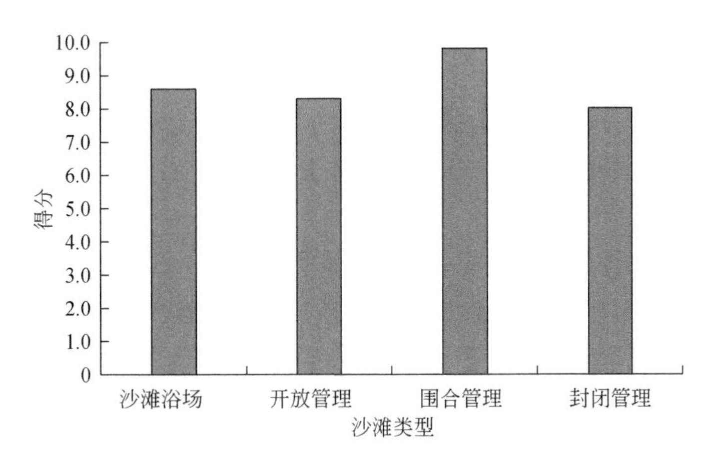

图 7-11　不同类型沙滩的综合评价生态环境状态标准得分

7.4.6　基础设施标准

基础设施标准评价得分约占综合评分的 10.9%。大鹏半岛的较场尾沙滩得分最高，为 8.4 分；其次为金沙湾沙滩，得分为 8.2 分；KC2 沙滩得分最低，得分仅为 1.5 分。

大鹏半岛的全部沙滩的基础设施标准平均得分为 3.5 分。通过不同类型沙滩的生态环境状态得分比较，可以发现沙滩浴场型沙滩的得分最高，平均得分 5.9 分；而平均得分第二的为围合管理型沙滩，平均得分为 4.3 分；再次为开放管理型沙滩，平均得分为 3.9 分；得分最低的为封闭管理型沙滩，平均得分为 2.4 分（图 7-12）。

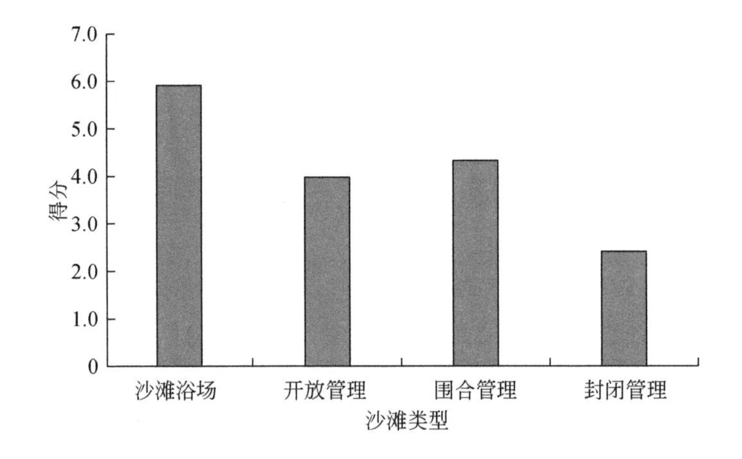

图 7-12　不同类型沙滩的综合评价基础设施标准得分

7.4.7　自然资源条件标准

自然资源条件标准评价得分约占综合评分的 25.7%。大鹏半岛的桔钓沙沙滩得分最高，为 21.8 分；其次为西涌沙滩，得分为 20.4 分；大水坑沙滩和水产沙滩得分最低，得分低于 9 分。

大鹏半岛的全部沙滩的自然资源条件标准平均得分为 15.2 分。通过不同类型沙滩的自然资源条件得分比较，可以发现沙滩浴场型沙滩的得分最高，平均得分 18.5 分；而平均得分第二的为围合管理型沙滩，平均得分为 16.6 分；再次为开放管理型沙滩，平均得分为 15.4 分；得分最低的为封闭管理型沙滩，平均得分为 13.8 分（图 7-13）。

7.4.8　开发因子标准

开发因子标准评价得分约占综合评分的 14.4%。大鹏半岛的金沙湾沙滩得分最高，为

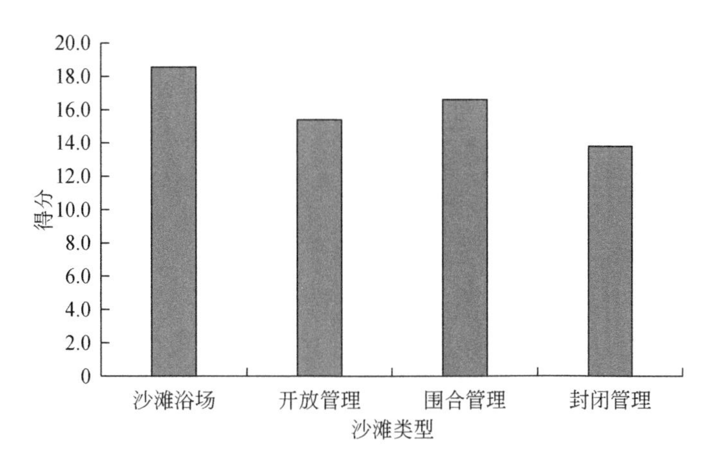

图 7-13　不同类型沙滩的综合评价自然资源条件得分

10.8 分；其次为较场尾沙滩，得分为 10.1 分；大水坑沙滩和 KC2 沙滩得分最低，得分低于 3.3 分。大鹏半岛的沙滩旅游开发还待进一步推进。

大鹏半岛的全部沙滩开发因子标准平均得分为 5.7 分。通过不同类型沙滩的开发因子得分比较，可以发现沙滩浴场型沙滩的得分最高，平均得分 9.0 分；而平均得分第二的为围合管理型沙滩，平均得分为 6.9 分；再次为开放管理型沙滩，平均得分为 6.4 分；得分最低的为封闭管理型沙滩，平均得分为 4.4 分（图 7-14）。

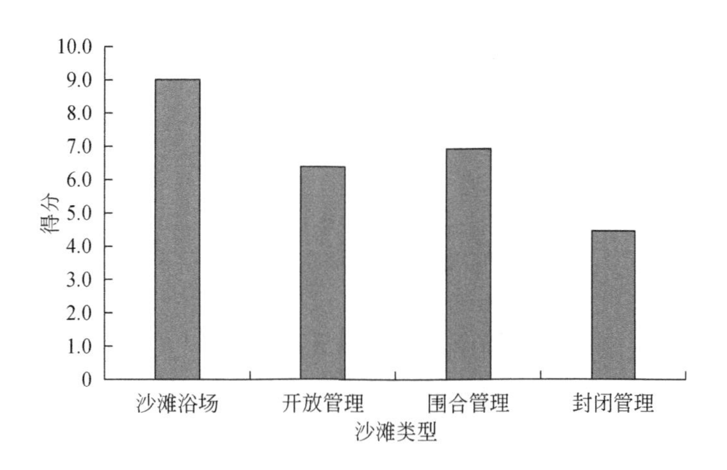

图 7-14　不同类型沙滩的综合评价开发因子得分

7.4.9　综合得分

大鹏半岛沙滩的综合评价结果如图 7-15 所示。大鹏半岛的沙滩综合评价得分全部低于 80 分。其中，桔钓沙沙滩得分最高，为 72.3 分；其次为金沙湾沙滩，得分为 70.9 分；再次是西涌沙滩和较场尾沙滩；大水坑沙滩得分最低，得分为 29.8 分。

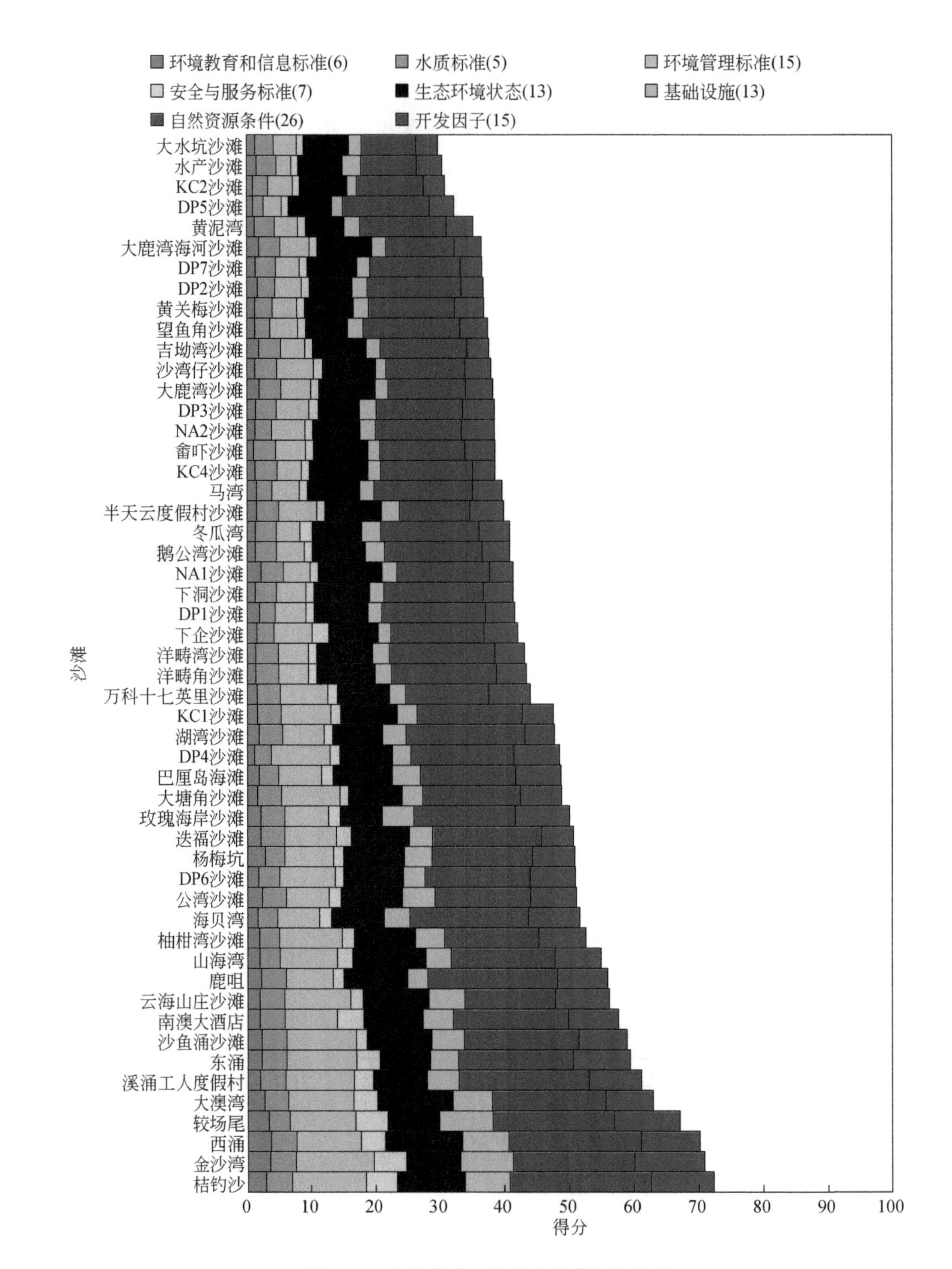

图 7-15　大鹏半岛沙滩得分综合评价结果

大鹏半岛的全部沙滩平均得分为 46. 5 分，得分较低。通过不同类型沙滩的开发因子得分比较，可以发现沙滩浴场型沙滩的得分最高，平均得分 62. 3 分，是唯一及格的类型；

而平均得分第二的为围合管理型沙滩，平均得分为 54.2 分；再次为开放管理型沙滩，平均得分为 48.2 分；得分最低的为封闭管理型沙滩，平均得分为 39.4 分（图 7-16）。

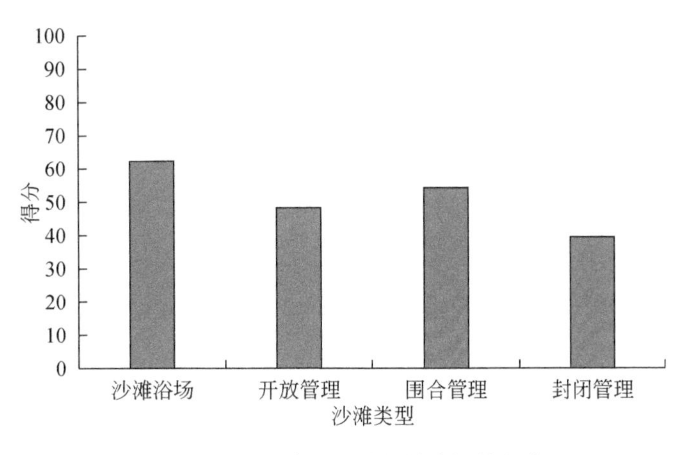

图 7-16　不同类型沙滩的综合评价得分

根据沙滩综合评价结果，获得大鹏半岛 52 个沙滩的健康状况，没有沙滩处于健康水平，6 个沙滩处于较健康状态，大部分沙滩处于亚健康状态，19 个沙滩处于不健康状态（表 7-4）。

表 7-4　不同健康水平沙滩数量

等级	健康	较健康	亚健康	不健康
海滩数量	0	6	27	19

7.5　海水浴场型沙滩评价

海水浴场型沙滩在滨海旅游业中占据重要地位，做好海水浴场型沙滩，保证海水浴场型沙滩质量，是推动滨海旅游业持续发展的重要推动力。大鹏半岛生态环境基础条件优越，开展海水浴场型沙滩评价，识别当前存在的问题，可为大鹏半岛旅游业进一步发展提供支撑。

经过调查，大鹏半岛安装有防鲨网的沙滩海水浴场共 14 个。其中，沙滩类型管理形式属于沙滩浴场的有 5 个，分别为溪涌工人度假村、玫瑰海岸、金沙湾、西涌和东涌沙滩；属于开放管理的有 3 个，分别为海贝湾、公湾和较场尾沙滩；属于围合管理的有 4 个，分别为大澳湾、柚柑湾、鹿咀和桔钓沙沙滩；属于封闭管理的有 2 个，分别为冬瓜湾和 DP3 沙滩。在这 14 个沙滩海水浴场中，有 8 具有较为完备的救生设备和人员，而另 6 个沙滩浴场缺乏足够的救生设备和人员，存在较大风险。14 个海水浴场中，西涌海水浴场面积最大，面积有 3.2hm^2；其次为较场尾海水浴场，面积为 1.8hm^2；第三为鹿咀海水浴场，面积为 1.5hm^2；面积最小的是海贝湾海水浴场，面积为 0.2 公顷。

7.5.1 调查评估方法

7.5.1.1 水质检测类别

2021 年 7 月 26 日 ~8 月 5 日对海水浴场水质进行检测，检测样点分别设置在溪涌工人度假村沙滩、下沙沙滩、金水湾（较场尾）沙滩、桔钓沙沙滩、玫瑰海岸沙滩、大澳湾沙滩、西涌沙滩和海贝湾沙滩，采样与测试分析由北京大学深圳研究院分析测试中心有限公司承担，测定方法和流程依照《海洋监测规范 第 4 部分：海水分析》（GB 17378.4—2007）和《海洋监测规范 第 7 部分：近海污染生态调查和生物监测》（GB 17378.7—2007）执行。水样所测定的指标包括粪大肠杆菌、透明度、溶解氧、油类、水温、浪高、气温、风力、海面能见度等，并同时记录是否发生赤潮、有无危险生物及色、臭、味、漂浮物、油污、藻类、垃圾等情况。

7.5.1.2 海水浴场分类方法

水质分类依照《海水浴场监测与评价指南》（HY/T 0276—2019）执行（表 7-5）。根据海域的不同使用功能和保护目标，海水水质分为三类：第一类适宜游泳；第二类较适宜游泳；第三类不适宜游泳。

表 7-5 海水浴场监测要素分类指标和判据

项目		分类		
		一类	二类	三类
生物要素	粪大肠杆菌（个·$100mL^{-1}$）	≤100	>100，且≤200	>200
	肠球菌/（个·$100mL^{-1}$）	≤40	>40，且≤200	>200
	赤潮发生与否	否	否	是
	危险生物	无水母	零星无毒水母	有毒水母/大量无毒水母
物理化学要素	透明度（m）	≥1.2	≥0.5，且<1.2	<0.5
	溶解氧（$mg \cdot L^{-1}$）	≥6	≥5，且<6	<5
	油类（$mg \cdot L^{-1}$）	≤0.05		>0.05
	色、臭、味	海水不应有异色、异臭、异味		海水出现令人厌恶和感到不快的色、臭、味
	漂浮物	海面不得出现油膜，浮沫、藻类和其他固体漂浮物	海面少量藻类或其他固体漂浮物	海面有油膜，浮沫、大量藻类或其他固体漂浮物聚集

续表

项目		分类		
		一类	二类	三类
水文要素	水温（℃）	≥20，且<28	≥28，且<30	<20，或>33
	浪高（m）	≤1.0	>1.0，且≤1.5	>1.5
气象要素	天气状况	晴，少云，多云，阴	轻雾，霾，微量降雨，小雨	雾、中雨及以上强度降水、雷暴、龙卷风、阵雨、冰雹、雷雨
	气温（℃）	≥25，且≤35	≥20，且<25或>35，且≤40	<20或>40
	风力（级）	≤3	>3，且≤5	>5
	海面能见度（km）	≥10	≥1，且<10	<1
沙滩环境要素	油污	无油污沉积	无明显油污沉积	大面积油污沉积
	藻类	无藻类聚集	无明显藻类聚集	大量藻类聚集
	垃圾	无生活垃圾聚集	无明显生活垃圾聚集	大量生活垃圾聚集

注：摘自《海水浴场监测与评价指南》（HY/T 0276—2019）

7.5.2 大鹏半岛海水浴场评价结果

7.5.2.1 溪涌工人度假村沙滩海水浴场评价结果

粪大肠杆菌为一类，没有发生赤潮，无危险生物，透明度为二类，溶解氧为二类，油类为一类，漂浮物为一类，水温为二类，浪高为一类，天气状况为一类，气温为一类，风力为一类，海面能见度为一类，油污为一类，藻类为一类，垃圾为一类。海水浴场水质等级为第二类，较适宜游泳。

7.5.2.2 金沙湾沙滩海水浴场评价结果

粪大肠杆菌为一类，没有发生赤潮，无危险生物，透明度为二类，溶解氧为一类，油类为一类，漂浮物为一类，水温为二类，浪高为一类，天气状况为一类，气温为一类，风力为一类，海面能见度为一类，油污为一类，藻类为一类，垃圾为一类。海水浴场水质等级为二类，较适宜游泳。

7.5.2.3 较场尾沙滩海水浴场评价结果

粪大肠杆菌为一类，没有发生赤潮，无危险生物，透明度为二类，溶解氧为二类，油类为一类，漂浮物为一类，水温为二类，浪高为一类，天气状况为一类，气温为一类，风力为一类，海面能见度为一类，油污为一类，藻类为一类，垃圾为一类。海水浴场水质等级为第二类，较适宜游泳。

7.5.2.4 桔钓沙沙滩海水浴场评价结果

粪大肠杆菌为一类，没有发生赤潮，无危险生物，透明度为二类，溶解氧为一类，油类为三类，漂浮物为一类，水温为二类，浪高为一类，天气状况为一类，气温为一类，风力为一类，海面能见度为一类，油污为一类，藻类为一类，垃圾为一类。海水浴场水质等级为第三类，不适宜游泳。

7.5.2.5 玫瑰海岸沙滩海水浴场评价结果

粪大肠杆菌为一类，没有发生赤潮，无危险生物，透明度为二类，溶解氧为一类，油类为一类，漂浮物为一类，水温为二类，浪高为一类，天气状况为一类，气温为一类，风力为一类，海面能见度为一类，油污为一类，藻类为一类，垃圾为一类。海水浴场水质等级为二类，较适宜游泳。

7.5.2.6 大澳湾沙滩海水浴场评价结果

粪大肠杆菌为一类，没有发生赤潮，无危险生物，透明度为三类，溶解氧为二类，油类为一类，漂浮物为一类，水温为二类，浪高为一类，天气状况为一类，气温为一类，风力为一类，海面能见度为一类，油污为一类，藻类为一类，垃圾为一类。海水浴场水质等级为第三类，不适宜游泳。

7.5.2.7 西涌沙滩海水浴场评价结果

粪大肠杆菌为一类，没有发生赤潮，无危险生物，透明度为三类，溶解氧为二类，油类为一类，漂浮物为一类，水温为二类，浪高为一类，天气状况为一类，气温为一类，风力为一类，海面能见度为一类，油污为一类，藻类为一类，垃圾为一类。海水浴场水质等级为第三类，不适宜游泳。

7.5.2.8 海贝湾沙滩海水浴场评价结果

粪大肠杆菌为一类，没有发生赤潮，无危险生物，透明度为二类，溶解氧为一类，油类为一类，漂浮物为一类，水温为二类，浪高为一类，天气状况为一类，气温为一类，风力为一类，海面能见度为一类，油污为一类，藻类为一类，垃圾为一类。海水浴场水质等级为二类，较适宜游泳。

综合来看，西涌和大澳湾海水浴场由于透明度低于0.5m，桔钓沙由于水质油类超标，不适宜游泳，其他的5个海滩均为二类水质，较适宜游泳（表7-6）。

表 7-6 海水浴场分类判别结果

沙滩海水浴场名称	综合等级
溪涌	较适宜游泳
金沙湾	较适宜游泳
较场尾	较适宜游泳
桔钓沙	不适宜游泳
玫瑰海岸	较适宜游泳
大澳湾	不适宜游泳
西涌	不适宜游泳
海贝湾	较适宜游泳

注：根据评价指标体系及单月评价结果，从沙滩质量发展的角度考虑，大澳湾和西涌海水浴场的水质透明度需要改善；桔钓沙海水浴场需要重点关注油类污染物，保障水质良好。同时后期应增加对重点海水浴场的水质监测，以获取更全面数据信息

基于此次评价结果，整体而言，大鹏半岛沙滩海水浴场处于较适宜游泳状态。但是部分浴场存在透明度过低、溶解氧和油类超标等问题。建议后期加强对海水浴场的监测，如有异常应及时采取相应措施，避免因水质问题影响游客健康。

考虑到海水浴场处于动态变化过程中，水质、水文、气象、环境要素均时刻处于动态变化中，此次研究成果仅供参考，未来应加强持续性跟踪研究。

7.6 大鹏半岛沙滩生态系统保护修复

7.6.1 大鹏半岛沙滩资源管理特征

大鹏半岛海岸线漫长，海滩旅游资源丰富，近年来随着国民收入提高，休闲娱乐需求增加，海滩旅游业进入了发展的黄金时期。近年来，大鹏新区大力发展海洋经济，将“打造国际滨海旅游目的地”作为重点任务，海滩旅游则是其中的发展重点。但是海滩旅游的发展也会带来负面的环境影响。

海洋旅游产品最核心的是沙滩资源，它是海洋与海岸的连接带、是滨海活动的承载带，也是滨海生态的过渡带。但同时沙滩潮间带是比较脆弱的海洋生态系统之一，容易受到人类活动的干扰与破坏。沙滩旅游设施的建设和大量的人员流动都会破坏沙滩沙丘系统。沙滩的机械清理在清除人造垃圾和海藻的同时也清除了有机碎屑。沙滩上的散步、奔跑、嬉戏及浅海区的游泳活动都会影响底栖动物的活动，限制海洋鸟类的取食范围（李明峰，2014）。沙滩旅游业的发展会影响沙滩底栖生物群落的数量及分布，影响沙滩生态系统的结构和功能，对其沙滩健康提出挑战，进而造成沙滩生物多样性的降低。

大鹏半岛海岸带沙滩资源丰富，沿大鹏湾和深圳湾分布着50多个沙滩，同时沙滩之间异质性较强，各沙滩生态环境要素差别较大。大亚湾、大鹏湾及周边海域主要功能为海洋保护、港口航运、旅游娱乐、海洋渔业等。为加强大鹏半岛沙滩管理与生态恢复建设，根据现有勘察结果，建议将大鹏半岛沙滩根据资源和产业现状分为旅游型沙滩、渔业型沙滩、自然保育型沙滩与亟须修复型沙滩。

7.6.2 大鹏半岛沙滩管理的适应性策略

7.6.2.1 旅游型沙滩的适应性策略

旅游型沙滩具有较好的沙滩旅游资源，沙滩基础设施完善，沙滩范围内无珍稀濒危动物分布或大量海洋动物繁殖地分布，适宜开展生态旅游。对现有沙滩分类中适宜用于开展生态旅游的沙滩，如较场尾沙滩等旅游资源丰富的沙滩，根据沙滩现状，对沙滩实行一滩一方案生态旅游改造。调查海域中，大澳湾海域、东—西涌海域海岸基本功能区和近海基本功能区都为旅游休闲娱乐区，杨梅坑海域海岸基本功能区和近海基本功能区都包含一部分旅游休闲娱乐区，可在该区域划分几个典型沙滩作为旅游型沙滩，如大澳湾沙滩与西涌沙滩，由于东涌沙滩分布有红树林，建议划分为自然保育型沙滩。

第一，根据海水浴场的相关建设规程，对开展生态旅游的沙滩配置适当的基础设施，包括但不限于沙滩警示标识、垃圾分类收纳区、沙滩卫生洗浴间、沙滩安全救生措施、沙滩救生员、沙滩安保人员、沙滩水深标识、沙滩气象指示牌等基础设施。

第二，合理规划沙滩同时人流容纳量，根据沙滩面积与沙滩其他资源分布情况，合理控制沙滩人流，避免过多游客进入导致沙滩资源的破坏，如游客较多导致沙滩基础设施无法满足需要、生活垃圾污染沙滩或救生人员无法处理同时出现的多项险情。

第三，听取海洋科学技术专家意见，在海洋动物主要的繁殖季节对沙滩进行封闭，以免游客游憩活动对海洋动物正常生命活动造成较大影响。

第四，加强沙滩游客管理，通过宣传、警告与处罚等手段，减少游客不文明游憩行为，确保沙滩环境卫生，沙滩资源不受破坏，对于捕捞沙滩底栖动物的行为更要严格制止，有破坏或杀害珍稀濒危动植物及其栖息地行为的游客按相关法律规定移交司法机关处理。

第五，适时监测沙滩水质、沙质健康状况，避免微生物（大肠杆菌或其他致病微生物）污染沙滩，危害游客身体健康，造成沙滩出现大面积中毒致病状况。

第六，定期开展沙滩生物多样性监测活动，摸清沙滩生物多样性丰富度，探明是否存在珍稀濒危动植物或珍稀濒危动物繁殖区。对于已出现珍稀濒危动植物的沙滩适时划分为自然保育型沙滩，后续根据珍稀濒危动植物存续情况，经专家研讨后决定是否继续开展生态旅游。

7.6.2.2 渔业型沙滩的适应性策略

渔业型沙滩具有较好的地理位置，适宜小型渔船停泊，附近海水不易造成油气污染物聚集，沙滩范围内及附近海域内无珍稀濒危动物分布，适宜用于生态渔业发展。对于适宜发展作为渔业使用的沙滩应进行生态改造，确保渔业活动不破坏沙滩及周边海域生态环境质量。例如，大鹿湾海域海岸基本功能区和近海基本功能区都为农渔业区，杨梅坑海域海岸基本功能区和近海基本功能区都包含一部分农渔业区，可在该区域适当设立部分渔业型沙滩。

第一，对改造后的渔业沙滩使用设置容纳量，避免频繁渔业活动导致周边生物资源遭到破坏，沙滩生态环境受到影响。

第二，对渔业型沙滩的各项基础设施进行完善，设置卫生间、垃圾分类区等，避免渔民将生活垃圾与废弃渔网等垃圾抛掷在沙滩上或在沙滩上随地便溺。

第三，规范渔民行为，严禁任何对沙滩造成严重破坏的行为，如将大型车辆行驶至沙滩上，在沙滩上丢弃生物残体等。

第四，定期对沙滩质量进行评估，立即停止使用已受到严重破坏的沙滩。

第五，定期开展沙滩生物多样性监测活动，摸清沙滩生物多样性丰富度，探明是否存在珍稀濒危动植物或珍稀濒危动物繁殖区。对于已出现珍稀濒危动植物的沙滩适时划分为自然保育型沙滩，后续根据珍稀濒危动植物存续情况，经专家研讨后决定是否继续开展渔业活动。

7.6.2.3 自然保育型沙滩的适应性策略

自然保育型沙滩具有较好的生态环境条件，海水与沙滩洁净，无大量垃圾及其他污染物堆积，有珍稀濒危动物分布或有较多海洋动物繁殖地分布，生态资源丰富，需要作为保护地进行管理。对具有较好自然资源，适宜划为自然保护地的沙滩划分为自然保育型沙滩进行管理。对于存在珊瑚礁和红树林的沙滩建议全部划为自然保育型沙滩。

第一，对自然保育型沙滩按照国家相关政策按照普通保护地进行管理，对于具有极重要自然资源的沙滩（有大量生物种群存续或珍稀濒危动植物存续）可适当调高保护地等级。

第二，所有自然保育型沙滩各项边界范围、土地利用现状与规划、管理职责、自然资源等基本信息列入政府生态保护红线，相关信息妥善备案，明确管理责任、维护责任和监督责任，切实保障自然资源不受破坏，生态环境质量逐步提升。

第三，对于所有自然保育型沙滩，原则上禁止进行旅游活动和渔业活动，可在一定条件下适当开展非破坏性科研活动。

第四，完善自然保育型沙滩基础设施，对于确实需要设立围栏设施的可以设立围栏设施，适宜设立生态环境监控设施的设立监控设施并统一纳入政府生态环境监督范围内。

第五，定期在自然保育型沙滩内开展生物多样性调查，有需要的沙滩可采取生态保育措施，摸清自然保育型沙滩本底情况。

第六，定期开展自然保育型沙滩监督与评估工作，对于出现自然资源损失和生态环境破坏的情况，依法依规对当事人和管理人员进行处置。

7.6.2.4 亟须修复型沙滩的适应性策略

亟须修复型沙滩具有较好的沙滩环境，但一定程度上受到污染破坏，亟须开展生态保育修复，进而丰富沙滩生态资源，在修复完成后可根据沙滩特征转为其他类型沙滩。

第一，明确沙滩现状，针对沙滩目前受损状况，合理采取生态修复措施。

第二，对于修复中的沙滩，原则上禁止进行旅游活动和渔业活动，可在一定条件下适当开展非破坏性科研活动；对于修复中沙滩存在原有旅游活动或渔业活动的，一律停止相关经营活动。

第三，完善亟须修复型沙滩基础设施，对于确实需要设立围栏设施的可以设立围栏设施，适宜设立生态环境监控设施的设立监控设施并统一纳入政府生态环境监督范围内。

第四，定期在沙滩内开展生物多样性调查，实时评估生态保育措施成效，摸清沙滩本底情况。

第五，定期开展沙滩监督与评估工作，对于出现自然资源损失和生态环境破坏的情况，依法依规对当事人和管理人员进行处置。

第六，在亟须修复型沙滩在生态环境得到较大改善后，可根据沙滩特点转为其他三类沙滩进行后续管理维护。

7.6.3 适应性管理机制

7.6.3.1 旅游型沙滩适应性机制

大鹏半岛现有旅游型沙滩管理仍不足，未对游客数量和游客行为进行有效规范，沙滩基础设施不足，导致沙滩垃圾泛滥，部分沙滩水质检测不达标。因此，对于旅游沙滩应有针对加强沙滩管理，落实沙滩责任制，对于有营利收入的沙滩，确保沙滩营收用于沙滩正常维护与生态修复。各部门根据权责划分沙滩管理部门，对沙滩管理进行监督。确保做到沙滩资源良好、吸引游客游憩、规范沙滩游憩行为、沙滩资源不受破坏的良性循环。

建立沙滩管理长效机制，将沙滩保育纳入到日常工作考核中，利用旅游营收保证沙滩可持续健康发展。例如将沙滩营收用于沙滩水质监测、沙质监测、沙滩基础设施维护、沙滩日常管理支出等。

7.6.3.2 渔业型沙滩适应性机制

现有部分渔业型沙滩管理秩序较差，渔民在沙滩抛置大量渔业垃圾、废弃渔网、生物残体等，导致沙滩环境恶劣。政府应加强沙滩管理，适度开展渔业活动，在方便渔民进行渔业活动的同时，与渔民开展合作，即在渔业活动的同时对生态环境进行监督，对于渔民报告珍稀濒危动物或种群活动的进行奖励，鼓励渔民协助管理人员调查沙滩自然资源情况。

建立沙滩管理长效机制，将沙滩保育纳入到日常工作考核中，可适当收取沙滩使用费用保证沙滩可持续健康发展。例如将沙滩营收用于沙滩水质监测、沙质监测、沙滩基础设施维护和沙滩日常管理支出等。

7.6.3.3 自然保育型沙滩适应性机制

根据国家相关法律法规与政策，按照保护地的标准对自然保育型沙滩进行管理。对于自然环境特别优越的沙滩，可依法依规向上级部门逐级申报国家湿地公园、自然保护区等保护地、自然遗产保护地等。将自然保育纳入到生态文明建设的重点工作内容，打造大鹏半岛沙滩保护地名片，在沙滩保育与管理方面走在国际前沿。

7.6.3.4 亟须修复型沙滩适应性机制

采用生态修复理念与技术并行的方式对沙滩进行修复与管理，确保沙滩生态环境质量逐步向好，以高标准、高姿态严格要求沙滩质量，切实落实国家“两山”理论在生态文明中的实践态度，坚决不以牺牲生态环境来发展经济，给子孙后代留一片绿水青山。

第8章

海岸带区域红树林资源调查评估

湿地被誉为“地球之肾”，是地球表层最独特的生态系统和过渡性景观。滨海湿地是海陆相互作用下具有典型生态“边缘效应”的地带，是自然界中生物多样性最丰富、生产力最高的湿地生态系统之一，在调节区域气候、养护渔业资源、净化环境、防止海岸侵蚀和海水入侵、维持生物多样性等方面发挥着十分重要的作用。随着我国沿海社会经济的快速发展，城市化、围海造陆、港口码头建设及海洋环境污染等人类活动的增加，加剧了生态系统退化、生物多样性减少及生态系统服务功能降低，使得滨海湿地数量和质量急剧下降，造成滨海湿地健康状况降低，带来一系列的生态环境问题。对滨海湿地生态健康进行诊断和评价，对于滨海湿地生态系统的修复和可持续利用具有重要意义（彭涛等，2014）。研究发现，我国滨海湿地面积自1978年至2008年持续减少，30年间减少面积为5352平方千米。这些滨海湿地不仅被转变为非湿地类型，如耕地、草地、城市工矿用地和居住用地，还被转变为海水养殖和盐田湿地。自然滨海湿地的丧失极大地破坏了滨海湿地的生态系统功能。近些年来，随着人类湿地保护意识的增强，滨海湿地从盲目开发向可持续发展方向转变，滨海湿地转变为非湿地的面积呈下降趋势（宫宁等，2016）。

大鹏半岛是深圳市生态环境质量最好的地区，旅游资源丰富，深圳市的绝大多数沙滩位于大鹏半岛。随着旅游业的发展，大鹏半岛滨海湿地受到的人类活动压力持续增强，滨海湿地面临退化风险，因此亟需开展滨海湿地评价，识别大鹏半岛滨海湿地当前面临的主要问题，以便持续推进滨海湿地健康发展。

大鹏半岛滨海湿地主要生态系统类型为红树林湿地、沿海滩涂、河口湿地、海草床和坑塘等类型，其中以红树林湿地最受关注，因为其生态系统服务价值潜力巨大，在净化海水、防风消浪、固碳储碳、维护生物多样性等方面发挥着重要作用，有“海岸卫士”“海洋绿肺”的美誉，也是珍稀濒危水禽的重要栖息地和鱼、虾、蟹、贝类生物生长繁殖场所。本研究以大鹏半岛红树林湿地为主要研究对象，系统、全面地针对大鹏半岛滨海红树林湿地进行健康评价，识别出大鹏半岛红树林保护和恢复过程中存在的关键问题，并针对性地为滨海湿地保护修复提供对策。

8.1 红树林保护研究现状

8.1.1 全球红树林现状

由大自然保护协会（The Nature Conservancy，TNC）和世界自然保护联盟（International Union for Conservation of Nature，IUCN）开发的关于红树林范围、收益和损失的全球统计数据显示，1996 年全球红树林的面积约为 142 795km^2，但到 2016 年已减少到约 136 714km^2，净损失超过 6000km^2。《全球森林资源评估报告》（2020 年）从 223 个国家和地区收到了关于 2020 年红树林的信息，其中 113 个国家和地区表示有红树林面积（其余 110 个国家和地区报告没有红树林）。在全球范围内，红树林的面积估计为 1480 万 hm^2；亚洲的面积最大（555 万 hm^2），其次是非洲、北美洲和中美洲、南美洲和大洋洲，欧洲没有报告红树林面积。全球超过 40% 的红树林面积在四个国家：印度尼西亚（占全球总数的 19%）、巴西（9%）、尼日利亚（7%）和墨西哥（6%）。

据《全球森林资源评估报告》（2020 年），在全球范围内，1990 ~ 2020 年，红树林面积减少了 104 万 hm^2。其中，1990 ~ 2000 年每年约减少 46 700hm^2，2000 ~ 2010 年每年减少约 36 300hm^2，2010 ~ 2020 年每年减少约 21 200hm^2。在非洲，年均损失率从 1990 ~ 2000 年的每年 6610hm^2 下降到 2010 ~ 2020 年的每年 2330hm^2；大洋洲的损失率也有所下降，从 1990 ~ 2000 年的每年 29 600hm^2 下降到 2010 ~ 2020 年的每年 5900hm^2。

2010 ~ 2020 年，南美洲的红树林面积以平均每年 14 800hm^2 的速度增加，扭转了 1990 ~ 2000 年以每年 10 200hm^2 的速度失去红树林的下降趋势。这一逆转主要是由于圭亚那开展了一个红树林恢复项目以及该国测绘工作的改进（因此，增加的面积不一定反映红树林面积的实际变化），该国报告 2010 ~ 2020 年红树林面积平均每年增加 19 500hm^2。2010 ~ 2020 年，北美洲和中美洲的红树林面积也有增加，平均每年增加 10 500hm^2（1990 ~ 2010 年期间变化很小），增长主要归因于古巴，其在报告期间每年增加 12 000hm^2。与圭亚那的情况一样，这一增长部分是由于数据收集的改善，部分是由于红树林恢复计划，不一定反映红树林面积的实际变化。亚洲的红树林年均损失率大幅增加，从 1990 ~ 2000 年的平均损失 1030hm^2 增至 2010 ~ 2020 年的年均损失 38 200hm^2。

8.1.2 生态文明建设背景下的红树林保护行动

2017 年 4 月 19 日，习近平总书记在广西北海金海湾红树林生态保护区考察时指出，保护珍稀植物是保护生态环境的重要内容，一定要尊重科学、落实责任，把红树林保护好。

（1）国家政策层面

自然资源部、国家林业和草原局于2020年8月14日正式印发《红树林保护修复专项行动计划（2020—2025年）》（以下简称《红树林计划》），提出严格保护现有红树林，科学开展红树林生态修复，扩大红树林面积，提高生物多样性，整体改善红树林生态系统质量，全面增强生态产品供给能力的指导思想。《红树林计划》对广东省提出要实行现有红树林实施全面保护；推进红树林自然保护地建设，逐步完成自然保护地内的养殖塘等开发性、生产性建设活动的清退，恢复红树林自然保护地生态功能；实施红树林生态修复，在适宜恢复区域营造红树林，在退化区域实施抚育和提质改造，扩大红树林面积，提升红树林生态系统质量和功能；同时，广东省要在5年内营造红树林5500hm^2，修复红树林湿地2500hm^2。

（2）地方性法规政策层面

广东省于2021年1月1日正式实施《广东省湿地保护条例》（以下简称新《条例》），明确将红树林湿地保护纳入到条例保护范围，明确了沿海县级以上政府应当将红树林保护纳入本地区湿地保护规划，并兼顾当地经济建设和居民生产、生活需要，以及通航、行洪、候鸟停歇觅食地等需求。新《条例》规定了沿海县级以上政府林业主管部门应当建立红树林资源档案，加强红树林保护的宣传教育和巡查管护，新增红树林范围内的禁止行为，规范了红树林种植以及开发利用活动。新《条例》还完善了法律责任，增加了违反红树林有关规定的处罚。新《条例》第三十九条规定：违反本条例第三十三条规定，非法移植、采挖、采伐红树林或者采摘红树林种子的，按照《中华人民共和国森林法》等有关法律法规的规定处罚；构成犯罪的，依法追究刑事责任。从法律法规层面切实完善了广东省红树林保护与恢复指导依据。

在全球变暖和海平面上升压力下，2019年9月，联合国政府间气候变化专门委员会（IPCC）发布了《气候变化中的海洋和冰冻圈特别报告》，指出蓝碳是海洋自然系统减缓气候变化的主要途径，将蓝碳定义为“易于管理的海洋系统所有生物驱动碳通量及存量”，并将红树林、海草床、滨海盐沼和大型海藻列为四类海岸带蓝碳。蓝碳已经纳入《联合国气候变化框架公约》国家温室气体清单机制，美国和澳大利亚等国已按照《2006年IPCC国家温室气体清单指南的2013年附录：湿地》在本国温室气体清单报告了蓝碳。在2015年第一次按照《巴黎协定》要求报告国家自主贡献时，已有74个国家将滨海湿地纳入国家自主贡献，其中巴林、菲律宾、沙特阿拉伯、塞舌尔和阿拉伯联合酋长国等5国明确提到蓝碳。包括海洋在内的基于自然的解决方案在卡托维兹气候变化大会上被列为应对气候变化六大措施；中国和新西兰政府主持的联合国气候行动峰会基于自然的解决方案工作组将蓝碳作为海洋领域的主要内容。目前，美国、澳大利亚等国家和保护国际基金会、大自然保护协会等国际组织推动蓝碳纳入气候变化谈判和本国应对气候变化政策。

8.1.3 红树林生态系统结构和功能

红树林是生长在热带、亚热带低能海岸潮间带上部，受周期性潮水浸淹，以红树植物为主体的常绿灌木或乔木组成的潮滩湿地木本生物群落，与其生境共同构成红树林湿地生态系统，在沿海地区发挥着巨大的生态作用（林鹏等，1997；张忠华等，2007），被认为是世界上生态功能最为强大的生态系统之一。海洋沿岸红树林生态系统与珊瑚礁、盐沼、上升流区生态系统并称地球上生产力水平最高的四大海洋自然生态系统（林鹏，2003）。Costanza 等（1997）对全球各类生态系统的服务价值进行了评价，通过对红树林湿地在大气调节、气候调节、缓冲扰动、水文调节、水资源更新、水土保持、土壤形成、营养循环、废物处理、生物调控、栖息地维持、食品与原料生产、基因库构成、自然景观形成等多方面功能价值的估算和统计，得出红树林湿地生态系统的服务价值在全球 16 种生态系统中名列第 4。如果将上述服务价值折合成经济价值，每公顷红树林湿地每年可以产生高达 9990 美元的效益，相当于珊瑚礁生态系统价值的 1.64 倍和热带森林的 5 倍。

目前，全球红树林主要分布在南、北回归线之间的潮间带，分两大群系，即印度与西太平洋海岸的东方群系和西印度群岛与西非海岸的西方群系。我国红树林属东方群系，自然红树林分布于海南、广西、广东、福建、台湾、香港和澳门，浙江有人工引种 1 种。在通过减少森林砍伐解决气候变化的战略中，红树林可能是关键的生态系统（Kauffman et al.，2011）。具有讽刺意味的是，红树林的砍伐速度很快。历史上，我国华南沿海的红树林总面积估计为 22 700hm^2，略高于世界森林总面积的 0.1%，但目前不足我国历史范围的 10%（Chen et al.，2009）。在过去的 40 年中，中国近三分之二的红树林已经消失，主要是由于转换为水稻种植、水产养殖和城市建设用地。自 20 世纪 90 年代以来，我国政府做出了巨大的努力来恢复红树林，以便在华南地区的海岸线上构建一个绿色屏障（Chen et al.，2009）。广东目前拥有红树林约 1.21 万 hm^2，是全国拥有红树林面积最大的省份，且红树林种类多、质量高、分布广，13 个沿海地级市 43 个县（区）均有红树林分布。

红树林群落植物体内含有大量单宁，单宁在空气中容易被氧化成红褐色，因而该群落得名红树林。大多数红树植物有郁闭致密的林冠、发达的气生根和支柱根、超强的渗透吸水和透气能力及独特的胎生现象。这些特征使得红树林能很好地适应海岸潮间带特殊的生境和剧烈的物质与能量波动，成为海洋与陆地间的一条缓冲带，起到减轻海啸等海洋灾害、维持海岸带生态系统结构和功能稳定的作用。红树林对生长环境要求严格，通常分布在赤道两侧 20°C 等温线以内，热带海区有 60% ~75% 的岸线有红树林生长，部分亚热带海岸受暖流影响也有红树林分布。红树林植物指红树林生态系统中生长的所有植物，包括木本、藤本和草本植物。其中的木本植物被称为红树植物（包括真红树植物和半红树植物），藤本植物和草本植物被称为红树林伴生植物。具体划分如下：①真红树植物（True mangrove），指专一生长在潮间带的木本植物，它们只能在潮间带生长和繁殖；②半红树植物（Semi-mangrove），指既能生长于潮间带且有时可成为优势种，又能在陆地非盐渍土壤中生长的两栖木本植物；③红树林伴生植物（Mangrove associates），指出现于红树林中的附生植物、藤本植物和草本植物等①。

红树林在防浪护堤、维持生物多样性、净化环境等方面发挥着重要作用，具有非常重要的科研价值、科普教育价值与旅游价值。红树林、珊瑚礁、上升流和海岸湿地等生态系统是生命力最强的四大海洋生态系统。在全球气温不断升高、海水倒灌、海岸线不断后退的大背景下，有红树林的地区受这些情况影响则相对较小，因此，全球大部分的国家和地区非常重视红树林生态系统的保护和恢复。由于红树林高开放性与高敏感性的特点，它是一个不稳定的生态系统，红树林区域及其附近区域环境的变化，如海水盐度、人类活动、潮高基准面、温度、沉积物、潮水浸淹、风浪作用、地貌特征、滩涂高程等环境驱动力因子的变化能够引起红树林生态系统健康的变化，具体表现为面积变化、分布变化、群落特征变化和林分变化等，甚至影响着其生存与发展。在中国，随着沿海经济开发，生长着红树林的沿海地区，原始的红树林防护林或生态林遭到严重破坏，生态景观破碎化程度高，生态环境脆弱性十分显著。虽然经过多年的保护和生态恢复，依然存在众多健康问题。红树林生态系统健康会直接影响并反映陆海交界处等边缘生态系统的健康。因此，在近几年的红树林保护与管理中，生态系统健康的研究开始得到重视。

在长期的进化过程中，红树植物形成了独有的特征以适应潮间带的生境。①具有特殊根系，分为气生根和浅表性根。气生根使红树植物为适应缺氧的软泥环境，可直接从空气中获取氧；从树干或树枝生出的拱形下弯的浅表性根起到抵御风浪的辅助支撑作用。②许多红树植物具有奇特的“胎生”现象，种子在树枝上的果实中萌发成小苗，然后再脱离母体，下坠插入淤泥中发育为新植株。红树植物通过这种方式传播种子和繁衍后代。③红树植物具有泌盐和高细胞渗透压的特性。

红树林生态系统具有显著的高生产力和高生物多样性特征。红树林生态系统的初级生产者包括红树植物、底栖海藻、海草和浮游植物，其中红树植物是主要的初级生产者。由于凋落的叶片等有机碎屑在沉积物中被分解，再生的营养盐被红树植物的根系吸收，所以红树林生态系统中富含再循环的营养盐，而不只是单纯依靠周围海水中的营养物质。一般情况下，红树林生态系统处于强光辐射区，高营养盐和高光强为高初级生产力提供了物质和能量基础。红树林生态系统是初级生产力最高的海洋生态系统之一。

作为红树林生态系统中的主要初级生产者，红树植物为其他生物提供了一个理想的觅

---

① http://www.gd.gov.cn/gdywdt/bmdt/content/post_3141246.html.

食和繁衍环境。首先，红树林大量的凋落物形成的有机物质为系统中众多的海洋生物提供了丰富的饵料，是碎屑食物链能量流动和物质循环的起点。红树林生态系统的绝大数动物是以碎屑为食，一些种类（如穴居多毛类）通过沉积摄食作用食取沉积物中的有机碎屑；一些种类（如牡蛎）通过滤食作用食取悬浮的有机碎屑；还有一些种类，如虾、蟹和端足类，利用其螯状的附肢捕捉较大的碎屑颗粒。其次，红树林为众多生物提供了栖息环境。红树林的树干和树冠是许多生物的栖息地，鸟、蝙蝠、蜥蜴、树蛇、蜗牛和各种昆虫等均属于这一生境中的常见种类。同时，红树林的根系提供了各种各样的基质和小生境，支持着更加多样化的海洋生物群落，有些生物附着在红树林的根部，也有些生物栖息于底泥的内部或表面上。丰富的食物和多样的生境维持着红树林生态系统较高的物种多样性。

红树林是热带海岸潮滩上一种特殊的植被类型，受气候、地貌和土壤等生境条件的作用，表现出各种群落地理分布规律。它的演替受地形、土壤和人类经济活动干扰而发生变化。一般而言，属于海岸半红树的银叶树群落是由海滩红树林演替而来，随着海岸带的发展，海岸半红树林也逐步向陆地上的常绿季雨林方向发展（陈树培等，1988）。不同生境群落发展趋势有所不同，邻海陆地生境群落物种丰富度指数、物种多样性指数及均匀度指数均最高，因该处常有潮水到达，部分红树植物的繁殖体可能会被潮水带走，因而该区域的红树植物更新个体数相较远离海岸的陆地和滨海沼泽湿地较少；相对滨海沼泽湿地而言，远离海岸的陆地生境群落林下幼苗更多。因此，随着群落的发展，邻海陆地和远离海岸的陆地生境群落会越来越成熟，种群的多度会增加，而滨海沼泽湿地生境群落会表现为逐渐衰退。随着红树林后期演替的进展，土壤高度脱盐化，潜水位下降，土壤条件自外向内逐渐团结而干硬，同时因地势的抬高，海潮浸淹的机会减少，靠胎萌更新繁衍的红树林群落逐渐被银叶树、黄槿等半红树林所取代，并进一步向海岸林过渡（黎植树等，2002）。以深圳坝光银叶树林为例，其中银叶树为单优种群的群落，林内物种丰富，分层明显，草本层和层间植物分布都较稀疏，种类少，郁闭度为 0.75 左右。相比于 20 世纪 80 年代王伯荪等（1986）的研究结果，银叶树种群发育得更成熟，苗木更多，更新较稳定。银叶树林已知有 3 个类群，即银叶树单优林，银叶树—海漆林，以及银叶树—海杧果—黄槿林，前两者处于红树林演替系列的最后阶段，是向海岸林过渡的一个类群，或是一个水陆两栖类群，后者则是典型的陆生海岸林。随着深圳坝光银叶树群落的演替，邻海陆地和远离海岸的陆地群落逐渐成熟，表现为郁闭度增加，乔木数量增多；而滨海沼泽湿地群落会表现为逐渐衰退，年龄结构可能为倒金字塔形（陈晓霞等，2015）。

8.1.4 红树林的保护价值

红树林在防浪护岸、促淤造陆、减轻近海水域污染、维护生物多样性等方面具有重要作用。

8.1.4.1 维持生物多样性

红树林湿地是海岸带生态关键区，是对维持生物多样性或资源生产力有特别价值的生物活动高度集中的地区。红树林生态系统不仅起第一生产者的作用，而且具有丰富的物种多样性和多种生态功能。红树植物有多种生长型和不同的生态幅度，各自占据着一定的空间，并为生物群落中的各级消费者提供重要的栖息和觅食场所。目前，全世界的红树林湿地中拥有真红树植物20科、27属、70种，其中中国现已查明的真红树植物为12科、16属、27种和1个变种（林鹏，2001）。针对我国红树林生物多样性的研究指出，在红树林湿地生态系统中至少包括55种大型藻类、96种浮游植物、26种浮游动物、300种底栖动物、142种昆虫、10种哺乳动物和7种爬行动物等（林鹏等，1997）。由于红树林湿地生态系统一般具有物质循环周期短、能量流动速度快和生物生产效率高的特征，为各种各样的生物生存提供了物质基础。我国红树林湿地共记录2854种生物，其单位面积的物种丰富度是海洋平均水平的1766倍（何斌源等，2007）。据报道，红树林湿地内部产生的凋落物，一般每年每公顷为5～12t，最高可达28t（陶思明，1999）。这些枯枝落叶不仅为近海海洋动物提供了丰富的饵料，而且经微生物分解后又变成红树林植物的营养物质，促进红树林群落的良性发展，再加上河口、海湾近岸富含营养的水体，为大量的藻类、无脊椎海洋动物和鱼类等提供了理想的生境。红树林区内由于潮沟发达，能吸引大量鱼、虾、蟹、贝等海洋生物来此觅食、栖息繁衍后代。有多种鱼类要乘潮水进入红树林区逃避敌害，相当多的动物种类必须以红树林湿地作为产卵地和幼体时期的生活区或终生生活区。此外，红树林区还是候鸟的越冬场和迁徙中转站，更是海鸟和多种生物生存和繁殖的场所。红树林湿地是海洋鸟类最理想的天然栖息地，凡红树林湿地分布的区域，均保持了较高的鸟类种群和其他生物物种的多样性。尤其对于候鸟，红树林湿地广阔的滩涂和丰富的底栖动物为迁徙鸟类提供了落脚歇息、觅食、恢复体力的一切优厚条件。深圳福田红树林是100多种候鸟从西伯利亚至澳大利亚南北迁徙的“停歇地”，每年有10万多只，多时达40多万只候鸟落脚深圳湾（陈桂珠等，1997）。

8.1.4.2 净化大气与海水

红树植物属于阔叶林，据估计每公顷阔叶林在生长季节一天可消耗二氧化碳1000kg，释放氧气730kg。红树林沼泽中硫化氢的含量很高，泥滩中大量的厌氧菌在光照条件下能利用硫化氢作为还原剂，使二氧化碳还原为有机物，这是陆地森林所没有的机制。因此，在红树林生态系统中，红树植物从环境中大量吸收二氧化碳并释放出氧气，这对净化大气，减少产生温室效应的根源，维护二氧化碳的平衡，无疑具有十分积极的意义。

红树林植物能通过多种方式把大量重金属污染物稳定于沉积物中，从而对海湾河口生态系统的重金属污染有净化作用。此外，被红树植物体所吸收的重金属主要分布于根、茎等动物不易啃食的部位，这样使海湾河口生态系统的各级消费者能够得到基本洁净的食物（陈映霞，1995）。部分红树植物幼苗的根部有大量吸收某种放射性物质的功能。据报道，木榄、老鼠簕、秋茄和桐花树幼苗的根，能大量富集^{90}Sr，且桐花树幼苗所吸收的^{90}Sr有97.7%集中在根部（王文卿和林鹏，1999）。秋茄幼苗的根能大量吸收汞。

8.1.4.3 消浪护岸和促淤保滩的作用

红树林长期适应潮汐及洪水冲击，形成独特的支柱根、气生根，发达的通气组织和致密的林冠等形态外貌特征，具有较强的抗风消浪、促淤造陆等生态功能。红树林生态系统致密的林冠和密集交错的根系不仅减缓水体流速和减弱近地面的风速，而且可以沉降水体中的悬浮颗粒，加上大量的红树林凋落物归还土壤，它们共同作用促使林内地表淤高从而达到保护海岸的目的。据报道，当红树林覆盖度大于0.4，林带宽度在100m以上时，其消波系数可达85%，能把10级大风刮起的巨浪化为平波（陈雪清，2001）。因此，红树林是海岸带极其重要的防风林。

红树林湿地促淤保滩的功能已经被大量的研究所证实。红树林通过根系网罗碎屑的方式促进土壤沉积物的形成。红树林滩地淤积速度是附近裸滩的2～3倍，可促使沉积物中粒径小于0.01mm的黏粒含量增加，并以其凋落物直接参与沉积。因此，红树林可加速滩地淤高并向海中伸展，使海滩不断扩大和抬升，从而起到巩固堤岸的作用（林鹏等，1997）。有的红树植物能产生胎生幼苗，它们从母树上脱落下来，在红树林带的前缘定植生长、成熟，胎生苗再定植，逐渐扩大林区面积，红树植物的根系不断向海延伸，淤积不断增加，土壤逐渐形成，使沼泽不断升高，于是林区的土壤逐渐变干，土质变淡，最终成为陆地（陈映霞，1995）。

8.1.4.4 海洋景观维护

世界上现有的红树林湿地主要分布在热带、亚热带海岸地区。这里高温多雨、台风频繁、潮高浪急，除了红树林植被以外，任何其他的植被类型均难以在这高度盐渍化的潮间带持久地生存，长此以往，这里将会沦为海岸荒漠。只有红树林群落能够适应这种特殊的环境条件，在宽阔的潮间带上生长着茂密的红树林群落，必然是蓝天碧海绿树融为一体，构成景色宜人的海岸景观。红树林群落中多种多样的植物种类映衬在水，而上下形态各异的乔灌草群落冠层结构，奇形怪状的红树植物根系分布，丰富多彩的鸟类飞翔觅食，出入莫测的底栖动物栖息繁衍，使得红树林湿地成为沿海独特壮观的风景胜地。因此，现存保育完善的红树林湿地几乎都已成为令人向往的旅游观光景点和天然生态公园（段舜山和徐景亮，2004）。

8.1.4.5 固碳效应

“蓝碳”是指在植被丰富的沿海生态系统中固存的碳，尤其是海岸带的红树林、海草床和盐沼生态系统（Mcleod et al.，2011）。作为地球上最富碳的生态系统之一，红树林在沿海水域的生物地球化学过程中发挥着重要作用（Bouillon et al.，2008）；可以从大气中吸收碳，将大量碳储存在地下，为碳从陆地到海洋的运输提供重要途径（Sippo et al.，2017）。Wang 等（2020）估算了全球红树林的平均碳埋藏速率是 194gC · m^{-2} · a^{-1}，而我国红树林的总碳埋藏速率约为 0.05TgC · a^{-1}，这一数据与过去的其他研究相差不大（周晨昊等，2016），远小于我国盐沼湿地的碳埋藏速率，主要原因是我国现存红树林的面积过小。

8.1.4.6 经济价值

红树林的传统利用方式主要有建材、薪柴、食物、药物、饲料、肥料、化工原料等产品（梁士楚，1993）。例如，白骨壤的果实俗称“榄钱”，是广西沿海地区的特色菜肴，当地群众采集作为蔬菜出售；木榄、秋茄、红海榄等的胚轴去涩后可食用，过去用作救荒粮食；在山口红树林区，红树植物一直是当地以养蜂业为主要植物蜜源之一；半红树植物黄槿的冠幅高大且生长快，沿海群众普遍栽种作薪材使用；同时，红树林区内通常具有较多的海洋经济动物，以虾蟹类、贝类和鱼类为主（梁士楚，1999）。

8.2 红树林生态系统健康评价

维持生态系统的健康状态是持续稳定提供生态系统服务能力的重要保障，根据该领域研究进展及大鹏半岛红树林现状及变化特征，动态开展健康评价，有助于提升大鹏重要滨海湿地保护修复水平。

8.2.1 生态系统健康评价的常用方法

生态系统健康评价指的是综合运用多种手段，获取生态系统的相关信息，经过一定的模型分析和计算，得出待评生态系统健康状况或发生疾病可能性的综合过程。生态系统健康评价方法众多，使用效果也各不相同，主要有生物评价法、物理-化学法、指标体系法、趋势模拟法、系统动力学建模法、健康距离法、系统风险评价法等。在模型研究方面，应用最多的是 Costanza 健康指数（HI=V · O · R）和 PSR（压力-状态-响应）模型。《红树林湿地健康评价技术规程》（LY/T 2794—2017）将红树林湿地健康定义为红树林植物群落及生境的结构完整且稳定、生态功能发挥正常，对于长期或突发的自然或人为扰动，能保持着一定的弹性和稳定性的红树林湿地。

8.2.2 国外红树林健康评价研究的进展

科睿唯安™数据库从2006年开始出现红树林健康评价的研究文献。Sarkar等（2008）发现4种双壳类软体动物（*Sanguinolaria acuminate*, *Anadara granosa*, *Meretrix meretrix and Pelecyoratrigona*）中的贻贝和蛤蜊比较适合作为红树林湿地重金属（Cu、Pb、Cd、Zn、Hg）污染监控的生物指示物种。Kovacs等（2008）则利用多极化星载合成孔径雷达来监测退化的红树林健康，结果表明该方法是有效的。Comeaux等（2012）指出随着全球气候变化，墨西哥湾红树林的不断扩大，说明红树林可以有效抵抗海平面上升。

8.2.3 国内红树林健康评价研究的进展

国内关于红树林生态系统健康评价与诊断的研究相对较少。2005年，国家海洋局发布《红树林生态监测技术规程》（HY/T 081—2005）和《近岸海洋生态健康评价指南》（HY/T 087—2005），规定了红树林生态监测的主要内容、技术要求、方法，以及近岸生态系统健康状况评价的指标、方法和要求。2007年福建省质量技术监督局发布《滨海湿地公园等级评定》（DB 35/T 751—2007）地方标准，通过对旅游资源质量、生态环境质量和开发利用条件三方面13个评定因子进行评分，将滨海湿地公园划分为三级。2017年国家林业局发布《红树林湿地健康评价技术规程》（LY/T 2794—2017），规定了红树林湿地健康的定义、评价指标体系和评价方法。

陈铁晗（2001）以漳江口红树林湿地为研究对象，从多样性、稀有性、典型性、脆弱性等9方面，对其生态质量予以了评价。区庄葵等（2003）从典型性、多样性、稀有性、自然性等各方面，就珠海淇澳岛红树林生态系统质量进行了评价。陈传明和林忠（2009）以漳江口红树林湿地保护区为研究对象，采用了多样性、代表性、自然性等7项指标，建立了等级化的生态评价体系，利用AHP法计算指标权重，并对漳江口保护区进行了生态评价。王玉图等（2010）以PSR模型为逻辑基础，建成红树林生态系统的健康评价指标体系，对广东、广西、福建、海南等各省（自治区）的典型红树林湿地进行健康综合评价。郭菊兰等（2015）应用模糊综合评价模型与综合干扰强度指数计算模型，评价海南清澜港红树林湿地内在健康与外在健康压力。曾祥云（2015）以遗传算法耦合模糊综合评价方法，综合评价了海南东寨港红树林湿地水生态系统的健康状况。

综上所述，国内外对红树林生态系统健康评价已有研究。目前，中国红树林处于衰退当中，造成红树林衰退的原因和影响因子是多层次、多角度的，具有一定的时间持续性。目前，红树林生态系统健康的研究尚存在红树林健康评价标准的选取存在着很大的主观性，评价指标的选取尚不成熟、复杂、众多和生态系统健康模型的不完善等问题。

针对大鹏半岛，开展红树林分布调查，第一要搜集和查阅大鹏半岛红树林分布资料，并结合遥感影像，实地调查红树林分布及生长状态；第二要根据红树林群落调查，在红树林主要分布区开展植物群落调查，分析红树林植物多样性特征；第三要开展红树林环境监测，分别采集典型红树林分布区的水样和沉积物样品，评价典型红树林分布区的环境特征；第四要基于以上数据，根据红树林健康评价方法，开展大鹏半岛典型红树林分布区红树林健康评价；第五要开展坝光片区银叶树资源普查，厘清大鹏半岛银叶树资源保护情况；第六要根据大鹏半岛红树林现状评价结果，有针对性地提出大鹏半岛海滨湿地保护对策与建议。

8.3 大鹏半岛红树林现状分布

大鹏半岛红树林主要位于坝光片区、鹿咀片区和东涌河河口，因此以上三个片区为红树林调查重点区域（图 8-1）。从实际调查结果也可以发现大鹏半岛红树林主要位于以上三个区域。此外，实地调查中还发现，在新大河河道、东山码头附近河道及溪涌河附近，均存在零星红树林分布。

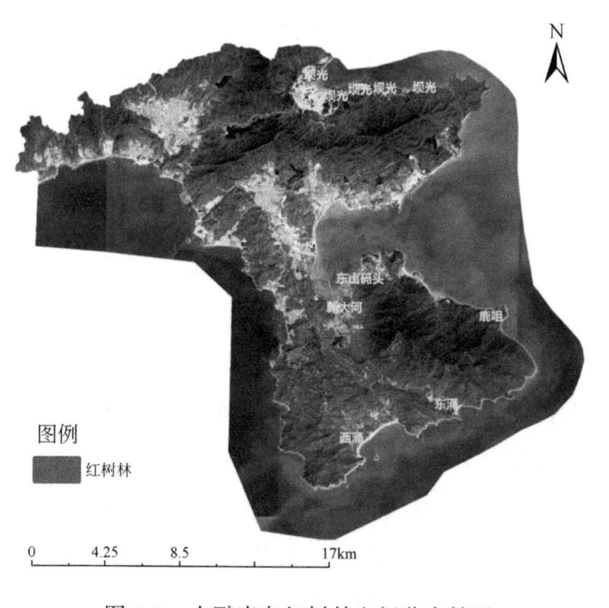

图 8-1　大鹏半岛红树林空间分布情况

根据调查结果，大鹏半岛海岸带红树林面积为 11.39hm^2［图 8-2，略低于《深圳市陆域生态调查评估》项目初步结果（13.45hm^2）］。其中，坝光片区红树林面积最高，为 6.66hm^2，占大鹏半岛红树面积的 58.47%；其次是东涌河口，现有红树林面积 2.82hm^2，占大鹏半岛红树面积的 24.76%；再者为鹿咀片区，现有红树林面积 1.22hm^2，占大鹏半岛红树面积的 10.71%。以上三个区域的红树林面积合计占大鹏红树林面积的 93.94%。

除此之外，新大河现有红树林面积0.52hm²，占大鹏半岛红树面积的4.57%；东山码头附近河流现有红树林面积0.12hm²，占大鹏半岛红树面积的1.05%；西涌河附近现有红树林面积0.04hm²，占大鹏半岛红树面积的0.04%。

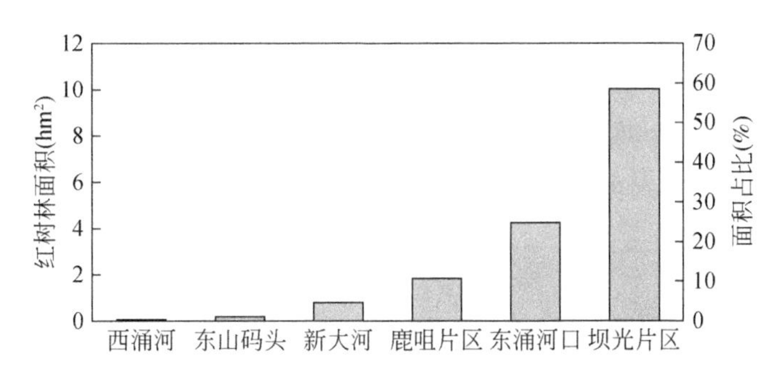

图8-2　大鹏半岛不同红树林区域红树林面积对比

根据本次调查，大鹏半岛红树林主要由15种真红树和半红树植物组成，其中真红树植物8种、半红树植物7种（表8-1）。坝光片区的红树林主要由秋茄树、海榄雌、蜡烛果、银叶树、海杧果和木麻黄等组成，东涌红树林主要由海漆、蜡烛果、秋茄树等组成，鹿咀红树林主要由海漆、无瓣海桑、蜡烛果、黄槿、露兜树等组成，新大河红树林主要由秋茄树和老鼠簕等组成，东山码头红树林主要由蜡烛果组成，西涌河红树林主要由秋茄树、老鼠簕等组成。

表8-1　大鹏半岛红树林物种组成特征

类型	种名	科名	属名	坝光	东涌	鹿咀	新大河	东山码头	西涌
真红树	海漆	大戟科	海漆属	偶见	较多	较多	—	—	常见
	无瓣海桑	海桑科	海桑属	—	—	较多	—	—	—
	木榄	红树科	木榄属	常见	偶见	常见	—	—	—
	秋茄树	红树科	秋茄树属	较多	常见	常见	较多	—	常见
	老鼠簕	爵床科	老鼠簕属	偶见	常见	偶见	较多	—	较多
	海榄雌	马鞭草科	海榄雌属	较多	—	常见	—	—	—
	对叶榄李	使君子科	对叶榄李属	—	—	偶见	—	—	—
	蜡烛果	紫金牛科	蜡烛果属	较多	较多	较多	偶见	较多	—
半红树	海杧果	夹竹桃科	海杧果属	较多	—	常见	—	—	—
	黄槿	锦葵科	木槿属	常见	常见	较多	—	—	—
	卤蕨	卤蕨科	卤蕨属	常见	—	—	—	—	偶见
	露兜树	露兜树科	露兜树属	偶见	常见	较多	—	—	—
	苦郎树	唇形科	大青属	—	—	常见	常见	—	常见
	木麻黄	木麻黄科	木麻黄属	较多	常见	常见	—	—	—
	银叶树	梧桐科	银叶树属	较多	—	—	偶见	—	—

8.3.1 坝光片区红树林分布

坝光片区红树林主要分布于海岸线附近，呈现零星点状分布，并不连续。其中，银叶湿地公园内红树林面积最高，周边区域也具有零星分布，但是湿地公园内的红树林植物长势明显好于湿地公园以外的红树林。坝光片区红树林几乎均为自然起源，未发现有影响红树林生长的入侵物种；主要的植物为海榄雌，其次蜡烛果和秋茄树（图 8-3，图 8-4）。

图 8-3　坝光片区红树林分布

图 8-4　坝光银叶湿地公园红树林航拍照片
（摄于 2020 年 8 月 25 日）

8.3.2 东涌河口红树林分布

东涌河口红树林位于河流入海口内侧，红树林主要分布于河岸两侧及河道中淤泥淤积岛屿处。东涌河口红树林目前几乎为自然起源（图 8-5，图 8-6）。主要物种为海漆和桐花

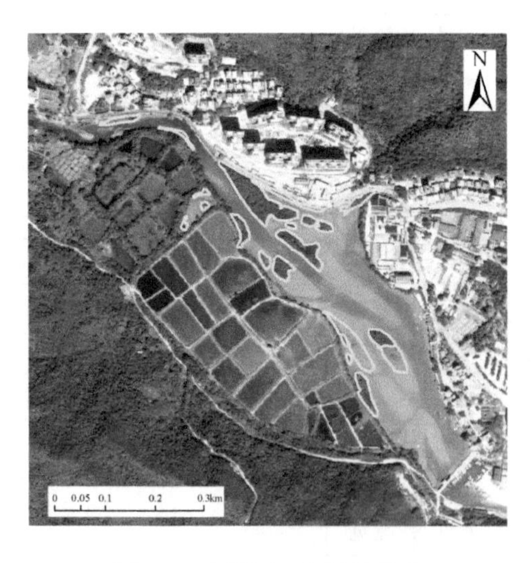

图 8-5　东涌河口红树林分布

图 8-6　东涌河口红树林航拍照片
（摄于 2020 年 8 月 25 日）

树，另外分布有秋茄树、黄瑾、木麻黄、台湾相思、鼠李等植物。此外，东涌河口红树林存在绞杀植物——海岛藤，目前已导致部分海漆植株濒临死亡。

8.3.3 鹿咀片区红树林分布

鹿咀片区红树林主要分布在鹿咀沙滩内侧，呈零散分布于海湾内（图8-7，图8-8）。海湾内的红树林以海漆、黄瑾、秋茄树、无瓣海桑、木麻黄、拉关木为主要物种，此外还有木榄、假茉莉、白骨壤、桐花树、海杧果、台湾相思等物种。鹿咀片区红树林包括自然起源和人为起源两种，其中无瓣海桑为人工起源，而其他的植物群落为自然起源。在鹿咀片区红树林也发现了绞杀植物——海岛藤，但目前影响还不大。

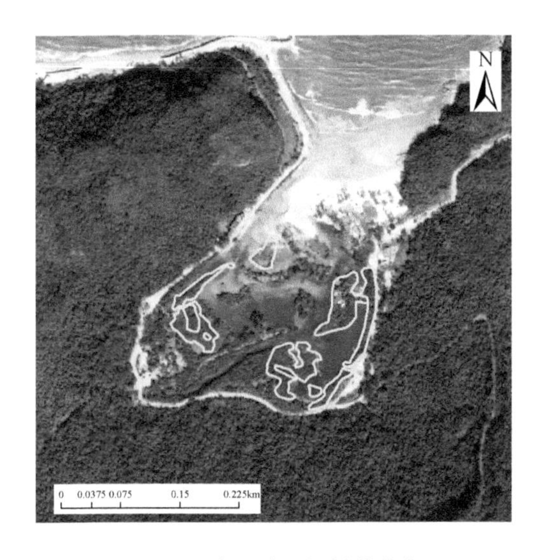

图8-7 鹿咀片区红树林分布

图8-8 鹿咀片区红树林航拍照片
（摄于2020年8月25日）

8.3.4 新大河红树林分布

新大河红树林主要分布在新大河河道两侧，主要物种为秋茄树、老鼠簕，此外还有苦郎树、蜡烛果等物种（图8-9，图8-10）。在河道旁的人造湿地公园内有刚种植的红树植物，主要物种为秋茄树、蜡烛果、老鼠簕、苦郎树等，但尚未成林。

8.3.5 东山码头红树林分布

东山码头红树林主要位于东山码头旁的河道内，主要物种为蜡烛果、苦郎树等（图8-11，图8-12）。

图 8-9 新大河红树林分布

图 8-10 新大河红树林航拍照片
（摄于 2020 年 12 月 2 日）

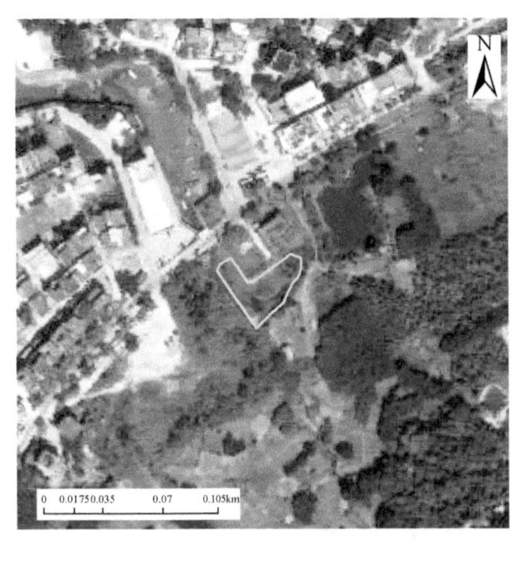

图 8-11 东山码头红树林分布

图 8-12 东山码头蜡烛果群落
（摄于 2020 年 12 月 2 日）

8.3.6 西涌河红树林分布

西涌河红树林主要位于西涌河河口区域，其中有一片秋茄树成林以外，其他的红树植物分主以沿河零星分布为主，主要物种为秋茄树、海漆、苦郎树、露兜树、老鼠簕和卤蕨等（图 8-13，图 8-14）。目前，西涌河正在进行河道整治，在河道两侧正在开展红树林栽种。

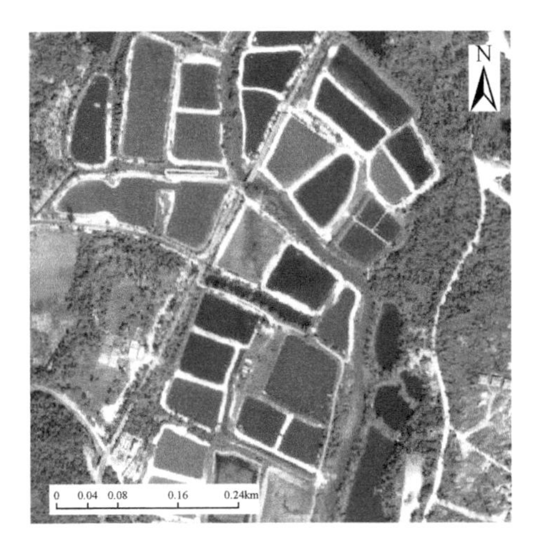

图 8-13 西涌河红树林分布

图 8-14 西涌河红树林秋茄树群落
（摄于 2020 年 12 月 2 日）

8.4 植物群落特征

根据红树林植被、滩涂高程和开发活动等因素，每个区块应自陆向海垂直于岸线布设调查断面，断面从红树林向海的分布前沿向红树林陆地边缘布设，穿越高、中、低三个潮带。调查断面数量设置要求见表 8-2。由于大鹏半岛红树林分布均较为分散，而新大河、东山码头和西涌河红树林面积较小，本研究选择坝光片区、东涌河口和鹿咀片区三个红树林主要分布区开展植物群落调查，每个区域设置一个红树林群落调查断面。另外，考虑到坝光银叶树群落分布具有典型性，在坝光银叶树分布区设置一个银叶树群落调查断面。

表 8-2 红树林调查断面数量设置要求

红树林岸线长度（km）	断面数量
≤0.3	1
>0.3～≤2	2
>2	1 条/km，≥2 条

在断面内，低、中和高潮区各布设 1 个大小相同的样地。样地面积取决于树木的密度，但不能小于 10m×10m，可根据红树林的密度扩大或缩小样地面积，一般来说，每一样地至少应有 40～100 棵树木。如果红树林仅为沿海岸分布的狭窄“条状带”，则应在此“条状带”中布设一个样地。

大鹏半岛红树林植物群落共计调查 12 个样地，各个样地概况见表 8-3。从表中可以看出，除去鹿咀片区红树林以人工无瓣海桑群落为主外，其他各个红树林植物群落均以自然起源为主。其他各个样方内植被覆盖度均较高，大部分群落植被覆盖度在 80% 以上。不同红树林分布区调查样方的优势种具有明显差别。

表 8-3　红树林样地概况

样地编号	调查日期时间	调查地点	样地位置	植被起源	植被覆盖度（%）	乔木覆盖度（%）	灌木覆盖度（%）	优势种
1	2020 年 9 月 22 日 15：00	鹿咀	低潮	人工	45	40	15	无瓣海桑
2	2020 年 9 月 22 日 15：05	鹿咀	中潮	自然+人工	95	80	40	海漆
3	2020 年 9 月 22 日 11：00	鹿咀	高潮	人工	80	75	20	无瓣海桑
4	2020 年 10 月 25 日 11：45	东涌	低潮	自然	85	80	20	海漆
5	2020 年 10 月 25 日 16：30	东涌	中潮	自然	85	85	2	海漆
6	2020 年 10 月 25 日 16：09	东涌	高潮	自然	90	90	25	海漆
7	2020 年 12 月 1 日 12：08	坝光	低潮 1	自然	80	75	25	银叶树
8	2020 年 12 月 1 日 11：20	坝光	中潮 1	自然	85	85	5	银叶树
9	2020 年 12 月 1 日 10：05	坝光	高潮 1	自然	90	85	25	银叶树
10	2020 年 12 月 1 日 15：09	坝光	低潮 2	自然	90	70	40	海榄雌
11	2020 年 12 月 1 日 15：46	坝光	中潮 2	自然	80	30	75	海榄雌
12	2020 年 12 月 1 日 16：05	坝光	高潮 2	自然	70	0	70	海榄雌

8.4.1　乔木层平均胸径

调查的 12 个植物群落样方内平均胸径特征见图 8-15。从图中可以看出银叶群落的植物平均胸径明显高于其他样地，其中又以远海陆地银叶树群落胸径最大，生长在沼泽内的

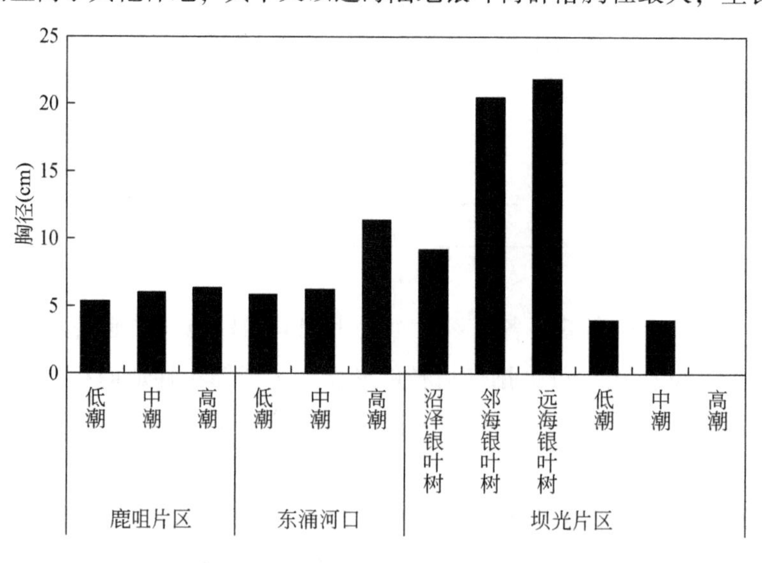

图 8-15　红树林植物群落样方乔木层平均胸径

银叶树胸径相对较小。而对于其他的9个真红树植物为主的红树林样方，植株胸径普遍较低，大部分小于6cm；其中，东涌河口红树林植物胸径与鹿咀片区红树林植物胸径相当，坝光片区的海榄雌植物群落平均胸径较低。影响红树林植物样方平均胸径的因素主要是物种组成。

8.4.2 乔木层平均树高

调查的12个植物群落样方内平均株高见图8-16。从图中可以看出12个样方内乔木层的平均树高相差不大，低于样方植物平均胸径的差异。其中东涌河口高潮样方的平均树高最高，坝光片区海榄雌群落平均树高最低。银叶树群落的平均树高不是特别高的原因是银叶树样方内既有很高的植株，也有株高较低的植株。

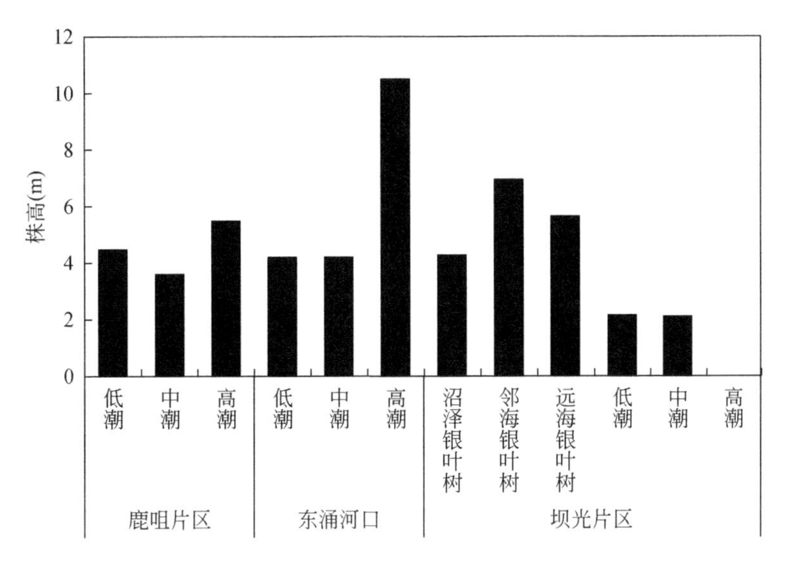

图8-16 红树林植物群落样方乔木层平均株高

8.4.3 乔木层植株冠幅

调查的12个植物群落样方内平均树冠冠幅见图8-17。从图中可以看出12个样方内乔木层的平均树冠冠幅相差较大，临海陆地的银叶树群落指数平均冠幅最高。不同红树林分布区，树冠冠幅在低、中、高潮位的变化规律不同，这可能是植株差异导致的。

8.4.3.1 乔木层植株多度

从植物多度来看（图8-18），东涌河口红树林群落的植物多度明显大于其他群落，尤其是海漆的植株数量在各个潮位均占据优势。从现场调查可以发现，由于东涌河口红树林

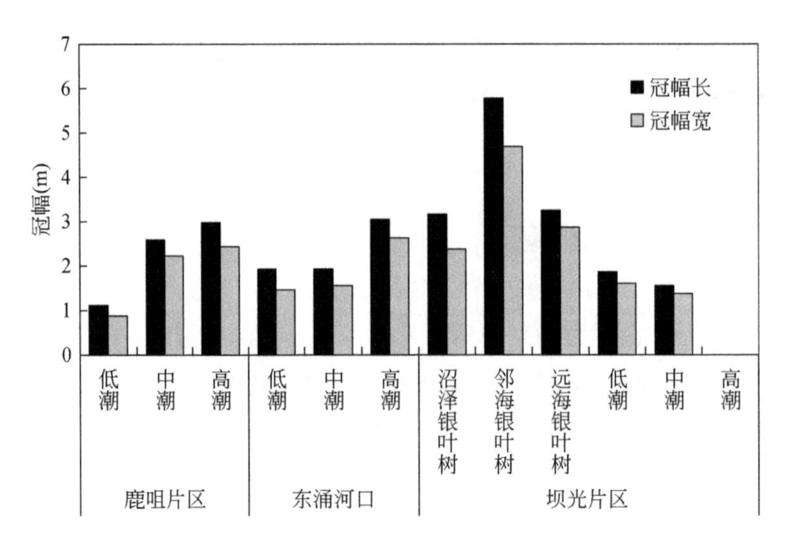

图 8-17　红树林植物群落样方乔木层平均冠幅

植物群落密度过高（图 8-19），植株之间竞争激烈，导致一部分植株长势较差，不利于红树林群落的可持续健康生长。鹿咀片区红树林的植物群落多度次之，尤其是低潮和高潮样方以人工种植的无瓣海桑群落为主，种植密度较高。坝光片区红树林群落的植物群落样方多度最低。

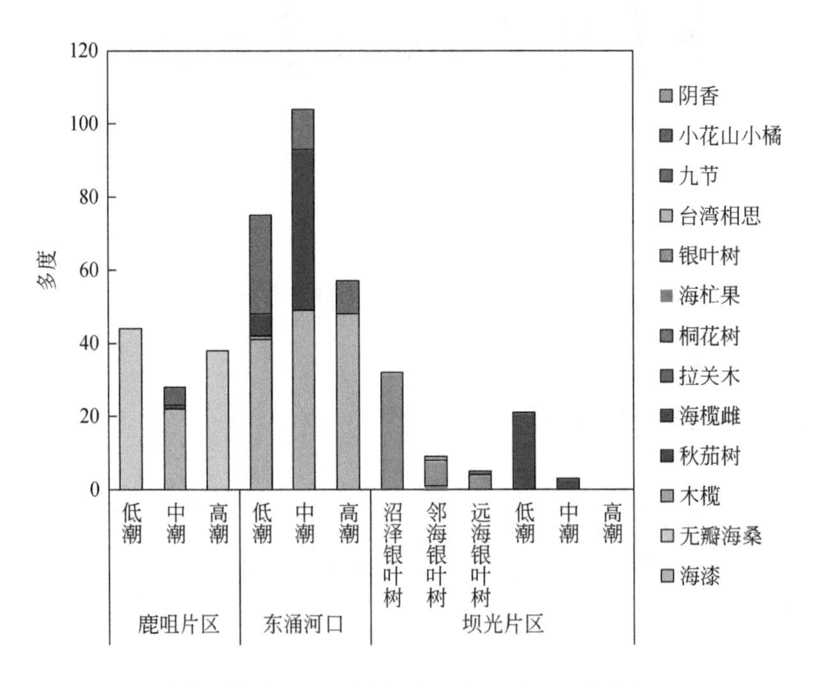

图 8-18　红树林植物群落样方乔木层物种组成

图 8-19　东涌红树林植物密集的植株（摄于 2020 年 10 月 25 日）

从样方植物多度组成来看，银叶树植物群落以半红树植物和红树林伴生植物为主，而其他的样方均以真红树植物为主（图 8-20）。

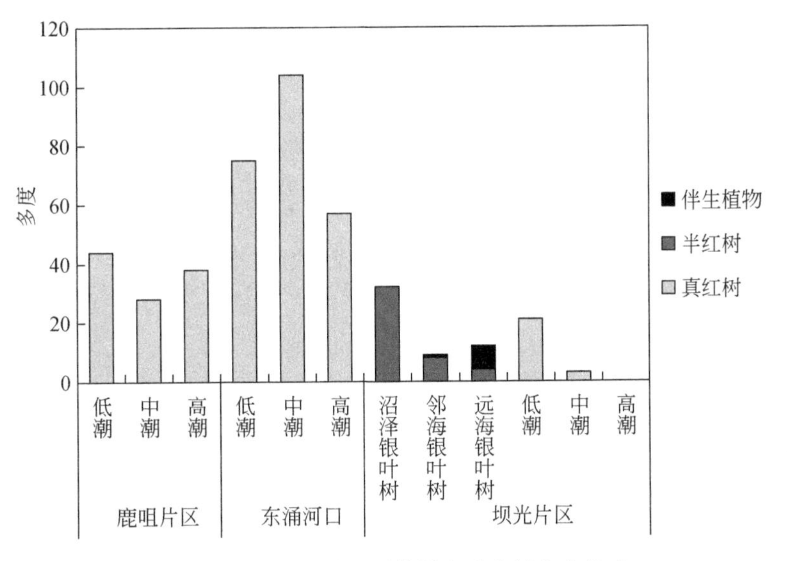

图 8-20　红树林植物群落样方乔木层多度组成

8.4.3.2　乔木层物种丰富度

从植物群落样方乔木层植物丰富度来看（图 8-21），红树林群落物种丰富度均较低，最高的也仅为 4。不同红树林群落分布区域之间没有发现明显的规律。其中，东涌河口红树林物种丰富度随着潮位的升高而降低，而在银叶树群落，物种丰富度则在远海银叶树群落中最高，主要是因为这个群落存在较多陆生植物。而沼泽银叶树植物群落只有银叶树，故丰富度最低。鹿咀片区红树林样方的植物多度则是在中潮位最高，高、低潮位都是人工无瓣海桑群落，植物物种丰富度较低。坝光片区的海榄雌群落植物物种丰富度最低，只有一个物种。

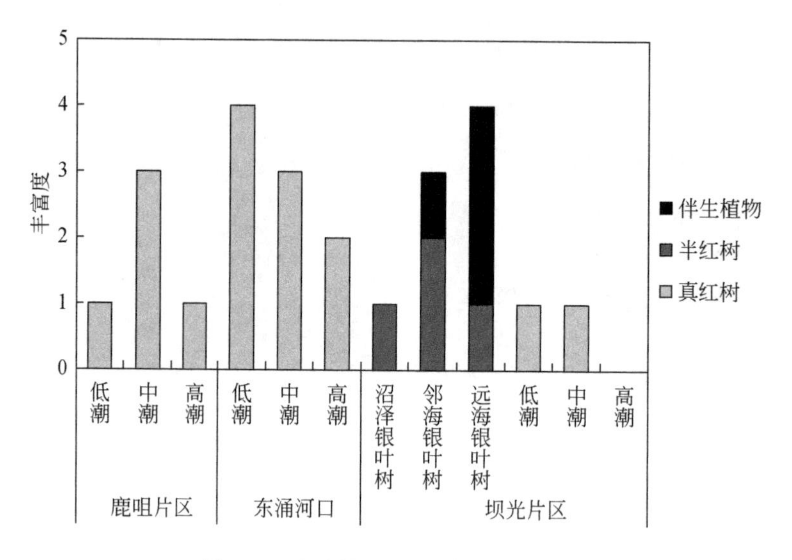

图 8-21　红树林植物群落物种丰富度

8.4.3.3　植物群落多样性指数

用 Margalef 物种丰富度指数、Shannon-Wiener 指数、Simpson 指数和 Pielou 均匀度指数计算红树林群落植物多样性。坝光片区红树林群落低潮区域样方调查 Margalef 丰富度指数均为0，中潮区域 Margalef 丰富度指数为0，高潮区域 Margalef 丰富度指数为0.64。坝光片区红树林 Shannon-Wiener 指数为0；Simpson 指数为0（图 8-22，图 8-23）。

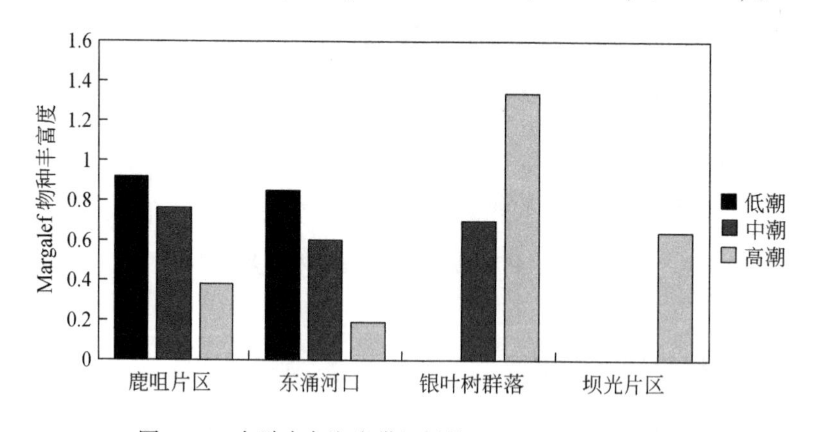

图 8-22　大鹏半岛海岸带红树林 Margalef 丰富度指数

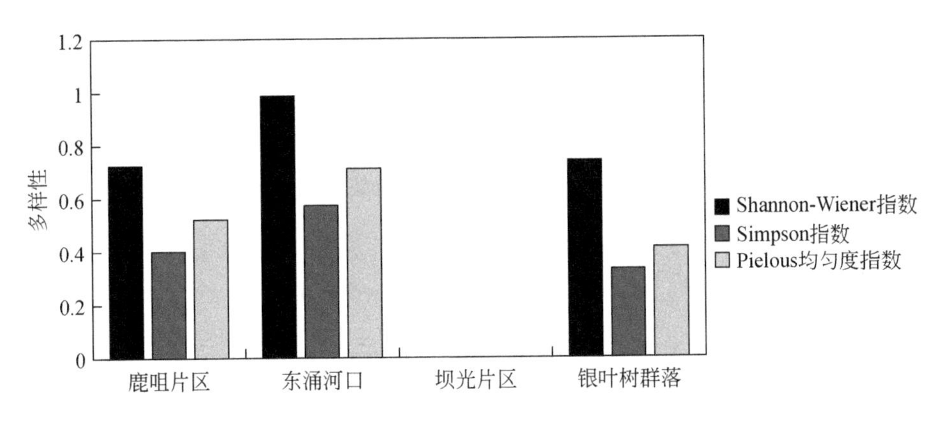

图 8-23 大鹏半岛海岸带植被群落生物多样性指数

坝光银叶树群落沼泽区低潮区域样方调查 Margalef 丰富度指数为 0，中潮区域 Margalef 丰富度指数为 0.70，高潮区域 Margalef 丰富度指数为 1.34 坝光片区银叶树 Shannon-Wiener 指数为 0.74；Simpson 指数为 0.33；Pielou 均匀度指数为 0.41。

鹿咀片区红树林群落低潮区域样方调查 Margalef 丰富度指数为 0.92，中潮区域 Margalef 丰富度指数为 0.76，高潮区域 Margalef 丰富度指数为 0.38。鹿咀片区红树林 Shannon-Wiener 指数为 0.72；Simpson 指数为 0.40；Pielou 均匀度指数为 0.52。

东涌河口红树林群落低潮区域样方调查 Margalef 丰富度指数为 0.85，中潮区域 Margalef 丰富度指数为 0.76，高潮区域 Margalef 丰富度指数为 0.19。东涌河口红树林 Shannon-Wiener 指数为 0.99；Simpson 指数为 0.57；Pielou 均匀度指数为 0.71。

基于高分二号遥感影像数据，我们首先计算陆大鹏半岛的植被指数 NDVI 的空间分布，如图 8-24 所示。从图上可以看出大鹏半岛植被覆盖较高，区域平均植被指数达到 0.72。

根据深圳市植物净初级生产力 NPP 与植被指数 NDVI 关系，计算深圳市 2020 年的植物净初级生产力 NPP 如图 8-25 所示。从图上可以看出，大鹏半岛年植物净初级生产力 NPP 为 5.6 万 t。

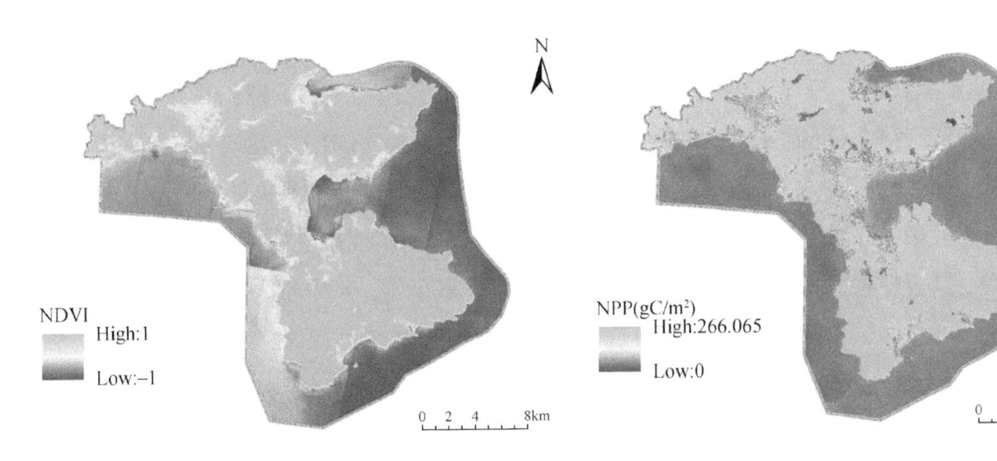

图 8-24 大鹏半岛植被指数 NDVI 的空间分布　　图 8-25 大鹏半岛植物净初级生产力 NPP 的空间分布

根据红树林分布数据，计算获得了大鹏半岛红树林年净初级生产力 NPP 为 14. 4t。从图 8-26 中可以看出，坝光片区红树林年净初级生产力 NPP 为 7. 4t，东涌河口红树林年净初级生产力 NPP 为 4. 6t，鹿咀片区红树林年净初级生产力 NPP 为 1. 7t，新大河红树林年净初级生产力 NPP 为 0. 6t，东山码头红树林年净初级生产力 NPP 为 0. 15t，东山码头红树林年净初级生产力 NPP 为 0. 08t。

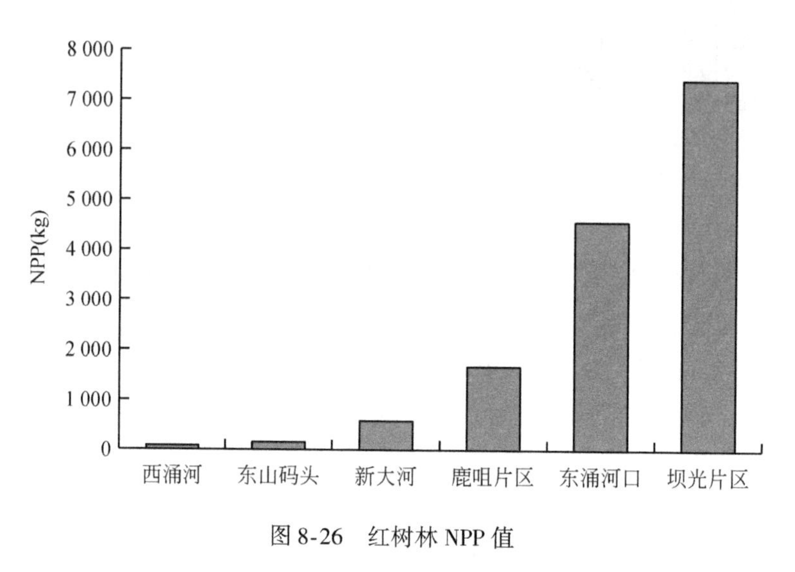

图 8-26　红树林 NPP 值

8.5　红树林水质与沉积环境

8. 5. 1　红树林水质监测

2020 年 9 月和 2021 年 3 月，课题组对坝光片区红树林采样点、鹿咀片区红树林采样点、东涌河口红树林采样点，进行水质检测，以上三个采样点均位于红树林分布区内部，测定方法和流程依照《海洋监测规范　第 4 部分：海水分析》（GB 17378. 4—2007）和《海洋监测规范　第 7 部分：近海污染生态调查和生物监测》（GB 17378. 7—2007）执行。水样所测定的指标包括：①水色、透明度、盐度、水温、pH，②油类，③溶解氧，④无机磷，⑤化学需氧量，⑥活性硅酸盐，⑦亚硝酸盐（以氮计）和硝酸盐（以氮计），⑧氨，⑨总氮，⑩总磷，⑪悬浮物，⑫叶绿素 a，⑬粪大肠杆菌，⑭重金属。其中重金属和类重金属元素包括：①汞，②总铬，③铜，④铅，⑤锌，⑥砷，⑦镉。

水质分类依照《海水水质标准》（GB 3097—1997）执行。具体分类方式如表 8-4 所示。根据海域的不同使用功能和保护目标，海水水质分为四类。第一类：适用于海洋渔业水域、海上自然保护区和珍稀濒危海洋生物保护区；第二类：适用于水产养殖区、海水浴场、人体直接接触海水的海上运动或娱乐区，以及与人类食用有关的工业用水区；第三类：适用于一般工业用水区、滨海风景旅游区；第四类：适用于海洋港口水域、海洋开发作业区。

表 8-4　海水水质分类

序号	项目	第一类	第二类	第三类	第四类
1	漂浮物质	海面不得出现油膜、浮床和其他漂浮物质			海面无明显油膜、浮床和其他漂浮物质
2	色、臭、味	海水不得有异色、异臭、异味			海水不得有令人厌恶和感到不快的色、臭、味
3	悬浮物质	人为增加的量≤10		人为增加的量≤100	人为增加的量≥100
4	粪大肠杆菌≤(个/L)	2000 供人食用的贝类增养殖水质≤140			
5	水温（℃）	人为造成的海水温升夏季不超过当时当地 1℃，其他季节不超过 2℃		人为造成的海水温升不超过当时当地 4℃	
6	pH	7.8～8.5		6.8～8.8	
7	溶解氧	>6	>5	>4	>3
8	化学需氧量(CDO)	≤2	≤3	≤4	≤5
9	无机氮（氨氮+硝酸盐+亚硝酸盐）	≤0.20	≤0.30	≤0.40	≤0.50
10	活性磷酸盐	≤0.015	≤0.030		≤0.045
11	汞	≤0.00005	≤0.0002		≤0.0005
12	镉	≤0.001	≤0.005	≤0.010	
13	铅	≤0.001	≤0.005	≤0.010	≤0.050
14	总铬	≤0.05	≤0.10	≤0.20	≤0.50
15	砷	≤0.020	≤0.030	≤0.050	
16	铜	≤0.005	≤0.010	≤0.050	
17	锌	≤0.020	≤0.050	≤0.10	≤0.50
18	石油类	≤0.05		≤0.30	≤0.50

8.5.2　红树林沉积物监测

2021 年 3 月 24 日至 2021 年 3 月 30 日，课题组对坝光片区红树林采样点、鹿咀片区红树林采样点、东涌河口红树林采样点，进行沉积物检测，以上三个采样点均为陆上沉积物采样点，测试分析工作由华测检测认证集团股份有限公司承担，测定方法和流程依照《海洋监测规范　第 5 部分：沉积物分析》（GB 17378.5—2007）执行。沉积物所测定的指标包括：①硫化物，②重金属及类金属元素，③石油类，④有机碳，⑤滴滴涕，⑥六六六，⑦多氯联苯，⑧废弃物及其他，⑨色、臭、结构。其中，重金属及类金属元素包括：①汞，②铬，③铜，④铅，⑤锌，⑥砷，⑦镉。

沉积物质量分类依照《海洋沉积物质量》（GB 18668—2002）执行。具体分类方式如表8-5所示。按照海域的不同使用功能和环境保护目标，海洋沉积物质量分为三类。第一类：适用于海洋渔业水域、海洋自然保护区、珍稀与濒危生物自然保护区、海水养殖区、海水浴场、人体直接接触沉积物的海上运动或娱乐区、与人类食用直接有关的工业用水区。第二类：适用于一般工业用水区、滨海风景旅游区。第三类：适用于海洋港口水域、特殊用途的海洋开发作业区。

表8-5　海洋沉积物质量标准

序号	项目	指标		
		第一类	第二类	第三类
1	废弃物及其他	海底无工业、生活废弃物，无大型植物碎屑和动物尸体等		海底无工业、生活废弃物，无明显大型植物碎屑和动物尸体等
2	色、臭、结构	沉积物无异色、异臭，自然结构		
3	汞	≤0.20	≤0.50	≤1.00
4	镉	≤0.50	≤1.50	≤5.00
5	铅	≤60.0	≤130.0	≤250.0
6	锌	≤150.0	≤350.0	≤600.0
7	铜	≤35.0	≤100.0	≤200.0
8	铬	≤80.0	≤150.0	≤270.0
9	砷	≤20.0	≤65.0	≤93.0
10	有机碳	≤2.0	≤3.0	≤4.0
11	硫化物	≤300.0	≤500.0	≤600.0
12	石油类	≤500.0	≤1000.0	≤1500.0
13	六六六	≤0.50	≤1.00	≤1.50
14	滴滴涕	≤0.02	≤0.05	≤0.10
15	多氯联苯	≤0.02	≤0.20	≤0.60

8.5.3　暖季红树林水质评价

2020年9月，坝光片区红树林水体中pH位于7.8~8.5，为第一类；溶解氧含量大于6mg/L，为第一类；化学需氧量低于2mg/L，为第一类；活性磷酸盐含量低于0.015mg/L，为第一类；无机氮含量低于0.20mg/L，为第一类；石油类含量低于0.05mg/L，为第一类；悬浮物质低于100mg/L，为第三类；锌的含量低于0.02mg/L，为第一类；砷的含量低于0.02mg/L，为第一类；汞的含量低于0.00005mg/L，为第一类；铜的含量低于

0.005mg/L，为第一类；铅的含量小于0.005mg/L，为第二类；镉的含量低于0.001mg/L，为第一类；总铬的含量低于0.05mg/L，为第一类；未检出粪大肠杆菌，为第一类；整体水质为三类水，不符合《海水水质标准》（GB 3097—1997）中对于红树林植物保护与生态修复区域的水体质量标准的要求（图8-27）。

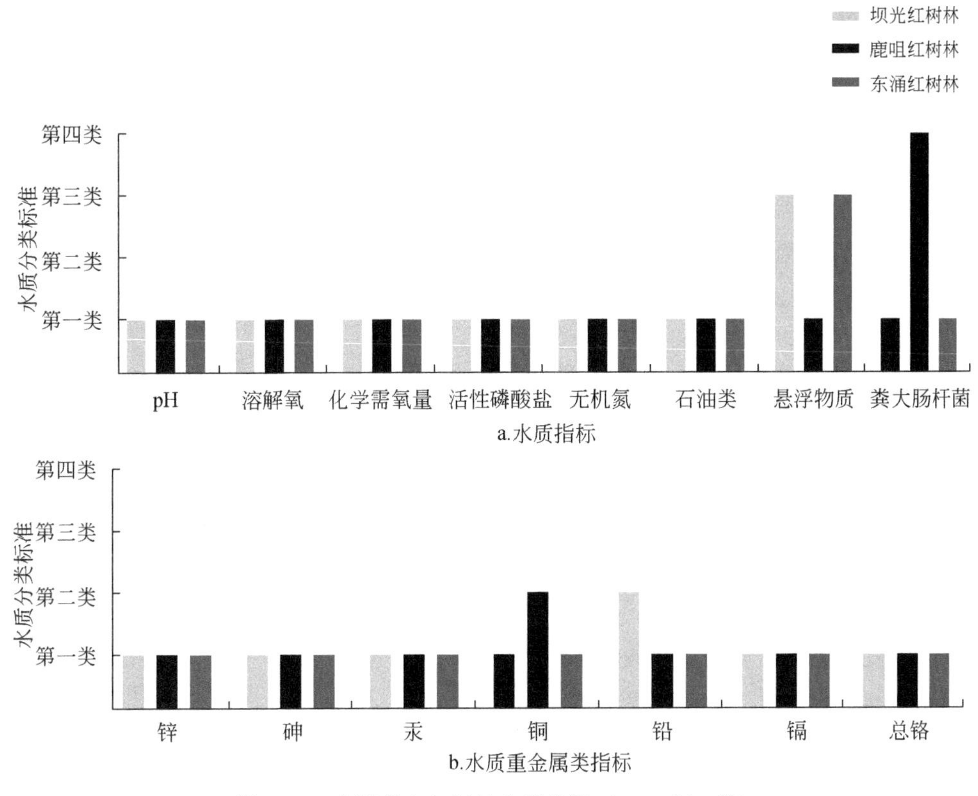

图8-27　大鹏半岛红树林水质分类（2020年9月）

鹿咀片区红树林水体中pH位于7.8~8.5，为第一类；溶解氧含量大于6mg/L，为第一类；化学需氧量低于2mg/L，为第一类；活性磷酸盐含量低于0.015mg/L，为第一类；无机氮含量低于0.20mg/L，为第一类；石油类含量低于0.05mg/L，为第一类；悬浮物质低于10mg/L，为第一类；锌的含量低于0.02mg/L，为第一类；砷的含量低于0.02mg/L，为第一类；汞的含量低于0.00005mg/L，为第一类；铜的含量低于0.010mg/L，为第二类；铅的含量小于0.001mg/L，为第一类；镉的含量低于0.001mg/L，为第一类；总铬的含量低于0.05mg/L，为第一类；粪大肠杆菌严重超标，为第四类；整体水质为四类水，不符合《海水水质标准》（GB 3097—1997）中对于红树林植物保护与生态修复区域的水体质量标准的要求（图8-27）。

东涌河口红树林水体中pH位于7.8~8.5，为第一类；溶解氧含量大于6mg/L，为第一类；化学需氧量低于2mg/L，为第一类；活性磷酸盐含量低于0.015mg/L，为第一类；无机氮含量低于0.20mg/L，为第一类；石油类含量低于0.05mg/L，为第一类；悬浮物质低于100mg/L，为第三类；锌的含量低于0.02mg/L，为第一类；砷的含量低于0.02mg/L，为第一类；汞的含量低于0.00005mg/L，为第一类；铜的含量低于0.005mg/L，为第一类；铅的含量小于0.001mg/L，为第一类；镉的含量低于0.001mg/L，为第一类；总铬的含量低于0.05mg/L，为第一类；粪大肠杆菌低于2000个/L，为第一类；整体水质为三类水，不符合《海水水质标准》（GB 3097—1997）中对于红树林植物保护与生态修复区域的水体质量标准的要求（图8-27）。

8.5.4 冷季红树林水质评价

2021年3月，坝光片区红树林水体中pH位于7.8～8.5，为第一类；溶解氧含量大于6mg/L，为第一类；化学需氧量低于2mg/L，为第一类；活性磷酸盐含量低于0.015mg/L，为第一类；无机氮含量低于0.20mg/L，为第一类；石油类含量低于0.05mg/L，为第一类；悬浮物质低于100mg/L，为第三类；锌的含量低于0.02mg/L，为第一类；砷的含量低于0.02mg/L，为第一类；汞的含量低于0.00005mg/L，为第一类；铜的含量低于0.005mg/L，为第一类；铅的含量小于0.001mg/L，为第一类；镉的含量低于0.001mg/L，为第一类；总铬的含量低于0.05mg/L，为第一类；粪大肠杆菌低于2000个/L，为第一类；整体水质为三类水，不符合《海水水质标准》（GB 3097—1997）中对于红树林植物保护与生态修复区域的水体质量标准的要求（图8-28）。

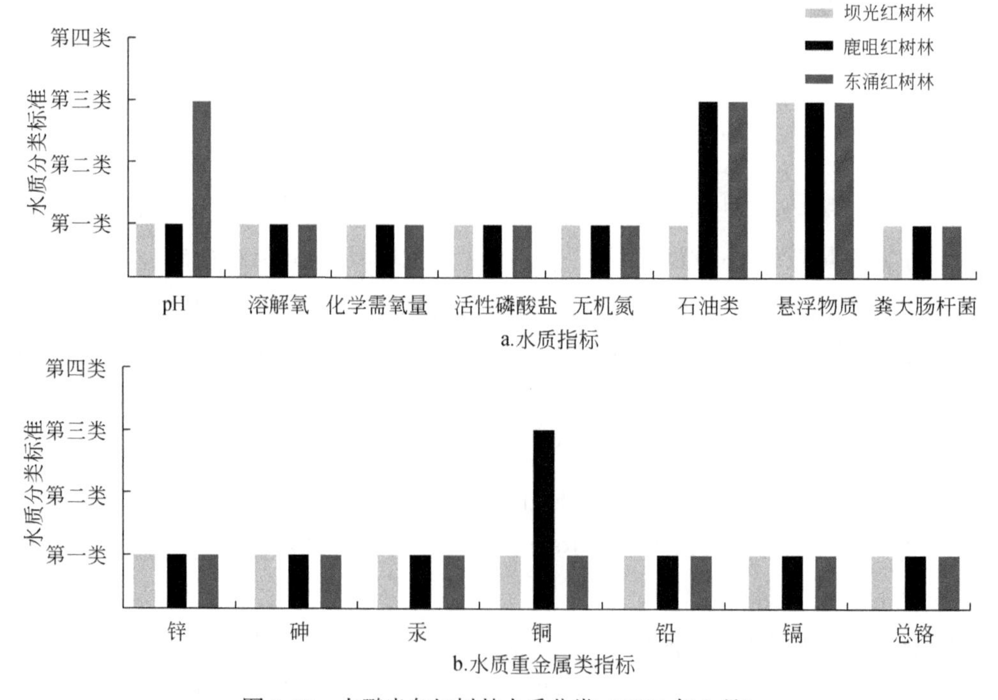

图8-28 大鹏半岛红树林水质分类（2021年3月）

鹿咀片区红树林水体中 pH 位于 7.8 ~ 8.5，为第一类；溶解氧含量大于 6mg/L，为第一类；化学需氧量低于 2mg/L，为第一类；活性磷酸盐含量低于 0.015mg/L，为第一类；无机氮含量低于 0.20mg/L，为第一类；石油类含量低于 0.50mg/L，为第三类；悬浮物质低于 100mg/L，为第三类；锌的含量低于 0.02mg/L，为第一类；砷的含量低于 0.02mg/L，为第一类；汞的含量低于 0.00005mg/L，为第一类；铜的含量低于 0.050mg/L，为第三类；铅的含量小于 0.001mg/L，为第一类；镉的含量低于 0.001mg/L，为第一类；总铬的含量低于 0.05mg/L，为第一类；粪大肠杆菌低于 2000 个/L，为第一类；整体水质为三类水，不符合《海水水质标准》（GB 3097—1997）中对于红树林植物保护与生态修复区域的水体质量标准的要求（图 8-28）。

东涌河口红树林水体中 pH 位于 6.8 ~ 8.8，为第三类；溶解氧含量大于 6mg/L，为第一类；化学需氧量低于 2mg/L，为第一类；活性磷酸盐含量低于 0.015mg/L，为第一类；无机氮含量低于 0.20mg/L，为第一类；石油类含量低于 0.50mg/L，为第三类；悬浮物质低于 100mg/L，为第三类；锌的含量低于 0.02mg/L，为第一类；砷的含量低于 0.02mg/L，为第一类；汞的含量低于 0.00005mg/L，为第一类；铜的含量低于 0.005mg/L，为第一类；铅的含量小于 0.001mg/L，为第一类；镉的含量低于 0.001mg/L，为第一类；总铬的含量低于 0.05mg/L，为第一类；粪大肠杆菌低于 2000 个/L，为第一类；整体水质为三类水，不符合《海水水质标准》（GB 3097—1997）中对于红树林植物保护与生态修复区域的水体质量标准的要求（图 8-28）。

8.5.5 红树林沉积物评价

坝光片区红树林沉积物中硫化物的质量分数低于 300ppm，为第一类；汞的质量分数低于 0.20ppm，为第一类；铬的质量分数低于 80.0ppm，为第一类；铜的质量分数低于 35.0ppm；铅的质量分数低于 60.0ppm，为第一类；锌的质量分数低于 150.0ppm，为第一类；砷的质量分数低于 20.0ppm，为第一类；镉的质量分数低于 0.50ppm，为第一类；石油类的质量分数低于 500ppm，为第一类；有机碳的质量分数低于 2.0%，为第一类；六六六、滴滴涕和多氯联苯均未检出，为第一类；沉积物颜色正常，无异臭，为第一类；采样点无工业、生活废弃物，无大型植物碎屑和动物尸体等，为第一类。整体评价坝光片区红树林沉积物质量为第一类，符合《海洋沉积物质量》（GB 18668—2002）中对于红树林植物保护与生态修复区域的沉积物质量标准（图 8-29）。

鹿咀片区红树林沉积物中硫化物的质量分数低于 300ppm，为第一类；汞的质量分数低于 0.20ppm，为第一类；铬的质量分数低于 80.0ppm，为第一类；铜的质量分数低于 35.0ppm；铅的质量分数低于 60.0ppm，为第一类；锌的质量分数低于 150.0ppm，为第一类；砷的质量分数低于 20.0ppm，为第一类；镉的质量分数低于 0.50ppm，为第一类；石

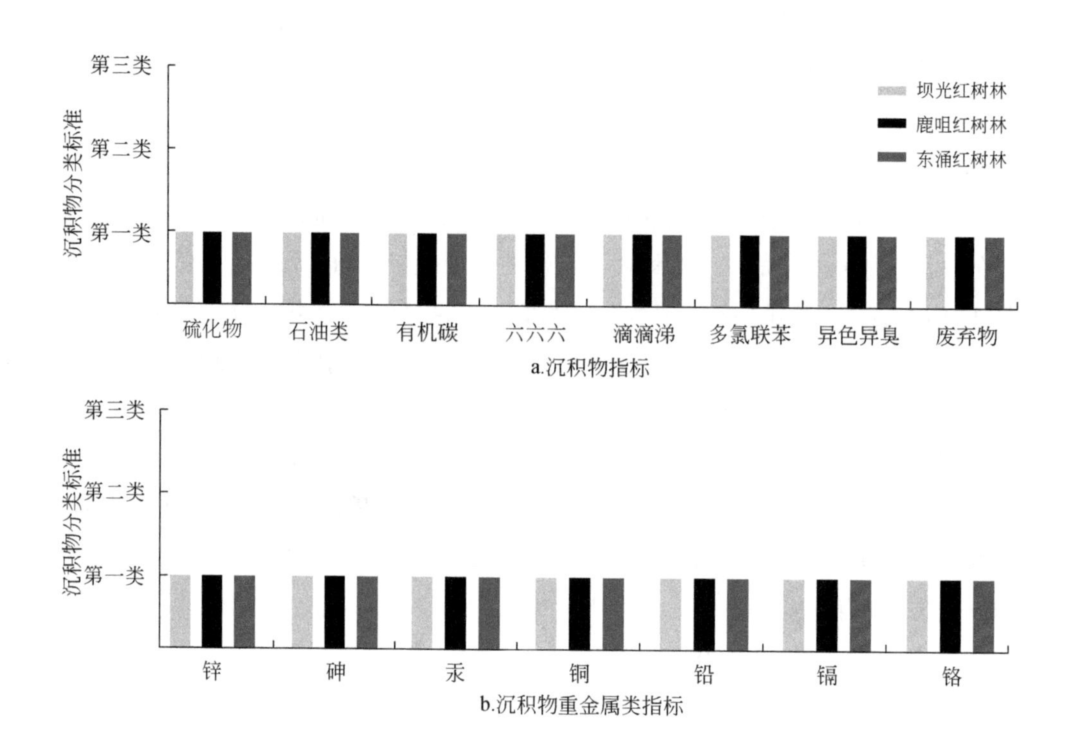

图 8-29 大鹏半岛红树林沉积物质量分类

油类的质量分数低于 500ppm，为第一类；有机碳的质量分数低于 2.0%，为第一类；六六六、滴滴涕和多氯联苯均未检出，为第一类；沉积物颜色正常，无异臭，为第一类；采样点无工业、生活废弃物，无大型植物碎屑和动物尸体等，为第一类。整体评价鹿咀片区红树林沉积物质量为第一类，符合《海洋沉积物质量》（GB 18668—2002）中对于红树林植物保护与生态修复区域的沉积物质量标准（图 8-29）。

东涌河口红树林沉积物中硫化物的质量分数低于 300ppm，为第一类；汞的质量分数低于 0.20ppm，为第一类；铬的质量分数低于 80.0ppm，为第一类；铜的质量分数低于 35.0ppm；铅的质量分数低于 60.0ppm，为第一类；锌的质量分数低于 150.0ppm，为第一类；砷的质量分数低于 20.0ppm，为第一类；镉的质量分数低于 0.50ppm，为第一类；石油类的质量分数低于 500ppm，为第一类；有机碳的质量分数低于 2.0%，为第一类；六六六、滴滴涕和多氯联苯均未检出，为第一类；沉积物颜色正常，无异臭，为第一类；采样点无工业、生活废弃物，无大型植物碎屑和动物尸体等，为第一类。整体评价东涌红树林沉积物质量为第一类，符合《海洋沉积物质量》（GB 18668—2002）中对于红树林植物保护与生态修复区域的沉积物质量标准（图 8-29）。

8.6 健康度评价

根据所确定的红树林健康度评价方法，在生态环境调研与监测基础上开展定量与定性评估。

8.6.1 参数化处理

（1）自然度

根据调查结果，坝光片区和东涌河口的红树林均未受明显人为干扰，因此坝光片区和东涌河口红树林自然度评价值为5；而鹿咀片区，由于大量引入外来物种——无瓣海桑，导致该区域自然起源红树林面积占比小于40%，因此鹿咀片区红树林自然度评分赋值为2。

（2）生态序列完整性

根据调查结果，坝光片区的红树林在低潮位和中潮位均具有较为完整的红树林分布，高潮位较少，因此生态序列完整性评分为4分；而东涌河口具有完整的中潮位和不完整的高潮位，故评分为2；鹿咀片区具有不完整的低潮位和中潮位，故评分为2。

（3）幼树中优势种比例

根据调查结果，坝光片区的红树林的幼树主要为优势物种海榄雌，占比大于80%，故评分为5分；而鹿咀片区红树林的优势物种为无瓣海桑，幼树主要为秋茄树和木榄，幼苗中没有无瓣海桑；而东涌河口红树林的优势物种为海漆，幼苗中没有海漆，因此东涌河口和鹿咀片区的幼树中优势种比例评分均为1。

（4）郁闭度

在坝光片区和东涌河口，红树林的郁闭度均大于80%，因此郁闭度评分为5分；而在鹿咀片区，红树林郁闭度大于60%，小于80%，因此评分为4分。

（5）植物多样性

坝光片区红树林植物群落物种丰富度为1，因此评分为1分，而鹿咀片区和东涌河口，调查的红树林物种丰富度为2~3，因此评分为2分。

（6）鸟类多样性

根据调查，红树林分布区为鸟类多样性集中分布区，受红树林保护良好，鸟类多样性与历史背景值差异不大，因此评分均为5分。

（7）底栖动物的影响

根据调查，坝光片区具有频繁的赶海行为，底栖动物生物量相对历史背景值大幅度降低，约在30%~40%，因此评分为2分；而鹿咀片区和东涌河口底栖动物生物量异常丰富，与历史背景值差别不大，因此评分为5分。

（8）土壤盐度

根据监测结果，坝光片区红树林的土壤盐度为10‰～25‰，因此评分为5分；而鹿咀片区和东涌河口，受到淡水河流的影响，红树林土壤盐度低于1‰，因此评分为1分。

（9）水质污染综合指数

根据监测结果，红树林分布区没有明显的水质污染情况，因此水质污染综合指数评分均为5。

（10）营养状态质量指数（NQI）

根据监测结果，红树林分布区没有明显的富营养化，因此营养状态质量指数评分均为5。

（11）湿地退化率

根据调查结果，红树林没有明显的退化，因此湿地退化率评分均为5。

（12）湿地开垦率

根据调查结果，红树林湿地区没有明显转变为其他土地利用类型（如农田、养殖塘等），因此湿地开垦率评分均为5。

（13）游客量

根据调查结果，坝光片区游客量较低，每平方公里土地每年游客量低于100人，因此评分为4分。东涌河口游客量较高，每平方公里土地每年游客量高于400人，因此评分为1分；鹿咀片区红树林游客量也较高，每平方公里土地每年游客量预计为200～400人，因此评分为2分。

（14）海堤建设率

根据调查结果，坝光片区红树林区域海堤建设率低于20%，因此评分为4分。东涌河口和鹿咀片区红树林区域海堤建设率为20%～40%，因此评分为3分。

（15）外来物种入侵种类

根据调查结果，坝光片区和东涌河口红树林没有明显的外来物种入侵，因此评分为5分；鹿咀片区红树林外来物种分布面积占比超过30%，因此评分1分。

（16）外来物种入侵面积

根据调查结果，坝光片区和东涌河口没有明显的外来物种入侵，评分为5分；鹿咀片区红树林外来物种面积占比超过30%，因此评分1分。

（17）病虫害种类

根据调查结果，坝光片区、鹿咀片区和东涌河口红树林都观察到有1类害虫，因此评分4分。

（18）病虫害为害面积

根据调查结果，坝光片区、鹿咀片区和东涌河口红树林都没有观察到有较大面积的病虫害危害，因此评分5分。

8.6.2 评价结果

根据红树林评价指标权重和评分结构，计算大鹏半岛主要红树林分布区的红树林健康状态指数，结果见表8-6。坝光片区红树林的健康指数最高，处于健康水平；而东涌河口的红树林健康状态指数为3.61，鹿咀片区为2.98，均处于亚健康状态，这两个区域还需加强保护，进一步提升红树林健康水平。

表8-6 大鹏半岛红树林生态系统健康评价结果

类型	坝光片区	东涌河口	鹿咀片区
红树林生态系统健康指数	4.29	3.61	2.98
等级	健康	亚健康	亚健康

8.7 银叶树资源专项评估

银叶树（学名：*Heritiera littoralis* Dryand.）是梧桐科银叶树属植物，常绿乔木。叶革质，矩圆状披针形、椭圆形或卵形，长10～20cm，宽5～10cm。圆锥花序腋生，长约8cm，密被星状毛和鳞秕。花红褐色。果木质，坚果状，近椭圆形，光滑，干时黄褐色，长约6cm，宽约3.5cm，背部有龙骨状突起。种子卵形，长2cm。分布于中国、印度、越南、柬埔寨、斯里兰卡、菲律宾和东南亚各地，以及非洲东部和大洋洲；在中国分布于广东（台山、崖县和沿海岛屿）、广西（防城）、海南、云南南部、香港和台湾等地。银叶树具抗风、耐盐碱、耐水浸的特性，既能生长于潮间带，又能生长在陆地上。该种为热带海岸红树林的树种之一。木材坚硬，为建筑、造船和制家具的良材。其树形优美，叶背有银白色鳞秕，果实形态独特，种子可榨油，树皮可熬汁治血尿症、腹泻和赤痢等，有较高的药用价值。

大鹏半岛银叶树湿地园中有全国乃至世界上迄今为止发现的保存最完整、树龄最长的天然古银叶树群落。其中树龄超过500年的银叶树有1棵，树龄200年以上的几十棵，还有很多树龄过百的古树，群落中还夹杂着秋茄树、蜡烛果、海榄雌等红树林植物。这里常年栖息着50多种野生鸟类，具有极高的生态和科研价值。红树林与周边的海滩、湿地连成一体，被列入国家珍稀植物群落重点保护对象。

随着大鹏半岛开发建设，银叶树湿地园周边人类活动增强，特别是受到坝光国际生物谷及岸线建设活动的影响，湿地园生态环境面临日渐复杂、多样的胁迫和干扰，如岸线破坏、生境退化、外来物种入侵、水质恶化、土壤污染等，银叶树保护工作受到的影响不断增大，古银叶树存在退化风险，且受到社会广泛关注。

银叶树沿坝光片区海岸线均有分布，但主要集中在银叶树湿地园、坝光村及白沙湾附近（图 8-30）。其中银叶树湿地园沿海侧是古银叶树集中分布区，树龄超过 500 年的银叶树就分布在这一区域。在远离海岸线的银叶树湿地公园绿地内还有大量人工栽种的银叶树，经过调查发现，人工栽种的很多银叶树健康状态较差，可能是栽种位置不适宜其生长。

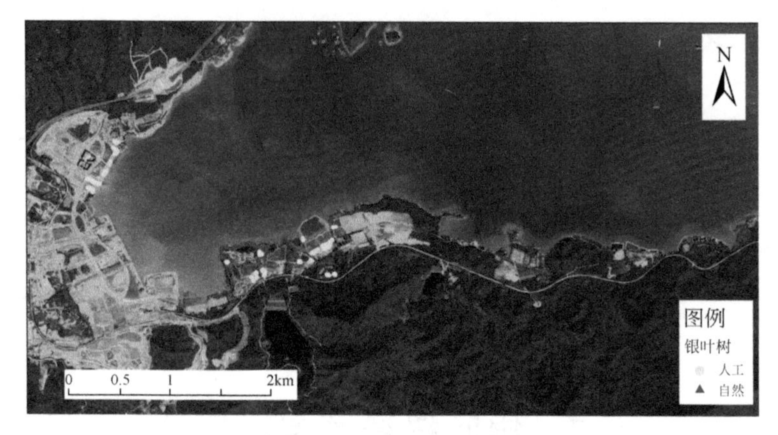

图 8-30　坝光片区银叶树空间分布

根据调查，共计发现坝光片区有株高 2m 及以上的银叶树 1022 株，其中 551 株为自然起源，471 株为人工繁育栽种，人工栽种数量已经接近自然起源数量，表明近些年针对银叶树的保护起到了一定成效。通过自然和人工起源银叶树参数对比可以发现，自然起源的银叶树在株高、胸径、冠幅和健康状态方面均高于人工起源的银叶树（图 8-31）。

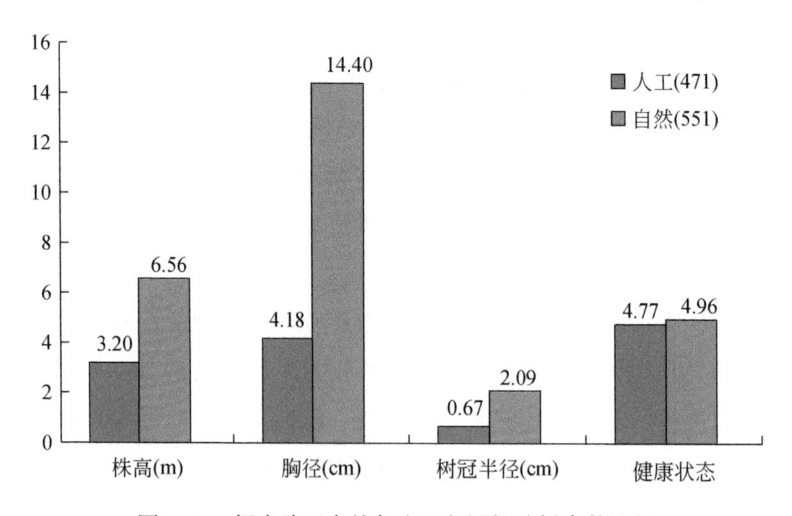

图 8-31　坝光片区自然与人工起源银叶树参数比较

调查发现，坝光片区绝大部分银叶树的胸径低于 10cm，计有 673 株，约占总调查株数的 77%。其中，以小于 2cm 的株数最多，有 157 株，约占总株数的 15%；其次为 3～

4cm 的，合计有 147 株，占比为 14% 左右；其次为胸径大于 30cm 的银叶树，有 81 株，约占总株数的 8%（图 8-32）。

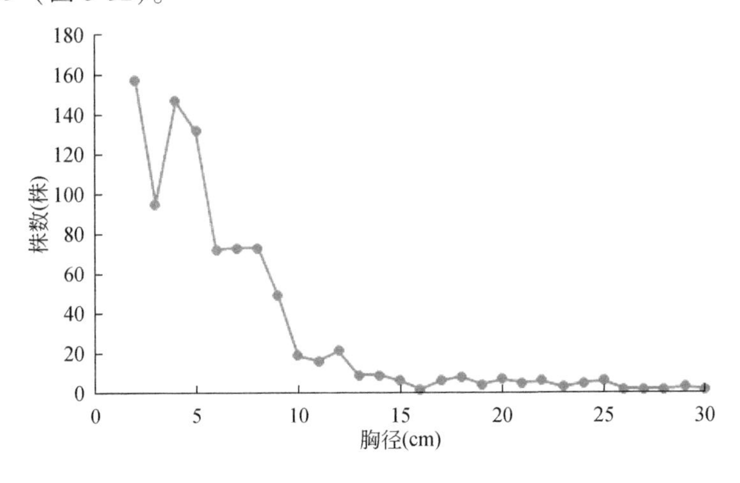

图 8-32　坝光片区银叶树胸径分布特征

调查发现，坝光片区绝大部分银叶树的株高在 2～3m，计有 295 株，约占总调查株数的 29%。其中，株高在 3～4m 的，有 211 株，约占总株数的 21%（图 8-33）。

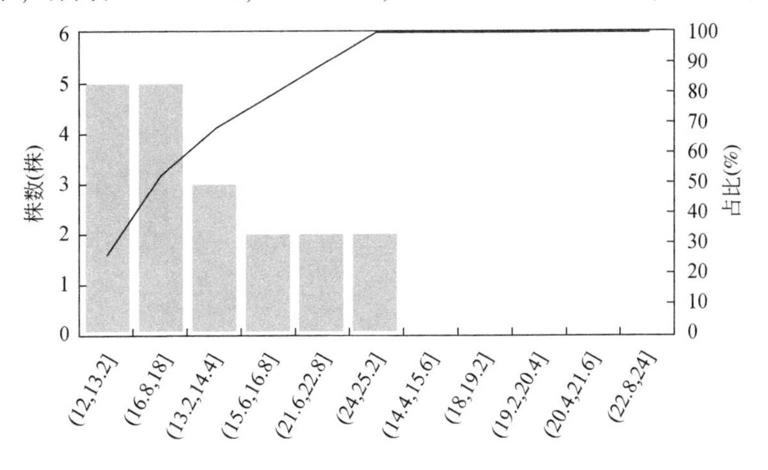

图 8-33　坝光片区银叶树株高分布特征

调查发现，69% 左右的银叶树树冠冠幅在 3m 以内。其中，1m 以内 239 株，占比为 23% 左右；冠幅 1～2m 有 306 株，占比为 30% 左右；冠幅 2～3m 有 163 株，占比为 16% 左右。冠幅大于 10m 的银叶树有 48 株，约占总株数的 5%（图 8-34）。

从银叶树树冠的空间分布来看，银叶树主要沿着海岸线分布，银叶树树冠密度在盐生沼泽最高，这一地区聚集有大量的银叶树幼树，相互之间竞争激烈，部分植株长势较差（图 8-35）。

调查发现，坝光片区有树龄超过 500 年的银叶树有 1 棵，树龄 300 年以上的有 2 棵，树龄 200 年以上的近 30 棵，还有很多树龄过百的（图 8-36）。

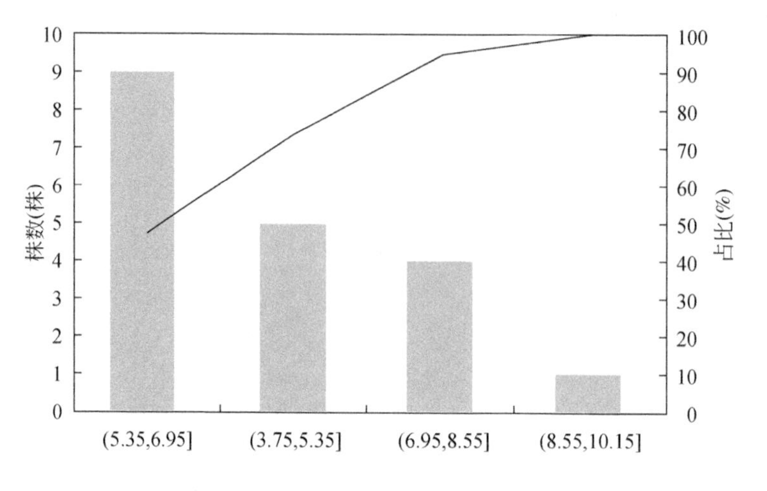

图 8-34　坝光片区银叶树冠幅分布特征

图 8-35　坝光银叶树湿地园内银叶树树冠分布情况

a. 520年　　b. 320年　　c. 140年

图 8-36　不同年龄银叶树比较（摄于 2020 年 12 月 1 日）

8.8　保护修复对策

大鹏半岛持续推进滨海红树保护修复工作，在坝光滩涂开展人工栽植秋茄树和银叶树，人工栽种红树林已初见成效，银叶树湿地园内红树林面积稳步增加；并且原本破碎化的红树林斑块逐步连接成为大斑块，红树林破碎化程度降低，稳定性、生态功能进一步增强。在新大河河口区域已建立起一个红树林湿地公园，后续恢复效果还待进一步确认。东涌河口正在建设东涌红树林湿地公园，可以预见红树林面积将进一步增加。西涌河河岸整治过程中栽种了大量红树林植物，将增加西涌河流域的红树林面积（图 8-37）。

a. 坝光滩涂人工种植的秋茄树　　b. 新大河河口红树林修复工程

c. 东涌红树林湿地公园建设　　d. 西涌河红树林修复工程

图 8-37　大鹏半岛红树林修复工作（摄于 2020 年 12 月 1 日）

8.8.1　存在的问题

尽管大鹏半岛已经就红树林保护开展了大量的工作，但是在红树林保护工作中还是存在一些问题，如红树林拓展空间受限、垃圾堆积、绞杀植物威胁等。

不管是现有红树林湿地，还是待建的红树林湿地公园，抑或是河道红树林修复，均存在红树林植物拓展空间受限的问题，红树林植物被限制在一个小范围内，进一步演替修复受限，难以形成规模化的红树林湿地（图 8-38）。红树林湿地恢复与人类用地需求的矛盾仍然突出。

图 8-38　西涌河河岸被栽种在水泥筐内的秋茄树（摄于 2020 年 12 月 2 日）

红树林呼吸根发达，导致潮汐和上游河道带来的垃圾很容易在红树林内聚集。而红树林往往植被覆盖密集，不进入红树林内部很难发现垃圾堆积情况。由于缺乏人工清理，导致红树林内累积了大量的垃圾，不仅影响红树林植物的生长，降低红树林的观赏性，还损害红树林生态系统服务的充分发挥（图 8-39）。

图 8-39　东涌河口红树林内成堆的垃圾（摄于 2020 年 10 月 25 日）

调查发现，东涌河口和鹿咀片区红树林均有绞杀植物身影。其中东涌河口海漆群落内的绞杀植物已造成一大片海漆的死亡，若不采取措施，东涌河口海漆群落的退化将不可避免（图 8-40）。

图 8-40　东涌河口海漆群落内的绞杀植物（摄于 2020 年 12 月 2 日）

8.8.2　保护修复对策

大鹏半岛红树林主要分布在鹿咀片区、东涌河口和坝光片区三处，在本次调查中，在东山码头、新大河等地还发现有零星红树林分布。这也从侧面证明大鹏半岛生态文明建设的重要成效，红树林适宜区在不断扩大。

大鹏半岛红树林湿地分布零散、景观破碎化严重、红树林覆盖面积较小、物种丰富度较低是调查中发现的突出问题。为此，根据中央和部委文件精神，结合《红树林保护修复专项行动计划（2020—2025年）》《湿地保护法》，提出以下几点针对性举措用于大鹏半岛红树林修复。

第一，坚持生态优先，整体保护。进一步划定大鹏半岛红树林分布区，明确土地利用现状，确定红树林保护地边界。突出红树林生态功能，全面加强保护，维护红树林生境连通性和生物多样性，加强对坝光片区、鹿咀片区、东涌河口红树林生态系统的整体保护。持续动态监测红树林本底资源和增量情况，构建大鹏半岛红树林保护网络。

第二，考虑进一步开展红树林种质资源与遗传多样性的相关研究，并在此基础上采用“尊重自然，科学修复”的理念对大鹏半岛红树林进行整体修复。遵循红树林生态系统演替规律和内在机理，科学评估确定红树林适宜恢复区域，采用自然恢复和适度人工修复相结合的方式实施生态修复，优先选用本地树种。例如，可适宜对坝光片区红树林遗传种质资源进行调查，增加物种丰富度，选用白骨壤、海漆等树种进行生态修复。

第三，明确大鹏半岛红树林分布区修复责任，构建社会参与机制，激励和引导社会力量参与红树林保护和修复。通过720度全景、三维立体空间影像及红树林图册等资源，加强红树林社会宣传工作，让各类人群更清楚、轻松、轻量化感受红树林现状，进而进入到红树林保护的行列中。

第四，从历史资料到现有种群分布调查，对大鹏半岛红树林分布变化情况进行分析，统筹开展现有红树林生态系统中林地、潮沟、林外光滩、浅水水域等区域的修复，特别是对人工纯林、有害生物入侵、生境退化的红树林等进行抚育，采取树种改造、有害生物清除、潮沟和光滩恢复等措施（陈小刚，2019），对大鹏半岛红树林生态系统进行修复，提高海岸带生态系统生物多样性。

第五，保护珍稀濒危红树树种，加强红树林管护工作，防控有害植物（绞杀藤），特别是入侵生物（红火蚁），保障红树林种苗供应。

第六，对红树林生态修复项目区域的生态环境、项目实施情况、生态系统恢复效果、防灾减灾能力和综合效益进行长期监测与评估，促进生态修复项目水平不断提高。

第七，根据大鹏生态保护与管理相关规划并结合工作实际，健全红树林保护与修复制度体系。落实在国土空间规划中统筹划定三条控制线的有关规定，明确对红树林保护区域内允许开展的有限人为活动的具体监管要求，打造大鹏半岛海岸带生态治理典范工程。

第 9 章

海岸带区域人口分布与用地调查评估

海岸带区域是生产、居住活动聚集区，大鹏半岛海岸带作为社会经济发展的主要承载区，人口分布与土地利用类型呈现明显的滨海城市集约化利用特征。

9.1 大鹏半岛人口统计数据

大鹏半岛下辖葵涌、大鹏、南澳三个街道办事处，25 个社区。2013 ~ 2020 年，大鹏常住人口呈现缓慢上升态势，从 2013 年的 131 881 人增加到 2019 年的 158 169 人，但 2020 年人口数量为 156 236 人，比 2019 年略有下降（图 9-1）。

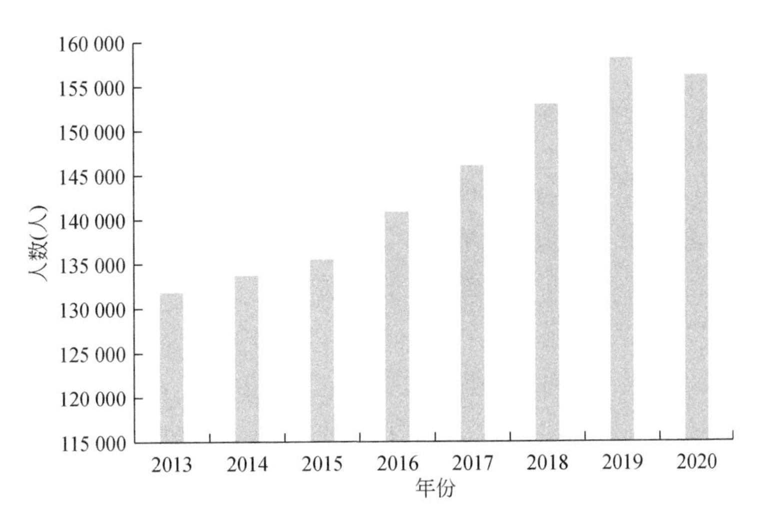

图 9-1　大鹏半岛 2013 ~ 2010 人口数量情况

2012 ~ 2018 年葵涌、大鹏、南澳三个街道办事处人口分布情况见表 9-1。三个街道办事处中，葵涌人口最多，占总人口的 49.5% ~ 56.0%，且呈逐年上升趋势；南澳人口占比最少，占总人口的 11.7% ~ 14.8%，且呈现逐年下降趋势（表 9-1）。

表 9-1　大鹏半岛 2012 ~ 2018 年各街道办事处人口分布情况

年份	常住人口			户籍人口			非户籍人口		
	葵涌	大鹏	南澳	葵涌	大鹏	南澳	葵涌	大鹏	南澳
2012	64 824	46 752	19 324	24 299	8 611	7 590	40 526	38 141	11 734

年份	常住人口			户籍人口			非户籍人口		
	葵涌	大鹏	南澳	葵涌	大鹏	南澳	葵涌	大鹏	南澳
2013	64 995	47 286	19 600	24 268	8 956	7 808	40 727	38 330	11 792
2014	74 096	42 042	17 604	22 513	8 852	7 661	51 583	33 190	9 943
2015	75 281	42 676	17 628	22 079	8 960	7 655	53 202	33 666	10 023
2016	78 714	44 336	17 847	22 108	9 359	7 786	56 606	34 977	10 061
2017	81 771	46 383	17 929	22 130	9 408	7 814	59 641	36 975	10 115
2018	85 688	49 368	17 920	21 769	9 266	7 744	63 919	40 102	10 176

9.2 岸带单元人口空间化模拟

9.2.1 人口空间化的研究意义

人口、资源和环境关系密切，丰富的资源和适宜的环境是人口聚集的重要影响因素，但是，随着经济和社会的发展，人口与资源、环境之间的矛盾日益突出，因此，深入研究人口的分布特征对于资源利用、环境保护、灾害评估及经济社会可持续发展等方面具有重要意义。现有的人口数据主要来源于统计部门发布的普查数据，但人口普查数据多以行政区为统计单元，无法反映统计单元内部的人口分布特征。人口分布受多种因素的影响，具有非常显著的空间差异性和动态变化特征（刘文红，2018）。因此，不管是多学科的科学研究，还是各级政府相关职能部门的管理工作，都对更为详尽的人口分布信息提出了迫切的需求。在这种背景下，人口空间化方法与技术的发展以及数据产品的积累成为近年来学术研究的热点和前沿之一（陈妍和梅林，2018）。

简言之，人口空间化是指在地理背景下，将人口统计数据按照一定原则分配到规则格网上，以反映特定时空背景下的人口分布和人地关系特征（董南等，2016）。大鹏半岛海岸带区域位于深圳市东部，地形、气候、植被及经济社会特征差异明显，具有独特的资源分布和生态换环境特征，易受到自然灾害和人类活动的影响。研究大鹏半岛海岸带地区的人口空间分布特征对区域资源利用、灾害风险管理、经济社会发展决策等具有重要意义。

9.2.2 数据来源

目前已有多个国家或机构发布了能够覆盖中国海岸带区域的人口空间分布数据。例如，中分辨率的中国 1km 格网人口分布数据、高分辨率的 WorldPop100m 数据等。

9.2.3 大鹏半岛岸带单元人口空间化模拟分析

本研究主要采用 WorldPop100m 数据，按照各岸带单元范围进行区域统计分析。根据栅格人口数据显示，大鹏半岛陆域人口总计 25 万人左右，其中海岸带区域人口约有 9.98 万人，占总人口的 40%（图 9-2）。

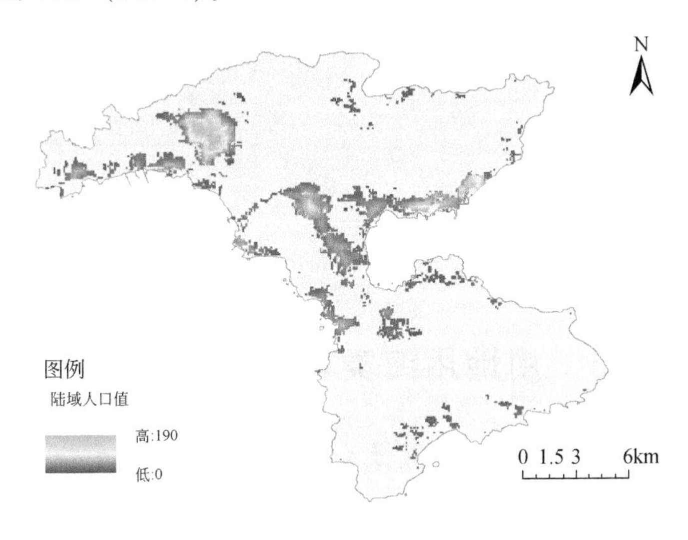

图 9-2 大鹏半岛陆域人口分布情况

各岸带单元人口差异明显，人口主要集中排牙山南段和龙岐湾段（大亚湾核电站区域和较场尾民宿区）。各岸带人口分布情况如图 9-3 和图 9-4 所示。

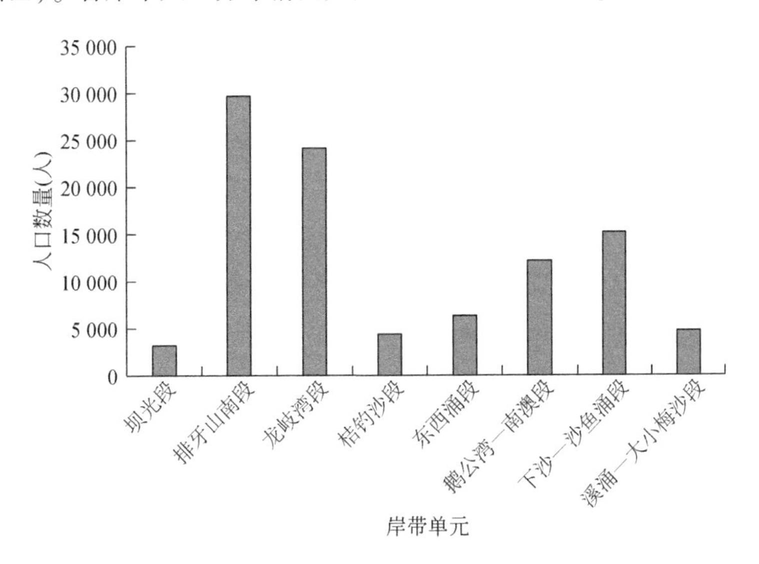

图 9-3 大鹏半岛岸带单元人口分布情况

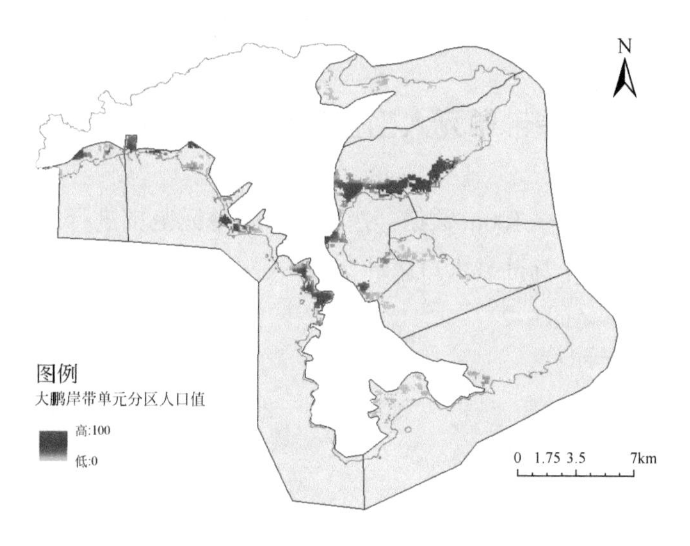

图 9-4 大鹏岸带单元分区人口分布情况

9.3 用地用海类型变化研究概况

用地用海分类，即依据国土空间的主要配置利用方式、经营特点和覆盖特征等因素，对国土空间用地用海类型进行归纳、划分，以反映国土空间利用的基本功能，满足自然资源管理需要。

土地利用/土地覆被变化（Land use and land cover change，LUCC）是国际地圈与生物圈计划（IGBP）和全球变化人文领域计划（IHDP）1992 年提出纲领性研究主题，旨在对区域土地利用/土地覆被的时空演变进行分析和定量描述。已有大量研究表明，城市建设用地拓展及社会经济发展是土地利用与覆被变化的驱动力。

近年来，国内外学者针对 LUCC 的研究开始向区域生态环境方面进行靠拢，主要通过对 LUCC 的结果分析探究其对于区域的气候环境、水环境、土壤环境，以及区域生物多样性等方面的影响。如高秋霞和李田（2003）研究了英格兰北部山区流域牧场的增加对土壤和河流的影响，提出牧场施用的磷肥与山区河流中磷素含量的增加有直接的关系。王鹏等（2015）、于松延等（2014）分别通过对长江流域的赣江和黄河流域的北洛河的水质研究，探讨土地利用变化对生态环境的影响效应，指出农业用地及建筑用地的增加加重了区域水质的破坏。曹言等（2018）采用昆明市主城区 5 个气象站点 1986 年、1995 年、2000 年、2007 年、2014 年的逐日降雨及其土地利用类型数据，研究昆明市主城区土地利用变化对地表径流的影响。研究结果表明，随着昆明市城市化进程的加快，土地利用类型由透水地表向不透水地表转化趋势越发显著，雨水产流能力随着渗透比例的减少而不断提升，从而促进昆明市主城区地表径流量的增加。

9.4 用地用海分类

9.4.1 分类标准

土地利用类型分类参考标准主要有《土地利用现状分类》（GB/T 21010—2017）《城市用地分类与规划建设用地标准》（GB 50137—2011）《海域使用分类》（HY/T 123—2009）等。其中《土地利用现状分类》分为12个一级类和73个二级类；《城市用地分类与规划建设用地标准》的城乡用地分类分为2大类、9中类、14小类，城镇建设用地分为8大类、35中类，42小类；《海域使用分类》根据海域使用用途将海域使用类型划分为渔业用海、工业用海、交通运输用海、海底工程用海、排污倾倒用海、造地工程用海、特殊用海和其他用海9个一级类和31个二级类。

2020年11月自然资源部发布的《国土空间调查、规划、用途管制用地用海分类指南（试行）》，按照陆海统筹、城乡统筹、地上地下空间统筹的要求，形成了覆盖全域全要素全过程的统一的用地用海分类。该指南共设置24种一级类、106种二级类及39种三级类，具体如表9-2所示。

表9-2 用地用海分类

一级类		二级类		三级类	
代码	名称	代码	名称	代码	名称
01	耕地	0101	水田	—	—
		0102	水浇地	—	—
		0103	旱地	—	—
02	园地	0201	果园	—	—
		0202	茶园	—	—
		0203	橡胶园	—	—
		0204	其他园地	—	—
03	林地	0301	乔木林地	—	—
		0302	竹林地	—	—
		0303	灌木林地	—	—
		0304	其他林地	—	—
04	草地	0401	天然牧草地	—	—
		0402	人工牧草地	—	—
		0403	其他草地	—	—

续表

一级类		二级类		三级类	
代码	名称	代码	名称	代码	名称
05	湿地	0501	森林沼泽	—	—
		0502	灌丛沼泽	—	—
		0503	沼泽草地	—	—
		0504	其他沼泽地	—	—
		0505	沿海滩涂	—	—
		0506	内陆滩涂	—	—
		0507	红树林地	—	—
06	农业设施建设用地	0601	乡村道路用地	060101	村道用地
				060102	村庄内部道路用地
		0602	种植设施建设用地	—	—
		0603	畜禽养殖设施建设用地	—	—
		0604	水产养殖设施建设用地	—	—
07	居住用地	0701	城镇住宅用地	070101	一类城镇住宅用地
				070102	二类城镇住宅用地
				070103	三类城镇住宅用地
		0702	城镇社区服务设施用地	—	—
		0703	农村宅基地	070301	一类农村宅基地
				070302	二类农村宅基地
		0704	农村社区服务设施用地	—	—
08	公共管理与公共服务用地	0801	机关团体用地	—	—
		0802	科研用地	—	—
		0803	文化用地	080301	图书与展览用地
				080302	文化活动用地
		0804	教育用地	080401	高等教育用地
				080402	中等职业教育用地
				080403	中小学用地
				080404	幼儿园用地
				080405	其他教育用地
				080501	体育场馆用地
		0805	体育用地	080502	体育训练用地
				080601	医院用地
		0806	医疗卫生用地	080602	基层医疗卫生设施用地
				080603	公共卫生用地
				080701	老年人社会福利用地
		0807	社会福利用地	080702	儿童社会福利用地
				080703	残疾人社会福利用地
				080704	其他社会福利用地

续表

一级类		二级类		三级类	
代码	名称	代码	名称	代码	名称
09	商业服务业用地	0901	商业用地	090101	零售商业用地
				090102	批发市场用地
				090103	餐饮用地
				090104	旅馆用地
				090105	公用设施营业网点用地
		0902	商务金融用地	—	—
		0903	娱乐康体用地	090301	娱乐用地
				090302	康体用地
		0904	其他商业服务业用地	—	—
10	工矿用地	1001	工业用地	100101	一类工业用地
				100102	二类工业用地
				100103	三类工业用地
		1002	采矿用地	—	—
		1003	盐田	—	—
11	仓储用地	1101	物流仓储用地	110101	一类物流仓储用地
				110102	二类物流仓储用地
				110103	三类物流仓储用地
		1102	储备库用地	—	—
12	交通运输用地	1201	铁路用地	—	—
		1202	公路用地	—	—
		1203	机场用地	—	—
		1204	港口码头用地	—	—
		1205	管道运输用地	—	—
		1206	城市轨道交通用地	—	—
		1207	城镇道路用地	—	—
		1208	交通场站用地	120801	对外交通场站用地
				120802	公共交通场站用地
				120803	社会停车场用地
		1209	其他交通设施用地	—	—
13	公用设施用地	1301	供水用地	—	—
		1302	排水用地	—	—
		1303	供电用地	—	—
		1304	供燃气用地	—	—
		1305	供热用地	—	—
		1306	通信用地	—	—
		1307	邮政用地	—	—

续表

一级类		二级类		三级类	
代码	名称	代码	名称	代码	名称
13	公用设施用地	1308	广播电视设施用地	—	—
		1309	环卫用地	—	—
		1310	消防用地	—	—
		1311	干渠	—	—
		1312	水工设施用地	—	—
		1313	其他公用设施用地	—	—
14	绿地与开敞空间用地	1401	公园绿地	—	—
		1402	防护绿地	—	—
		1403	广场用地	—	—
15	特殊用地	1501	军事设施用地	—	—
		1502	使领馆用地	—	—
		1503	宗教用地	—	—
		1504	文物古迹用地	—	—
		1505	监教场所用地	—	—
		1506	殡葬用地	—	—
		1507	其他特殊用地	—	—
16	留白用地			—	—
17	陆地水域	1701	河流水面	—	—
		1702	湖泊水面	—	—
		1703	水库水面	—	—
		1704	坑塘水面	—	—
		1705	沟渠	—	—
		1706	冰川及常年积雪	—	—
18	渔业用海	1801	渔业基础设施用海	—	—
		1802	增养殖用海	—	—
		1803	捕捞海域	—	—
19	工矿通信用海	1901	工业用海	—	—
		1902	盐田用海	—	—
		1903	固体矿产用海	—	—
		1904	油气用海	—	—
		1905	可再生能源用海	—	—
		1906	海底电缆管道用海	—	—
20	交通运输用海	2001	港口用海	—	—
		2002	航运用海	—	—
		2003	路桥隧道用海	—	—

续表

一级类		二级类		三级类	
代码	名称	代码	名称	代码	名称
21	游憩用海	2101	风景旅游用海	—	—
		2102	文体休闲娱乐用海	—	—
22	特殊用海	2201	军事用海	—	—
		2202	其他特殊用海	—	—
23	其他土地	2301	空闲地	—	—
		2302	田坎	—	—
		2303	田间道	—	—
		2304	盐碱地	—	—
		2305	沙地	—	—
		2306	裸土地	—	—
		2307	裸岩石砾地	—	—
24	其他海域	—	—	—	—

9.4.2 大鹏用地用海类型分类

9.4.2.1 用地类型

由于海岸带区域土地利用规划类型和土地利用现状类型分类较多，分析相对复杂，为了便于海岸带土地利用结构分析，参考《国土空间调查、规划、用途管制用地用海分类指南（试行）》及深圳市2018年土地利用现状资料，将大鹏半岛土地利用类型的26小类合并为7大类，具体如表9-3所示。

表9-3　大鹏半岛土地利用类型分类

一级类		二级类	
代码	名称	代码	名称
1	农业用地	011	水田
		012	水浇地
		013	旱地
		122	设施农用地
		021	果园
		023	其他园地
2	林草地	031	有林地
		032	灌木林地
		033	其他林地
		043	其他草地

续表

一级类		二级类	
代码	名称	代码	名称
3	交通运输用地	101	铁路用地
		102	公路用地
		104	农村道路
		106	港口码头用地
		107	管道运输用地
4	陆地水域	111	河流水面
		113	水库水面
		114	坑塘水面
		117	沟渠
5	湿地	116	内陆滩涂
		115	沿海滩涂
6	裸地	127	裸地
7	城镇用地	201	城市发展
		204	采矿用地
		118	水工建筑用地
		205	风景名胜及特殊用地

9.4.2.2 用海类型

根据《广东省海洋功能区划（2011—2020 年）》，大鹏半岛海域可分为 5 个功能区类型，共 9 个功能区。具体分类情况及水质、沉积物执行标准要求如表 9-4 所示。

表 9-4 大鹏半岛海域功能区类型

功能区类型	功能区名称	水质执行标准	沉积物执行标准
休闲娱乐区	大梅沙—南澳湾旅游休闲娱乐区	二类	一类
	西涌—东涌旅游休闲娱乐区	二类	一类
	桔钓沙旅游休闲娱乐区	二类	一类
农渔业区	南澳湾—大鹿湾农渔业区	二类	一类
	大鹏澳农渔业区	二类	一类
	珠海—潮州近海农渔业区	一类	一类
工业与城镇用海区	大鹏工业与城镇用海区	三类	二类
海洋保护区	大亚湾海洋保护区	一类	一类
保留区	小桂保留区	维持现状	维持现状

9.5 大鹏土地利用现状分析

9.5.1 整体情况

9.5.1.1 大鹏半岛陆域土地利用现状①

大鹏半岛土地利用类型以林/草地为主，面积为190.4km²，占大鹏新区辖区陆域总面积的64.4%；其次是农业用地，占总面积的17.2%；城镇用地占总面积的10.7%；陆地水域、湿地、交通运输用地和裸地则分别占总面积的2.7%、2.5%、1.5%和1.0%（图9-5，图9-6）。

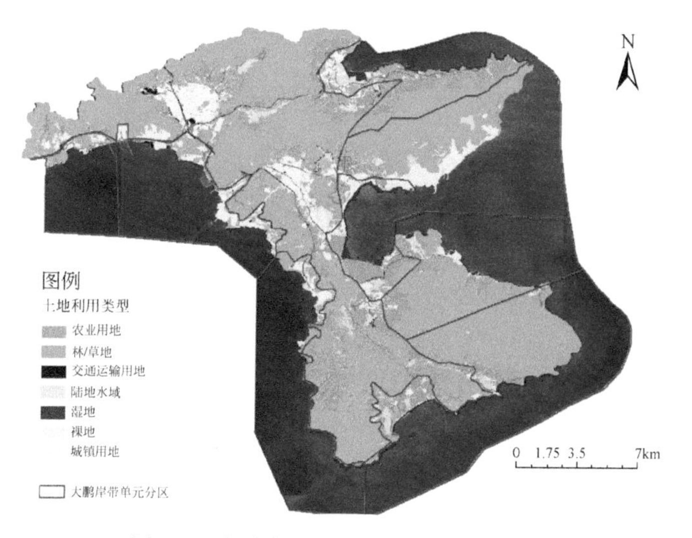

图9-5 大鹏半岛土地利用类型分布情况

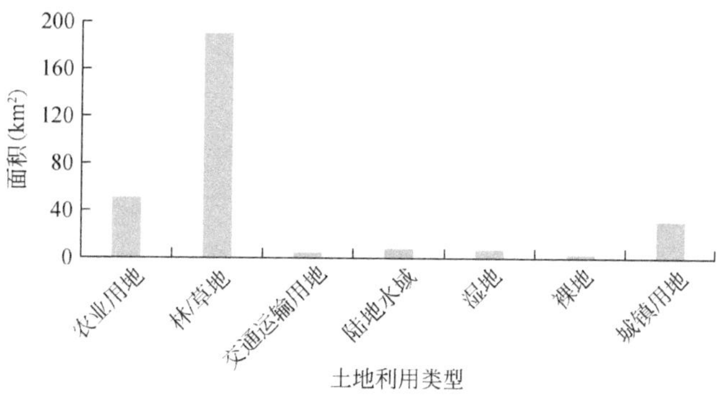

图9-6 大鹏半岛土地利用现状

① 数据来源于深圳市规划与自然资源局大鹏管理局。

9.5.1.2 大鹏半岛海岸带区域土地利用现状

根据研究团队对于大鹏半岛海岸带研究范围界定，大鹏半岛海岸带陆域面积共140.8km²，占大鹏半岛陆地总面积的47.7%。土地利用类型中林/草地比例最大，占61.0%；其次是农业用地和城镇用地，分别占16.6%和11.8%；其余四种类型占比均小于5%（图9-7）。

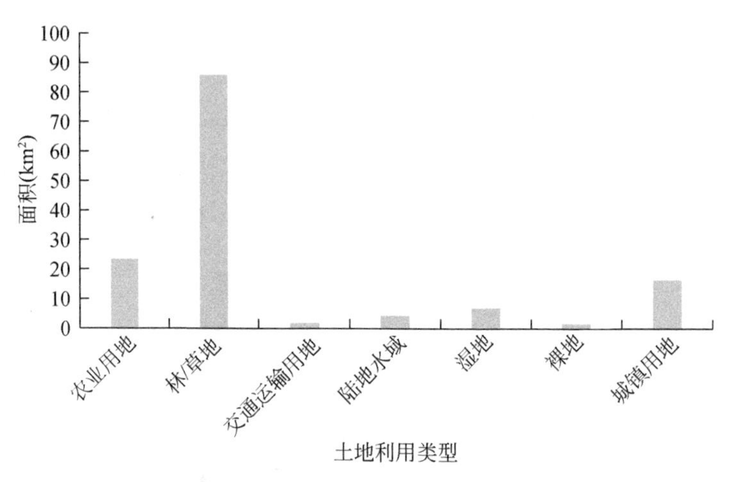

图9-7 大鹏半岛海岸带区域土地利用现状

9.5.2 各岸带单元土地利用现状

9.5.2.1 各岸带单元陆域面积

大鹏半岛8个岸带单元的陆域面积分布如图9-8所示。其中，占地面积最大的为东西

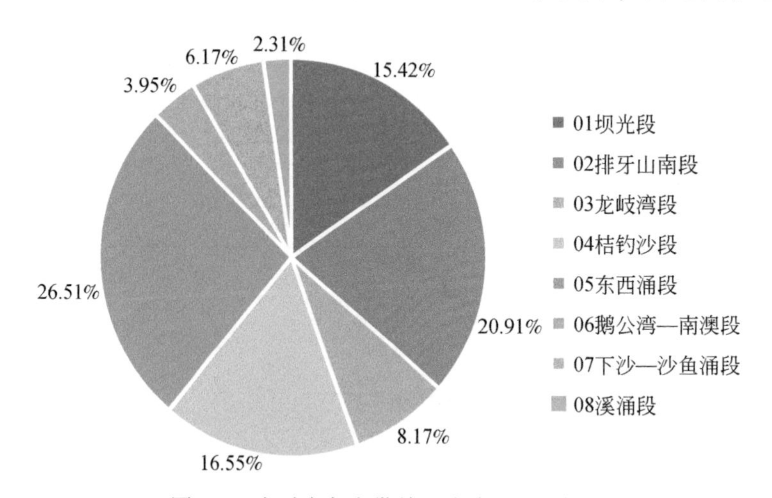

图9-8 大鹏半岛岸带单元陆域面积比例图

涌段，为 37.3km²，占大鹏海岸带陆地面积的 26.51%。最小岸线单元为溪涌段，面积为 3.2km²，占总面积的 2.31%。

9.5.2.2 各岸带单元土地利用现状

各岸带单元土地利用现状情况如图 9-9 所示。其中，排牙山南段、桔钓沙段、东西涌段以林/草地为主，分别占总面积的 73.99%、71.97% 和 76.53%；农业用地以坝光段最多，为 6.59km²，其次是龙岐湾段、桔钓沙段和东西涌段；城镇用地以排牙山南段、

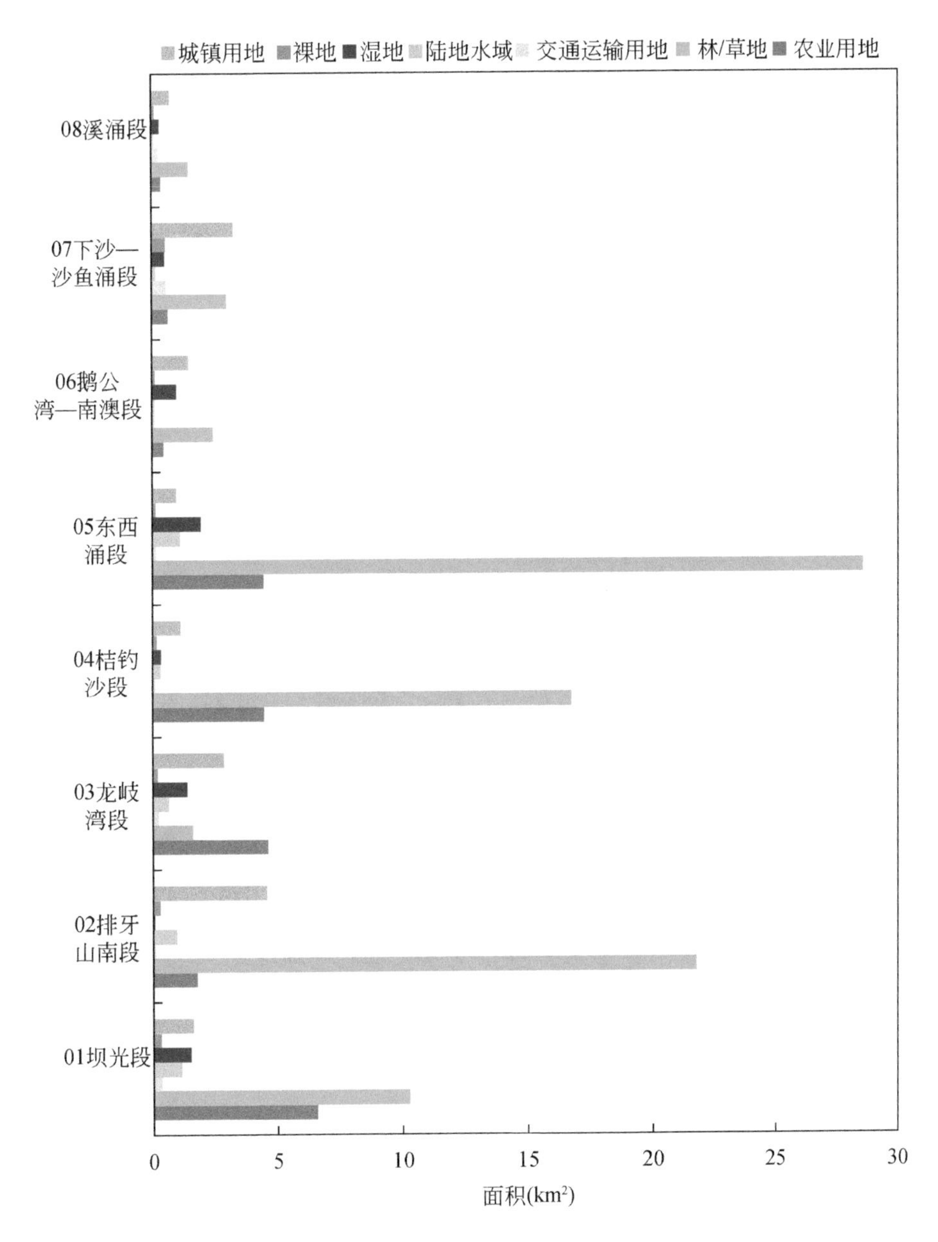

图 9-9　大鹏半岛海岸带土地利用现状

下沙—沙鱼涌段和龙岐湾段最多，分别为 4.57km^2、3.28km^2 和 2.86km^2；湿地面积最大的岸带单元是东西涌段，为 1.94km^2，其次是坝光段和龙岐湾段南段，分别是 1.50km^2 和 1.37km^2。

9.6 大鹏海岸带区域用海现状分析

9.6.1 总体情况

大鹏半岛海岸带区域的海域面积为 244.07km^2，约占大鹏新区辖区海域总面积的 80%。海域范围包括休闲娱乐区、农渔业区、海洋保护区、工业与城镇用海区、保留区五个类型（图 9-10），其中海洋保护区面积最大，占 33.4%；休闲娱乐区和农渔业区接近，分别占 28.2% 和 28.1%；工业与城镇用海区以及保护区分别占 4.4% 和 0.9%。各海域功能区面积情况如图 9-11 所示。

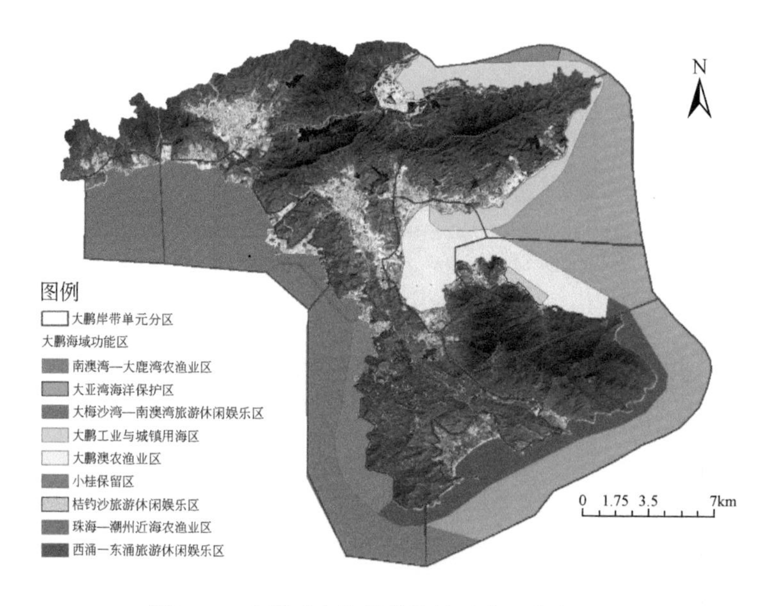

图 9-10 大鹏半岛海岸带海域功能区分布情况

9.6.2 各岸带单元用海情况分析

9.6.2.1 各岸带单元海域面积

大鹏半岛各岸带单元中，东西涌段海域面积最大，为 56.60km^2，占大鹏半岛海域总

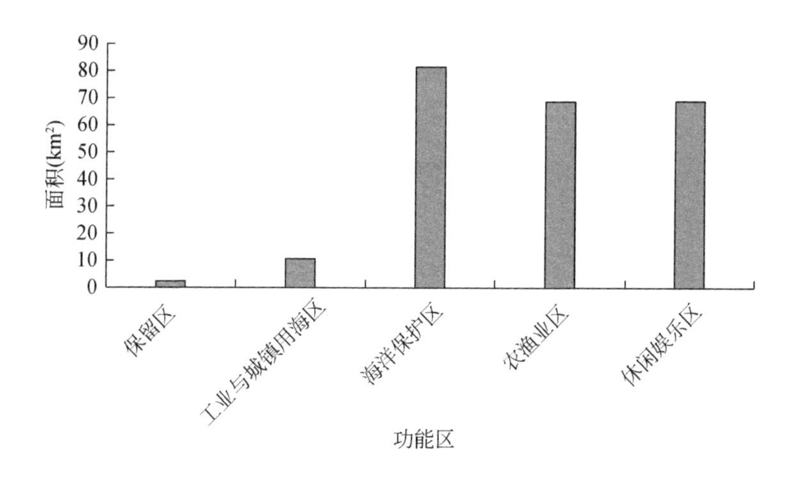

图 9-11　大鹏半岛海岸带海域功能区面积

面积 23.19%；其次是鹅公湾—南澳段，占总面积的 18.53%；海域面积最小的是坝光段，为 17.46km^2，占总面积的 5.62%（图 9-12）。

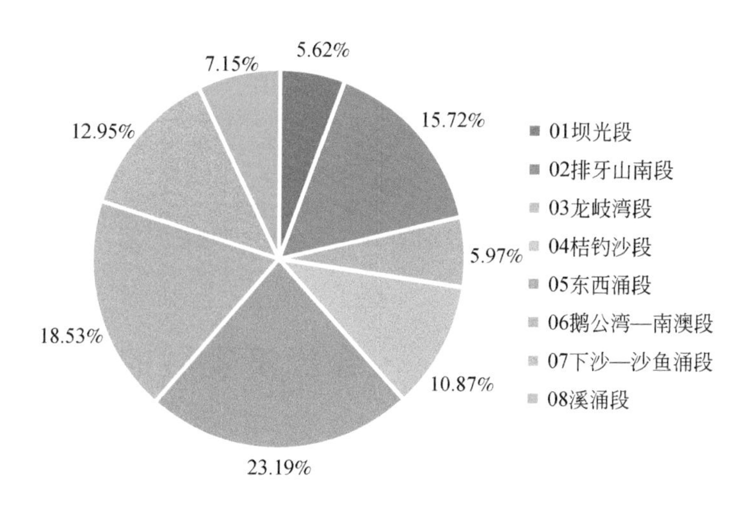

图 9-12　大鹏半岛岸带单元海域面积比例

9.6.2.2　各岸带单元海域功能区

大鹏半岛各岸带单元海域利用现状情况如图 9-13。其中，坝光段以工业与城镇用海区为主；排牙山南段以海洋保护区为主；龙岐湾段与鹅公湾—南澳段以农渔业区为主；桔钓沙段以海洋保护区和农渔业区为主；东西涌段以海洋保护区和休闲娱乐区为主；下沙—沙鱼涌段和溪涌段以休闲娱乐区为主。

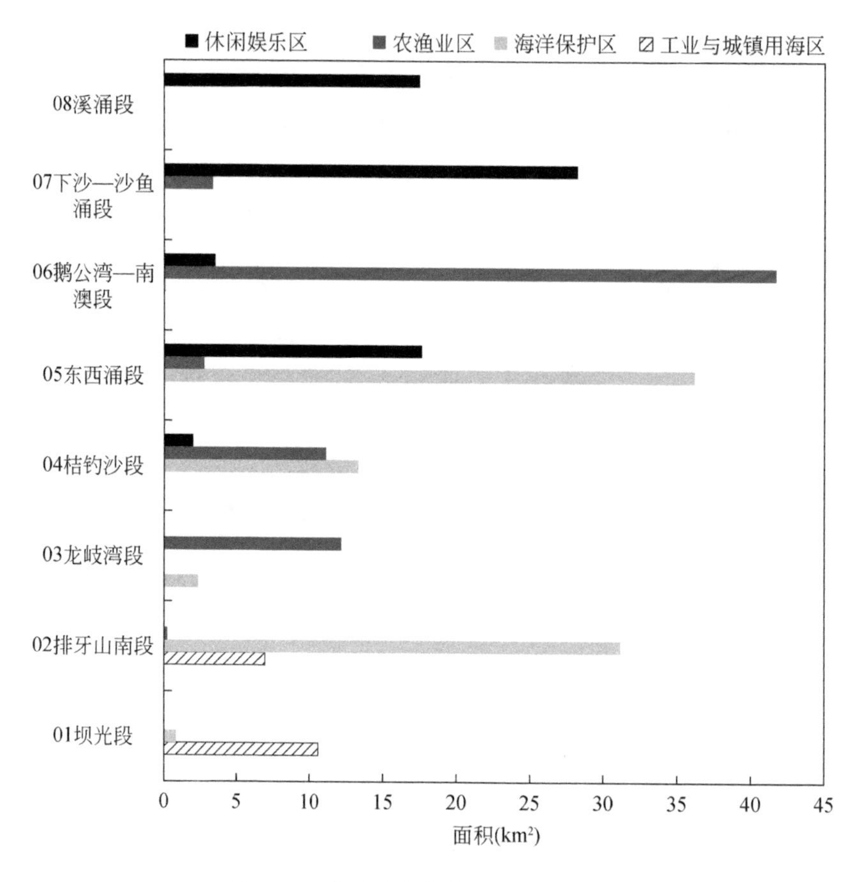

图 9-13　大鹏半岛各岸段海域利用现状

9.7　夜间灯光数据对社会经济发展的指示作用

9.7.1　研究概况

传统的城市化发展进程及社会经济发展状况分析主要基于统计年鉴数据，近年来遥感技术因其直观性、客观性、时效性、经济性等优点，已经被广泛应用于城市发展研究（Zhou et al.，2004）。夜光遥感数据已被证明与城市的 GDP（Xin et al.，2016）、人口密度（Liu et al.，2011）、用电量、城区面积（Liu et al.，2012）等社会经济指标有着较强的相关性，能很好体现人类活动的剧烈程度。

Zhao 等（2017）绘制了 2014 年中国南方地区像素水平的 GDP 图，并定量分析了不同地貌类型之间的经济差异，表明 VIIRS 数据的夜间总光（TNL）对于市 GDP 和县 GDP 的呈现出显著线性相关关系。胡云锋等（2018）利用 NPP-VIIRS 夜间灯光数据基于逐步回归模型，建立了人口空间分布数据集，表明 VIIRS 夜间灯光数据与人口数据高度相关，且相关系数高于0.76。Shi等（2015）根据夜间光合成数据中所有像素之和测得的夜间总光在中国省级总货运量（total freight ttraffic）上进行回归分析，结果表明NPP-VIIRS数据非常适合中国总货运量的建模。

9.7.2 夜间灯光数据来源

夜间灯光数据来源主要有1976年美国国防气象卫星计划卫星（Defense Meteorological Satellite Program，DMSP）搭载的Operational Linescan System（OLS）传感器、美国于2011年10月发射的国家极轨卫星（Suomi National Polar Orbiting Partnership，Suomi-NPP）搭载的新一代可见光近红外成像辐射夜光传感器（Visible Infrared Imaging Radiometer Suite，VIIRS）传感器及中国于2018年6月发射的专业夜光遥感卫星珞珈一号等的数据产品。

9.8 大鹏半岛夜间灯光分析

9.8.1 大鹏半岛夜间灯光区位情况及动态变化

深圳市不同区域经济发展差异较大，从空间来看，深圳市夜光强度呈现出西高东低、南高北低的总体分布规律。其中，南部的福田、南山、罗湖、盐田等靠近香港特区的地区夜光强度较高，北部以光明、龙华、龙岗等区的行政中心夜光强度较高，东部大鹏半岛夜光强度相对较低。除以上几个行政区中心形成的夜光亮度高值区域以外，深圳宝安国际机场、深圳港大铲湾港区、深圳港大小铲岛港区、深圳港南山港区、深圳港盐田港区所在地也形成了夜光亮度的高值中心。从时间来看，除坪山区以外，以各区政府驻地为中心的、随时间变化夜光高值的面积越来越大，尤其以西部与中部地区最为明显；大鹏半岛大部分地区变化不明显，夜间灯光值一直处于相对较低状态。

9.8.2 大鹏半岛夜间灯光现状

珞珈一号卫星数据空间分辨率远比美国的DMSP/OLS和NPP/VIIRS卫星高，达到130m。在理想环境下15天即可完成全球夜光影像拍摄，单幅影像覆盖范围达250km能够较准确地捕获地表城市灯光DN值（Digital Number），对研究区域城市化发展存在着重要的参考意义。本研究通过获取珞珈一号于2018年10月拍摄的卫星影像，进行影像配准与裁剪，并换算为绝对亮度值（$L=DN^{3/2}\times10^{-10}$），初步评估大鹏半岛夜间亮度情况（图9-14）。

由影像数据可见，大鹏半岛夜间灯光值较高的地方集中在葵涌、大亚湾核电站南澳等区域图。

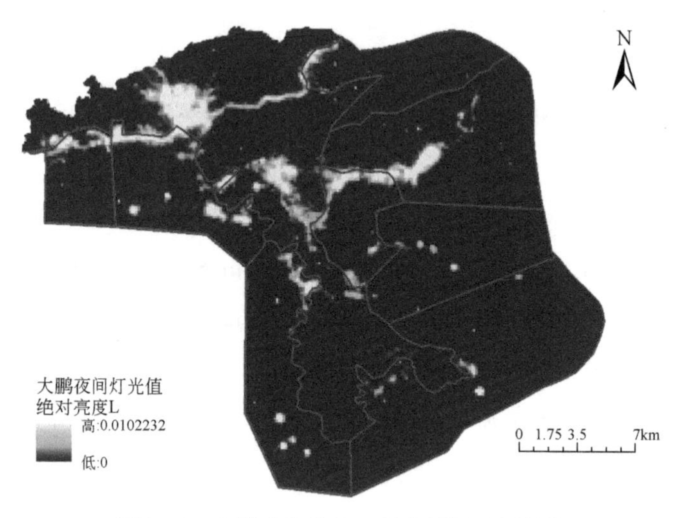

图 9-14　大鹏半岛珞珈一号夜间灯光辐射值

9.9　大鹏半岛夜间灯光航拍图

研究团队从 2021 年 2 月开始，对大鹏半岛重点岸段区域开展夜间灯光强度实地调研，综合采用无人机影像等方式进行评估分析。

9.9.1　大鹏湾夜间灯光情况

大鹏半岛西部大鹏湾岸段夜间灯光亮度较高的地方主要集中葵涌街道、光汇油气码头、东部电厂、南澳等片区（图 9-15 ~ 图 9-18）。

图 9-15　南澳夜间灯光影像图（摄于 2021 年 6 月 24 日）

图 9-16　双拥码头夜间灯光影像图（摄于 2021 年 6 月 24 日）

图 9-17　沙鱼涌夜间灯光影像图（摄于 2021 年 2 月 25 日）

图 9-18　玫瑰海岸夜间灯光影像图（摄于 2021 年 2 月 25 日）

9.9.2 大亚湾夜间灯光情况

大亚湾夜间灯光亮度较高的地方集中在大亚湾核电站、较场尾、坝光生物谷、七星湾码头等片区（图9-19～图9-21）。

图9-19 坝光夜间灯光影像（摄于2021年7月30日）

图9-20 较场尾夜间灯光影像（摄于2021年4月27日）

9.9.3 夜灯光管理措施

2021年8月，深圳市颁行《深圳市城市照明专项规划（2021—2035）》，依托位于大

图 9-21　七星湾夜间灯光影像（摄于 2021 年 2 月 24 日）

鹏半岛西涌的深圳市天文台，建设“大鹏星空公园”。同时公园建设将对东西涌片区杨梅坑片区、南澳片区、溪冲工人度假村等处进行光污染整治，严格控制公园周边民宿及商业区景观照明建设，规定景观照明亮灯时间。随着暗夜社区和星空公园的创建打造，暗夜社区提供了天文观测摄影、度假旅游、科普讲解等夜间活动的场所。设立“暗夜保护区”，充分利用暗夜资源，减少城市光污染和碳排放，保护动植物夜间栖息环境，是平衡城市夜间公共活动与生态环境保护需求的实践。

第 10 章 海岸带区域生态环境风险与污染调查评估

随着人类活动的加剧，大量污染物通过多种途径被排放到海岸带中，高强度人类活动引起的环境污染已导致海岸带功能的退化。快速发展的海水养殖业，低端型和资源与能源消耗型产业造成废水、废气和固体废弃物排放，频发的赤潮等，对滨海湿地、近岸海域等海岸带环境均造成冲击，滨海湿地的丧失造成海岸带自净能力的下降，恢复周期变长，可能对滨海生态系统和生物造成不可逆转的损害。

我国自 2013 年开始相继出台《国家突发环境事件应急预案》《突发环境事件信息报告办法》《突发环境事件应急管理办法》等一系列法规办法，其中《突发环境事件应急管理办法》明确要求"县级以上地方环境保护主管部门应当按照本级人民政府的统一要求，开展本行政区域环境风险评估工作"。2018 年，生态环境部进一步发布了《行政区域突发环境事件风险评估推荐方法》，用于指导开展行政区域突发环境事件风险评估。

大鹏半岛海岸带建有大亚湾核电基地、东部电厂、液化天然气接收站（LNG 接收站）、下洞油库等大型设施；另有各类有可能产生大气污染和水污染的企业，如大通电路板（深圳）有限公司、不凡帝范梅勒糖果（深圳）有限公司等。目前，大鹏半岛风险源防范和污染源防治仍存在总体底数不清、基础数据缺乏、综合管理能力不足等问题。因此，探究大鹏半岛海岸带潜在环境风险源和污染源的分布、类型及大小，并提出合理有效的防控管理对策将对保障大鹏半岛海岸带生态安全、保证民众健康、维护海岸带地区可持续发展具有重要作用。

10.1 海岸带风险研究概述

10.1.1 国内外研究现状

国际上，2000 年美国修订了《海岸带管理法案》，对海岸带污染防治的内容涉及海岸带的生境和生物多样性、灾害、水体质量、依赖性用途、公众可达性及社区发展等领域。欧盟从 1996 年开始开展海岸带管理实验项目，制定了相应的海岸带可持续发展指标，并在近年来开始将关注点转向"陆海统筹"的海岸带综合管理上，强调海岸带地区各种活动的协调发展（Deboudt et al.，2008）。20 世纪 90 年代中期开始，亚太各国和地区加强了海岸带管理立法和综合性实践活动，逐步开展如海岸带脆弱性评价、先进评价及管理方法在传统海岸带系统中的嵌入研究、政府机构内部协作及政府间合作等多方面多层次的管理实践活动（Single，2010）。

我国对海岸带区域环境风险及污染防治的研究始于 20 世纪 80 年代中期。2000 年之后，随着《海洋环境保护法》及《近岸海域环境功能区管理办法》两部法律法规的颁布实施，研究数量明显增加。主要研究内容包括海水中氮磷营养盐、有机污染物及重金属污染物的赋存形态，来源解析，空间分布特征，生态环境评价，历史演进趋势及迁移富集行为等（史戈等，2019）。近些年，研究重点转向对海洋污染源控制研究，包括探究陆上产业布局对海岸带环境影响、入海河流中污染物评估及海上污染源分析与防控等（史戈等，2019）。另外，探究区域间污染流动对跨行政区污染联防联控具有重要意义（纪灵等，2001），也成为研究的热点。

10.1.2 研究案例

10.1.2.1 案例 1：厦门湾海岸带地区主体功能区划的环境风险评价

2009 年，“海岸带主体功能区的划分技术研究与示范”项目选取厦门湾海岸带地区作为海湾型海岸带主体功能研究区，采用基于多准则决策分析法（Multiple-Criteria Decision Analysis，MCDA）来开展厦门湾海岸带地区主体功能区划的环境风险评价对比研究，从环境风险的角度支持厦门湾海岸带地区主体功能的决策（吴侃侃，2012）。多准则决策分析法是目前国内外最流行的一种决策方法，该方法从环境分析角度，综合预测分析了厦门湾主体功能区划的备选方案在决策过程中未来可能导致的多种环境风险因素，并以这些环境风险因素作为重要评价准则。其中，专家打分法为该方法的核心之一，在各准则评价数据均能量化的情况下，进行各个准则权重打分。

第一，识别主体功能区划目标和相关环境风险。总体来看，发展港口主要导致的环境风险分为三类：①由于台风风暴潮导致船舶溢油事故增加的风险；②船舶数量增加导致的船舶溢油风险；③台风风暴潮造成的港口破坏风险。如果发展旅游，可能导致的环境风险主要有：①海上旅游和观光的风险；②游艇数量增加而导致船舶溢油的风险。

第二，在识别区划目标和相关环境风险的基础上，收集各准则的评价指标及数据，包括风险概率、风险后果等；采用环境风险预测评价中类比分析、概率统计分析等进行评价，并赋予各准则最初评价值；再采用分层次分析和专家评判法对各权重进行权重分配。

第三，使用三个准则对决策方案进行综合评价（表 10-1，表 10-2）。

表 10-1　厦门湾未来发展旅游环境风险决策矩阵

评价准则	准则的平均权重	准则的风险值	综合决策值（旅游）
台风风暴潮	0.3359	8.14×10^5 元/年	5.38×10^6 元/年
船舶溢油	0.2785	6.00×10^4 元/年	
油码头溢油	0.3856	1.31×10^7 元/年	

表 10-2　厦门湾未来发展港口环境风险决策矩阵

评价准则	准则的平均权重	准则的风险值	综合决策值（港口）
台风风暴潮	0.2123	2.60×10^6 元/年	6.66×10^6 元/年
船舶溢油	0.3631	1.40×10^6 元/年	
油码头溢油	0.4287	1.31×10^7 元/年	

根据评估结果，如果厦门海湾岸带地区发展旅游，那么其面对的环境风险指数为 5.38×10^6 元/年；如果厦门海湾岸带地区发展港口，那么其面对的环境风险指数为 6.66×10^6 元/年。因此，发展港口的环境风险比发展旅游的环境风险稍大。从环境风险的角度出发，多准则决策分析的结果支持旅游作为厦门湾海岸带主体功能，但两者差别不大。

10.1.2.2　案例 2：基于 DPSIR 模型的天津海岸带生态环境安全变化趋势分析

渤海为上承海河、黄河、辽河三大流域，下接黄海、东海生态体系的半封闭内海，是中国沿海诸多海域中生态环境最为脆弱的海域。为有效评估近岸海域环境污染状况，将港口及近岸海域生态系统作为一个整体，基于采用“驱动力-压力-状态-影响-响应（Driving Force-Pressure-State-Impact-Response，DPSIR）”模型框架，以天津海岸带为例，建立了一套系统的海岸带生态安全水平度量的指标体系和评价方法，对海岸带多年的生态环境安全状态进行评估，考察为改善区域环境质量所作努力的成效，为促进区域环境管理提供决策依据（邵超峰等，2015）。

DPSIR 模型是欧洲环境局综合“压力-状态-响应”模型和“驱动力-状态-响应”模型的优点而建立起来解决环境问题的管理模型，已逐渐成为判断环境状态和环境问题因果关系的有效工具，是国际上环境保护和可持续发展领域广泛应用的一套指标框架。研究过程中以 DPSIR 模型为骨架，以保障海岸带环境安全、有效指导环境管理为目标，以海岸带环境风险形成机制的分析为基准确定指标的内涵（Hanne et al.，2008），基本思路如图 10-1 所示。

基于 DPSIR 模型原理采用自上而下、逐层分解的方法，把海岸带生态环境安全分为三个层次，每层次又分别选择反映其主要特征的要素作为评价指标。第一层次为目标层，以海岸带生态环境安全综合指数为目标，用来度量近岸区域生态环境安全的总体水平；第二层次为准则层（C），包括驱动力、压力、状态、影响、响应 5 个部分；第三层次为指标

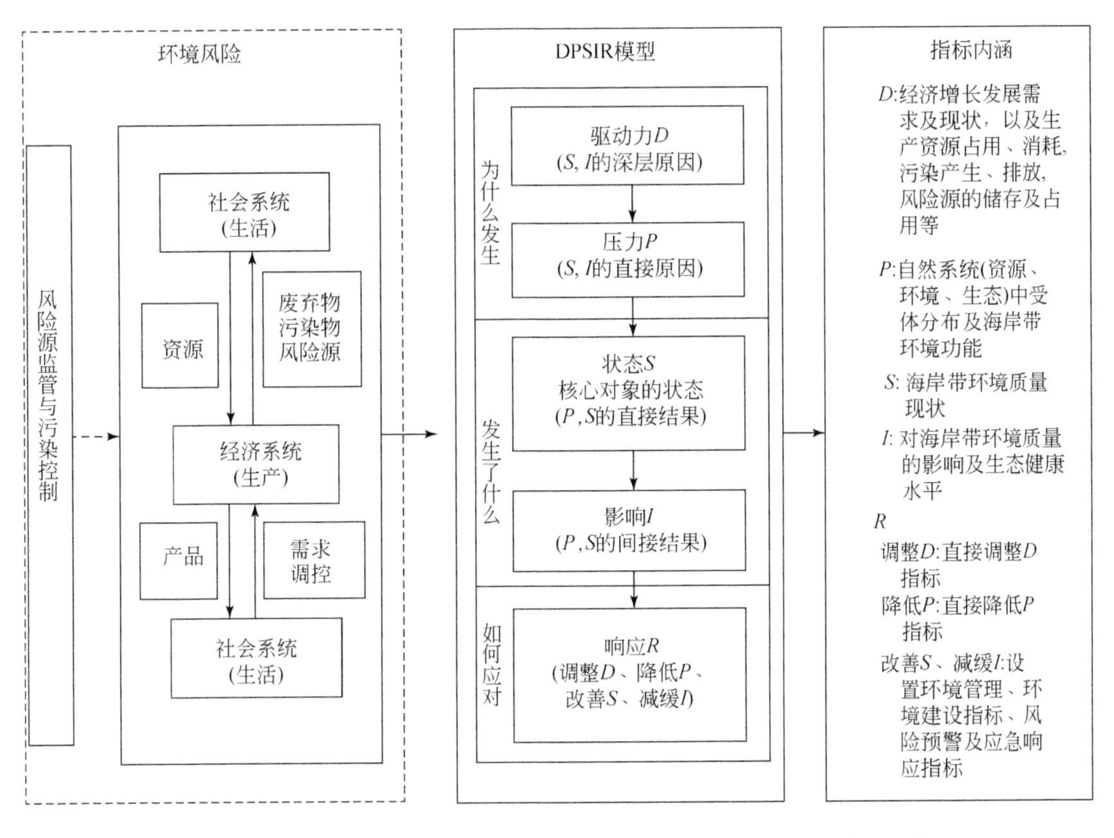

图 10-1　基于 DPSIR 模型的海岸带生态环境安全指标体系框架建设思路

层（I），根据系统性、科学性和实用性。考虑到指标基础数据的可得性和易量化，在国内外生态环境安全评价指标体系研究的基础上，结合已有的相关环境保护标准及要求和有关专家的建议，同时考虑区域特征，建立天津海岸带生态环境安全评估指标体系，如表 10-3 所示。

表 10-3　天津海岸带生态环境安全评估指标体系

准则层（C）	指标层（I）	指标代表的意义
驱动力 C_1	沿海地区生产总值 I_{11}	表征区域的经济发展水平
	沿海地区海洋产业生产总值 I_{12}	表征对海洋资源开发利用水平
	海水养殖产量 I_{13}	表征对近岸海域的开发利用程度
	围海造地用海面积 I_{14}	—
	沿海港口吞吐量 I_{15}	表征港口规模及船舶交通情况
	沿海地区人口数量 I_{16}	表征区域社会经济发展需求
压力 C_2	淡水入海量 I_{21}	表征近岸海域盐度变化的压力
	化学需氧量排海通量 I_{22}	表征沿海地区社会经济发展排放的水污染物对海洋生态系统的压力
	溶解无机氮排海通量 I_{23}	—
	磷营养盐排海通量 I_{24}	—
	石油烃排海通量 I_{25}	—

续表

准则层（C）	指标层（I）	指标代表的意义
状态 C_3	近岸海域受污染水域比例 I_{31}	指水质劣于《海水水质标准》（GB 3097—1997）第二类水质要求的区域，表征近岸海域功能区水体污染状况
	近岸海洋生态系统健康指数 I_{32}	表征环境质量、生物群落结构、产卵场功能以及开发活动等对近岸海域生态系的影响程度，采用中国国家海洋局推荐的方法计算
	海水富营养化水平 I_{33}	表征海水受无机氮和活性磷酸盐的影响程度，采用富营养化海域占总海域面积的比例来计算
	近海与海岸滩涂湿地 I_{34}	表征近岸陆域生态系统退化程度
	沉积物污染生态风险指数 I_{35}	表征沉积物受石油类、重金属、砷、硫化物和有机碳等污染物的水平，采用中国国家海洋局推荐的方法计算
影响 C_4	沿海地区海洋灾害损失 I_{41}	表征环境污染对海洋生态系统的影响程度
	海平面变化状况 I_{42}	表征气候变化对海洋生态系统的影响程度
	海水入侵面积 I_{43}	表征海洋生态系统变化对近岸陆域环境的影响程度
	土壤盐渍化范围 I_{44}	—
	海洋生物多样性 I_{45}	表征近岸海域生物种数和种类间个体数量分配的均匀性，采用 Shannon-Wiener 多样性指数计算
响应 C_5	入海排污口水质达标率 I_{51}	对环境污染的响应，指为改善海洋环境质量而做出的影响措施，表征对近岸海域生态环境安全所采取的实际行动
	近岸海域功能区水质达标率 I_{52}	表征区域环境污染治理强度和管理水平
	单位吞吐量占用岸线 I_{53}	表征岸线利用效率
	港口码头应急能力建设水平 I_{54}	表征应对近岸及海岸环境灾害的能力，依据港口应急设备配备管理规范进行计算
	环境投入占 GDP 比例 I_{55}	表征对生态环境安全的重视程度

通过大量统计资料，结合遥感调查、地面生态数据的采集，以及重要生态功能区定点监测、地理信息系统和全球定位系统技术相结合的调查手段，开展区域生态环境现状调查。在此基础上进行指标标准化、指标权重分配及综合评分等，得出的评价结果如图 10-2 所示。

评价结果表明，天津市海岸带的生态环境状况由 2005 年的 0.9494 下降为 2010 年的 0.2027，生态环境不断恶化，近海海洋生态系统始终处于亚健康和不健康状态。主要表现为含氮、磷等陆域污染物排放量的增加导致近海水域富营养化水平不断恶化、污染程度加剧，天津近岸海域清洁海水面积由 2005 年的 $1260km^2$ 下降为 2010 年的 $400km^2$；持续大规模围填海工程使滨海自然湿地面积大幅减小，由 2005 年的 58 $090hm^2$ 下降为 2010 年的 37 $856hm^2$，导致许多重要的经济生物的栖息地丧失，生物多样性不断降低；水体污染则影响了海洋生态系统平衡，使得生物群落结构变差，生物数量和密度均呈现下降趋势。

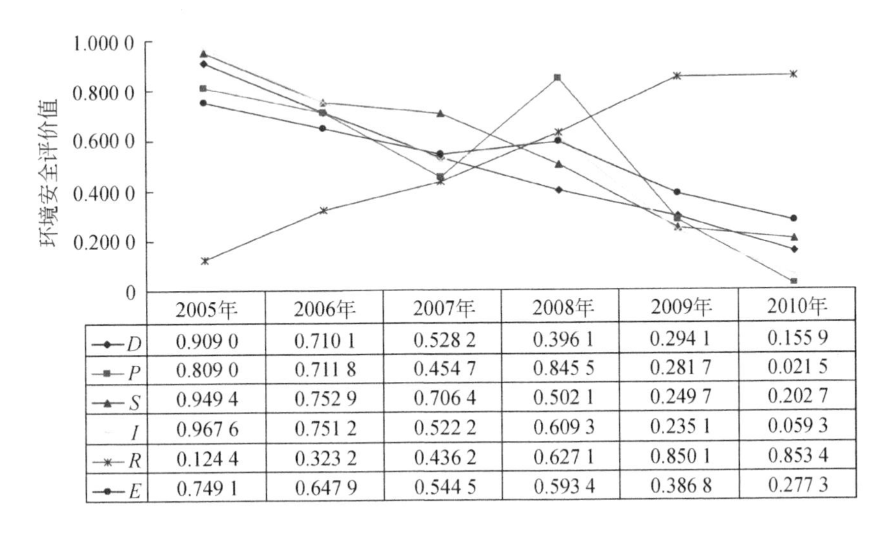

	2005年	2006年	2007年	2008年	2009年	2010年
D	0.909 0	0.710 1	0.528 2	0.396 1	0.294 1	0.155 9
P	0.809 0	0.711 8	0.454 7	0.845 5	0.281 7	0.021 5
S	0.949 4	0.752 9	0.706 4	0.502 1	0.249 7	0.202 7
I	0.967 6	0.751 2	0.522 2	0.609 3	0.235 1	0.059 3
R	0.124 4	0.323 2	0.436 2	0.627 1	0.850 1	0.853 4
E	0.749 1	0.647 9	0.544 5	0.593 4	0.386 8	0.277 3

图 10-2 天津海岸带生态环境安全评价结果

10.2 海岸带重要设施及风险源分布

10.2.1 综合风险情况

大鹏半岛环境风险源主要集中在葵涌街道和大鹏街道。风险类型包括放射及突发环境事件风险物质的企业、港口码头、油库及气库、加油站及加气站、集中式污水处理站、集中式垃圾处理设施、LNG 道路运输路线和管道、石油运输路线和管道等。

环境风险企业共计 43 家，其中葵涌街道 17 家，大鹏街道 23 家，南澳街道 3 家。

10.2.2 海岸带环境风险情况

大鹏半岛综合环境风险源主要集中在下沙—沙鱼涌段（07 单元），共有 9 个；鹅公湾—南澳段（06 单元）和龙岐湾段（03 单元）各有 3 个风险源，排牙山南段（02 单元）有 1 个风险源；其余岸带单元没有综合环境风险源。

海岸带单元的 16 个综合环境风险源中，有重大风险源 4 个，较大风险源 3 个，其余为一般风险源。4 个重点风险源均位于下沙—沙鱼涌段，分别为广东大鹏液化天然气有限公司、深圳华安液化石油气有限公司、中国石化销售股份有限公司广东深圳大鹏湾油库、深圳市光汇石油化工股份有限公司。

10.2.3 水环境风险源

大鹏半岛共有水环境风险源41处，其中重大环境风险源和较大环境风险源各4处，其余为一般环境风险源。大鹏风险源分布具体情况见图10-3。

水环境风险源的分布主要集中在王母河、葵涌河、下洞河、南澳河等流域。其中，王母河流域风险源数量最多，共14个，包括中海油深圳电力有限公司、深圳市深水水头污水处理有限公司水头水质净化厂、深圳资福药业有限公司等。其次是葵涌和流域，共10个，包括深圳市比亚迪电子部品件有限公司、葵涌人民医院、葵涌大林坑垃圾填埋场及渗滤液处理站等。各流域风险源所占比例具体情况见图10-3，流域风险源分布具体情况见表10-4和图10-4①。

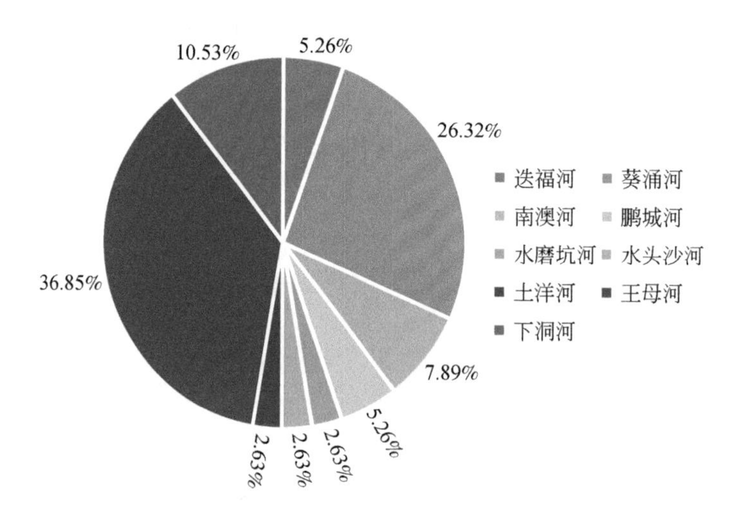

图10-3　大鹏半岛各河流水风险源分布

表10-4　大鹏半岛环境风险源分布情况

编号	风险源名称	所属流域	环境风险等级
01	中国石化销售股份有限公司广东深圳大鹏湾油库	下洞河	重大环境风险
02	深圳华安液化石油气有限公司	下洞河	重大环境风险
03	深圳市光汇石油化工股份有限公司	下洞河	重大环境风险
04	深圳市比亚迪电子部品件有限公司	葵涌河	较大环境风险
05	葵涌人民医院	葵涌河	一般环境风险
06	不凡帝范梅勒糖果（深圳）有限公司	—	一般环境风险
07	深圳市深水水头污水处理有限公司葵涌水质净化厂	葵涌河	一般环境风险

① 资料来源自《大鹏新区环境风险源地图绘制及区域环境风险评估项目报告（2020）》。

续表

编号	风险源名称	所属流域	环境风险等级
08	比亚迪股份有限公司	葵涌河	一般环境风险
09	中国石化销售有限公司华南分公司（深圳输油大鹏湾站）	下洞河	一般环境风险
10	中国石化销售有限公司广东深圳沙鱼涌加油站	土洋河	一般环境风险
11	中国石化销售有限公司广东深圳葵涌加油站	葵涌河	一般环境风险
12	深圳市誉兴汽车服务有限公司	葵涌河	一般环境风险
13	斯比泰科技（深圳）有限公司葵涌分公司	葵涌河	一般环境风险
14	深圳比亚迪微电子有限公司	葵涌河	一般环境风险
15	葵涌大林坑垃圾填埋场及渗滤液处理站	葵涌河	一般环境风险
16	深圳无限能源科技有限公司	葵涌河	一般环境风险
17	广东大鹏液化天然气有限公司	—	重大环境风险
18	中海石油天然气有限公司	迭福河	较大环境风险
19	大通电路板（深圳）有限公司	迭福河	较大环境风险
20	深圳能源集团股份有限公司东部电厂	—	较大环境风险
21	中海油深圳电力有限公司	王母河	一般环境风险
22	深圳市深水水头污水处理有限公司水头水质净化厂	王母河	一般环境风险
23	深圳资福药业有限公司	王母河	一般环境风险
24	鹏城百合珠宝（深圳）有限公司	鹏城河	一般环境风险
25	深圳华泰兴食品有限公司	王母河	一般环境风险
26	深圳市雄韬锂电有限公司	王母河	一般环境风险
27	深圳市腾原洗涤有限公司	王母河	一般环境风险
28	深圳市大鹏半岛妇幼保健院	鹏城河	一般环境风险
29	中国石化销售有限公司广东深圳大鹏加油站	王母河	一般环境风险
30	深圳市大亚湾核电服务开发有限公司大亚湾加油站	水磨坑河	一般环境风险
31	中国石油化工股份有限公司深圳创富加油加气站	王母河	一般环境风险
32	大鹏水头垃圾填埋场及渗滤液处理站	王母河	一般环境风险
33	深圳市鹏亚食品有限公司	王母河	一般环境风险
34	深圳市康宝化工有限公司	王母河	一般环境风险
35	小宝塑胶（深圳）有限公司	王母河	一般环境风险
36	深圳东亚圣诞饰物有限公司	王母河	一般环境风险
37	振兴光华手袋（深圳）有限公司	王母河	一般环境风险
38	南澳人民医院	南澳河	一般环境风险
39	南澳伯公坳垃圾填埋场	南澳河	一般环境风险
40	中国石化销售有限公司广东深圳南澳加油站	南澳河	一般环境风险
41	深圳市南澳经济发展有限公司龙南加油站	水头沙河	一般环境风险

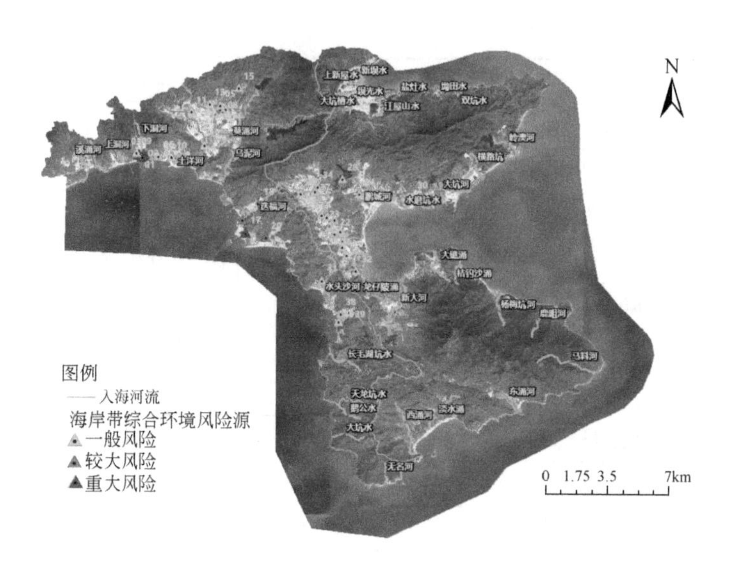

图 10-4 大鹏半岛河流风险源分布情况

10.3 大鹏半岛污染源分析

10.3.1 污染源整体情况

2020 年污染源环保核查评估对象共计 212 家，其中包含重点污染源 77 家、“小废水”企业 18 家、一般污染源 117 家。根据《大鹏半岛污染源核查评估问题汇总清单》显示，核查评估总体结果问题点共计 220 条，其中包含重点污染源 136 条、“小废水”企业 20 条、一般污染源 64 条，各类污染源问题数量占总问题数比例分别为 61.82%、9.09%、29.09%。

从存在问题企业数量来看，存在问题的企业数量共计 90 家，占环保核查评估对象数量的 42.45%。各类污染源存在问题的企业占其核查对象数量的比例分别为 50.65%、44.44%、36.75%。从整改情况来看，截至 2020 年 11 月 30 日，已完成整改 168 条，整改完成率为 76.36%。其中，重点污染源、“小废水”企业、一般污染源整改完成率分别为 80.88%、80.00%、76.36%。

从核查发现的问题点类型来看，企业存在的典型共性问题有环保手续不齐全约占 5%（10 家），“四明三清”环境管理要求落实不到位约占 6%（12 家），废水处理设施运行管理水平较差约占 5%（11 家），“小废水”收集储存设施不规范约占 5%（10 家），废气收集处理不合规、不完善约占 15%（32 家），废气处理设施运行管理及维护水平较差约占 8%（17 家），危险废物管理不规范约占 34%（72 家）。

目前污染源存在的典型问题包括：环保手续不齐全，“四明三清”环境管理要求落实不到位，废水处理设施运行管理水平较差，“小废水”收集储存设施不规范，废气收集处理不合规，废弃处理设施运行管理维护水平差，危险废物管理不规范等①。

10.3.2　面源污染存在问题

2020年面源污染抽查共确定310个抽查对象，包含餐饮经营场所203家、废品回收站30家、垃圾收运设施11家、美容美发场所18家、农贸市场9家、汽修洗车场所37家、施工工地2家。重点检查隔油池和沉淀池等预处理设施建设情况、污水接驳纳管情况及作业污水合规排放情况等。

抽查结果共32家抽查对象存在需整改问题，其中包含餐饮经营场所28家、垃圾收运设施1家、汽修洗车场所3家（图10-5）。主要存在问题为：未建设隔油、沉沙等预处理设施，未建设规范的洗车废水收集系统，未进行雨污分流等。

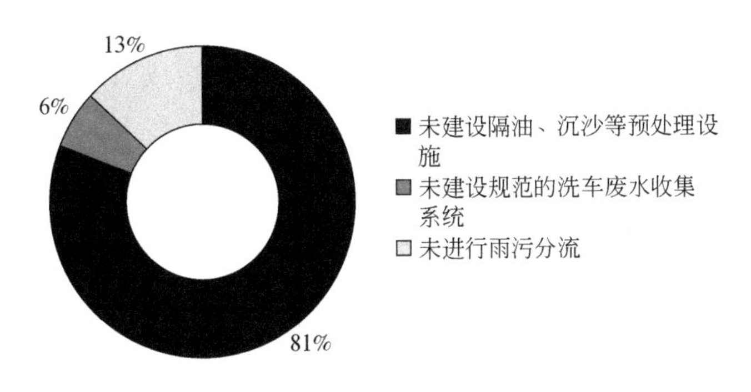

图10-5　面源存在问题类型分布情况

10.4　风险源管控对策

10.4.1　健全部门机构，加强职能管理

大鹏半岛生态环境部门人员较为紧缺，且陆上任务较重，专门针对海洋环境的内设机构近期才成立，存在海洋专职管理人员不足的问题。因此，应明确海洋环境内设结构职能，加强人员引进和团队建设，并开展海上环境评测、审批相关培训，以保障海洋环境管理工作顺利开展。

① 资料来源自《大鹏新区污染源精细化管理项目报告（2020）》。

10.4.2 加强多部门联合执法联动机制，提高环境执法效率

在五部门联合执法基础上，继续加强与水务、税务等部门建立联动机制，实现对用海人员的引导，违反海洋环境保护的相应规定，可能受到来自不限于国土部门、税务部门等多重部门的处罚，从而迫使其考虑违法成本。

提高海洋环境监测设备投入，充分应用自动监控装置、遥感平台等开展实时监控，对海洋环境，特别是重点风险源和污染源如光汇石油、东部电厂、中石化大鹏油库等开展精细化监测管理，从“源头”开始进行风险把控，提高环境执法效率。

10.4.3 加强海洋工程设施的风险预防控制

依法开展海洋工程项目环评和海上排污许可，加强围填海、港口岸线开发等海洋工程建设项目常态化监管。重点加强新大围填海区、坝光生物谷开发建设区等海洋工程建设项目的常态化监管，防止海洋工程在新建、改建和扩建时造成对海岸带的侵蚀、淤积和损害。

10.4.4 加强应急响应和协同处置能力建设

提升海洋环境污染事故应急能力，加强船舶污染应急队伍建设，强化海洋应急人员定期培训，系统提高海洋应急人员专业水平。定期开展应急演练，提升陆海联动的应急处置能力。建设溢油应急设备库及溢油回收船，加强应急能力建设，提高应急回收物陆上接收处置能力。研究设置海上危化品泄漏事故应急处置区域，提高应急回收物陆上接收处置能力。

10.4.5 加强海水热环境风险控制

加强对东部电厂、LNG 接收站、大亚湾核电站出水口的水温监测，规范冷热排水渠管理，开展水温变化对周围海域环境变化的影响，以及对底栖生物、浮游生物、鱼类、珊瑚等水生生物的影响研究。对全球暖化带来的海水温升及电站温排水效应的叠加对生态环境的影响进行深入研究。对核电站本底气温、水文数据进行相关处理，建立气温与海温的相关关系，分析和模拟未来情景。在安全运行的前提下，结合工程造价和工程可实施性，优化取排水方案，制定排水温度范围标准，缩小海水温升和温排水影响范围。

10.4.6 构建海洋综合防灾安全体系

开展赤潮等海洋生态灾害日常监测，加强赤潮预警识别能力建设，将赤潮等海洋生态灾害应急机制纳入海洋灾害应急体系。开展海洋灾害隐患排查、防潮能力评估和风暴潮灾害风险评估与区划，制作大鹏半岛海洋灾害动态风险“一张图”。

应对气候变化带来的海温升高、海平面上升、极端天气等风险，增加观测调查，加强沿海气候灾害风险规划评估，充分考虑利益相关者的风险承受能力和不确定性，加强“海陆统筹”，严控围填海规模、污染物排海和过度捕捞，提高海洋生态系统健康，依据海洋和海岸带气候变化，采取动态保护区和休渔时间。提高海岸工程防护设计标准，加强围填海区护岸、海岸堤坝等工程防护，同时加强地面沉降和堤防设施高程变化监测，控制沿海地区地下水的开采和地面沉降。另外，提高海岸带韧性减灾能力，依照“自然恢复为主，人工干预为辅”的原则，修复受损珊瑚礁和红树林等典型海岸带生态系统，以增强海岸带区域气候变化适应能力。

10.4.7 加强陆源污染防控

10.4.7.1 建立入海排口分类控制度

以现有的入海排口清单为基础，按照工业企业排污口、养殖废水排放口、雨水口开展分类管理，进一步开展入海排口排查溯源，常态更新污染源档案，掌握污染物种类、排污单位、环境达标保障措施等动态信息，确保涉海排口100%纳入日常管理，探索建立健全入海口全口径智能化管理机制。

10.4.7.2 削减入海河流污染，开展重点河流排污口排查及常规监测

强化污水处理，减少入湾河流水污染物含量。改良水头、葵涌、上洞、坝光等水质净化厂工艺，合理增设小型水质净化站，推进人工湿地等尾水深度处理设施建设，尾水达国家地表水环境Ⅳ类标准排放。加快推进海绵城市建设，利用低影响开发设施削减径流形成的面源污染入海。

持续加强入海河流污染点源污染防控，重点加强对风险源和污染源较为集中王母河、葵涌河、下洞河、南澳河等流域的排污口排查及常规监测工作。

10.4.7.3 加强滨海建成区面源污染治理

在大鹏湾官湖、土洋等现有建设强度较大的岸段及金沙、东涌等规划开发建设的岸段

滨海建成区，加快建设雨水花园、透水路面、绿色屋顶、植被草沟、入渗设施、过滤设施和滞留（流）设施等低影响开发设施，协同岸线生态修复、景观提升等工程，建设缓冲带、生态护岸和人工湿地，构筑面源污染入海屏障，削减面源污染。

10.4.8 海源污染控制

10.4.8.1 加强船舶污染防治

建立船舶污染物多部门联合监管机制，落实《防治船舶污染海洋环境管理条例》要求，强化对船舶垃圾、生活污水、含油污水、含有毒有害物质污水、废气等污染物及压载水处理处置的全过程管控。以七星湾码头、东山码头、斜吓码头、南澳码头等为重点，严控船舶污水、垃圾直排入海，提升岸基污染物接收处置能力，推进集中收集处理处置模式。

10.4.8.2 加强近海养殖活动管理

持续开展减船转产、渔排清理整治工作，推广先进水产养殖技术，严格控制养殖饲料和药物使用。优先发展远洋渔业、深海渔业，优化升级渔业用海。严格执行禁止养殖区、限制养殖区和养殖区管控要求。加强养殖投入品管理，加强养殖废弃物治理，整治养殖环境。推进海水养殖产业结构调整，加快推进渔民转产转业，大力推广绿色生态养殖技术，发展节能减排、节地节水、尾水循环利用等环境友好型生态健康养殖模式。

10.4.8.3 开展海漂垃圾定期清理

建立海洋垃圾环卫制度，实现“陆源减排—海岸保洁—海上收集—岸上处置”工作闭环。开展海洋垃圾运动、漂移监测研究，探索研究大亚湾入海垃圾漂移时间、漂移路径、漂移位置、分布区域预测。定期前往赖氏洲等无居民海岛进行垃圾清运工作，减少外来输入海漂垃圾污染。在南澳、东山等渔业从业者较密集海域投放垃圾浮动收集容器，减少渔船渔排生活垃圾随意弃海行为，提高海漂垃圾收运效率。

10.4.9 健全海洋生态环境损害赔偿制度

开展海洋生态损害赔偿制度研究工作，明确海洋生态损害赔偿的索赔主体、赔偿范围、赔偿程序、赔偿标准和形式、赔偿费用的征收和使用管理机制。研究出台大鹏半岛海洋生态补偿政策法规，为海洋生态补偿提供法律制度支撑。探索建立海洋环境生态损害赔偿强制责任保险制度，将沿海高风险企业纳入环境污染强制责任险企业名录，将海洋环境风险因素纳入承保前的环境风险评估。

第11章

海岸带区域保护修复策略

针对大鹏半岛海岸带区域发展现状、生态环境调查结论及相关问题，需要从不同互动关系视角进行综合处理，处理好以下关系。

11.1 多元关系协同

（1）规划和落实的关系

海岸带规划是建立海岸带综合管理制度的关键抓手。在深圳市“三线一旦”、空间规划基础上，实施海岸带开发与保护和可持续发展的功能区划和规划。

通过实施资源开发与利用的许可制度、有偿使用制度、区域海渔业管理，以管理制度、多部门协调制度等保障，保证管理制度的有效实施，在管理方式上法律手段、行政手段和经济手段并用。

（2）专项和统筹的关系

统筹是实现海岸带综合管理的必然选择，包括海陆统筹、区域统筹、部门统筹，建立海岸带综合管理和协调监督的组织体制，贯彻海岸带统一管理和分部门分级管理相结合的体制。海岸带是陆地和海洋相互联系的重要载体，通过统一评价和规划，将陆地和海洋融合为有机整体，科学配置资源，以海岸带为重点，建立陆地与海洋互为条件和优势互补的复合发展体系，实现系统性和协同性发展合理有序地开发利用海洋资源。

大鹏半岛陆海统筹发展，需要坚持重点区域与一般区域相结合。不同部门之间的垂直整合和水平整合，使上下级管理互不矛盾、协调一致，共同优化，充分发挥旅游、渔业、规划等部门的管理职能，加强合作与协调，实现经济、社会、生态三者效益的最优化和“多规合一”的综合管理。

（3）修复和发展的关系

海岸带生态修复是促进海洋可持续发展的重要手段，是推动海洋生态文明建设的重要措施，是坚持陆海统筹的重要抓手。生态修复旨在保护生态环境和生态系统，难免与经济发展产生矛盾，亟须促进生态修复与经济发展同步进行，避免“积重难返”。

大鹏半岛需要率先一步深化落实“绿水青山就是金山银山”理念，推动人与自然和谐共生，推动集约节约用海，以最少的海洋资源消耗，满足海岸带经济发展的需求。与此同时，生态修复可为经济发展提供重要的资源、依托和“后劲”，通过生态修复发展滨海旅游、循环经济和海洋新能源，以创新驱动发展，在大量节约资源和减少废弃物的同时降低成本，实现生态、经济和社会的共赢。

（4）科研与管理的关系

长期以来，海岸带自然科学研究与海洋行政管理一直处于相互分离的状态。纯自然科学研究的着眼点主要局限于各自的学科和专业，以研究海岸带各种自然要素的特征规律为目的，这种研究很少能够继续延伸到社会科学领域，尤其是行政管理领域。

海岸带综合管理涉及多学科多行业，海岸带综合管理又是在海洋调查和科学研究的基础上发展衍生的。因此，海岸带综合管理与科学研究的关系是非常紧密的，是相互依赖的。实施海岸带综合管理就需要全面掌握区域内海洋、海岸的环境与资源现状、特点和发展趋势，摸清其自然发展规律，建立完整的海洋、海岸带环境和资源的资料库。科学研究是海岸带综合管理必需的基础性工作，科学研究和调查越全面越充分，海岸带综合管理就越有效，就更能切合实际，更能符合自然规律，更能适应经济社会发展的需要。通过制定功能区划、开发规划和一系列的评价标准（海水水质标准、环境影响评价标准等）；运用卫星遥感和地理信息系统技术跟踪、监视海岸带开发活动，预测其发展趋势；建立海洋环境监测网络，开展环境监测，并评价海岸带环境和管理成效，这些构成了海岸带综合管理的技术支撑体系。从管理方案的提出到管理决策，都离不开自然科学和技术科学，科学的管理可以使海岸带资源和空间的开发利用和治理保护获得最佳的效益，可使开发的副作用降到最低。

加强海岸带生态系统监测与研究，形成系统整体的理论体系，为海岸带的综合管理提供理论依据。目前技术方法还不成熟，学科交叉研究尚需加强。需要以生态系统为基础，通过方法体系和管理模式的研究，提出适应性的管理对策和管理机制，并结合现代通信技术、计算机技术、多媒体及虚拟仿真技术和3S技术，将多技术交叉和集成应用于海岸带动态监控、资源开发、工程建设、生态环境保护等方面。

（5）政府与民众的关系

在海岸带管理中发挥政府主导作用和统筹治理优势，积极开展政策的制定和监督工作。同时，需要广泛的公众参与，推进海岸海洋管理的进程。公众参与是环境法律规范中不可或缺的一个重要组成部分，通过教育和引导公众参与强化海洋意识，参与环境保护的监督工作，聚焦聚力，共建共治共享。公众参与有效保证了海岸带管理规划制定的正确性，保证了海岸带开发活动的可持续利用性。

11.2 综合开展保护修复

结合《深圳经济特区生态环境保护条例》等法律法规，在大鹏半岛率先全面开展具有鲜明全生命周期特色的生态系统保护和修复。

（1）限源头

1）禁止不符合生态保护红线空间管控要求的开发活动，不得减少生态保护红线面积，这对于大鹏半岛充分发挥已划定的生态保护红线作用、保障城市基础生态功能至关重要。

2）编制、修订国土空间规划时坚持生态优先、定性和定量相结合，在市级层面实施生态环境分区管控，对大鹏半岛推动绿色低碳的产业布局、土地利用和开发建设提出刚性要求，规避传统规划长期存在的区域发展与生态冲突而监管滞后这一短板。

3）法律法规许可条件下，鼓励企业和社会团体制定和实施严于国家标准或者地方标准的相关企业、团体标准。在大鹏半岛生态环境质量长期在国内处于较高水平，而相对于国际一流湾区仍存在一定差距的大背景下，采用更严格标准，强有力地支撑大鹏半岛继续推动生态向好，增强区域发展和产品竞争力，为国内城市生态保护和修复提供标准和路径示范。

（2）强过程

1）对建设陆海统筹的生态监测网络做出具体行动部署，为大鹏半岛进一步常态化、精细化明确生态底数、动态变化提供基础和条件，为海岸带区域分级分类的生态状况调查评估提供依据。

2）以应用为导向，进一步完善生态系统生产总值核算体系，作为生态文明建设目标考核和生态补偿依据，进而为多层次量化不同生态系统功能实现、夯实各部门主体责任、提高全社会生态服务认识提供测量标尺。

3）创新环境影响评价制度，实施区域空间一体化评价，在现代生态治理体系构建中有效落实“放管服”要求。创新建设项目环境效益评价，作为绿色产业认定、绿色投资、政府补贴的重要依据，提高市场主体的主观能动性，提升“政府搭台、企业唱戏”的生态保护良性互动水平。

4）探索率先建立健全海洋生态灾害监测预警与应急处置体系，改变长期存在的生态保护修复“重陆域、轻海域”问题。对海洋风险有清醒预判，将生态保护修复领域的“陆海统筹、以海定陆”理念落到实处，这对于全国滨海城市实现全面协调可持续发展具有重要示范效应。

（3）治末端

1）以自然恢复为主、人工修复为辅的方式提高生态系统质量与稳定性，修复大鹏半岛生态功能退化或丧失的河流水系、红树林湿地和岸线等区域，明确对破坏性的工程措施说“不”，为引入生态友好修复方案提供机制和考核保障。

2）率先实施城市开发建设单位在工程实施中同步开展保护和修复，对不符合生态环境保护要求的已建项目，分类、分期组织实施整改，对城市建设中的不作为、慢作为及伪生态等问题按下“停止键”。

3）率先对实施生态修复的重点区域、流域、海域开展生态修复成效评估，保证深圳市生态修复项目达标准、见成效。

4）率先编制生物多样性保护专项行动计划，确定生物多样性保护总体目标、战略任务和优先行动。根据需要制定大鹏半岛重点保护物种补充名录与重要自然栖息地保护补充清单，对特定物种实施重点保护和抢救性保护。加强对外来入侵物种的防范和应对。

11.3　陆海统筹发展

（1）三位一体，整体管控

在对各类生态环境要素评估的基础上，借鉴国际海岸带建设经验和成熟理念，构建大鹏半岛海岸带地区的保护、利用与特色“三位一体”，建设一个更加绿色、宜居、开放、高端的城市滨海地区。保护，体现的是“共生与永续”，核心是对海岸带资源进行整体的保护；利用，体现的是“效益与和谐”，核心是对海岸带各类资源有序、高效、合理开发；特色，体现的是“特色与文化”，核心是塑造大鹏半岛特色文旅海岸带。

（2）陆岛联动，统筹山海

依托大鹏半岛海岸带地区山、海、岛一体的生态基底，激活通山达海的生态网络格局，突出陆岛联动、统筹山海，落实深圳市推动的“山海连城”计划，塑造大鹏半岛特色山海连城示范样板，从环境监测、生态保育、有序利用、建设示范等各个方面，真正实现陆海统筹、山海统筹、城海统筹。

（3）机制保障，管理示范

探索构建海岸带管理机构，统筹大鹏半岛海岸带地区的规划建设、海洋渔业、环境保护等相关职能工作。近期内可先设置协调机构，在条件成熟的情况下，逐步转变为单独的大鹏海岸带保护委员会，并陆续制定更为详细的区域性海岸带综合管理细则。

（4）深港合作，共同保护

在生态环境监测等方面，逐步与香港特区的各类标准接轨、统一，如监测指标、指标评价水平等。依托珊瑚、红树林、海龟等的共同保护，构建区域海洋生态环境保护战略合作机制，如联动应急、救护绿色通道等；探索深圳—香港共建环大鹏湾海洋自然保护地（国家公园），包括大鹏半岛自然保护区和香港新界东北地区（包括沙头角、地质公园和印洲塘海岸公园）。

11.4　展　　望

海岸带区域生态环境评估与管理，需要更加注重系统性、持续性。

1）大鹏半岛可率先旗帜鲜明地树立“城市生命综合体”理念，积极打造海湾特色的生态文明思想践行区，彻底改变生态保护与城市发展相冲突的错误认识，为生态保护、生态修复打下思想基础，助力大鹏半岛走向生态美好。

2）进一步打造滨海生态友好建筑群，形成人与自然和谐的大鹏滨海天际线，保障鸟类等生物多样性为主体的城市生态安全，引领都市特色高品质生态建设。

3）从陆海统筹“细胞化”控制出发，推动大鹏半岛生态保护修复向精细化、系统性治理转变，以“针灸”方式解决近岸污染、生态服务不足、生物多样性待提升等深层次生态问题。

4）在新型冠状肺炎病毒疫情背景下，重视微生物安全问题。微生物多样性是生物多样性不可或缺的组成部分，在不同生态系统如河流水系、湿地、沙滩、海岛、港口码头中，存在微生物底数不清、环境影响不明、生态安全面临威胁不确定等问题，需要尽快开展调查评估。大鹏半岛有必要在该领域继续破题探路，发挥示范引领作用。

5）根据碳达峰、碳中和要求，提前布局大鹏半岛生物多样性保护和生态资源开发，探索扩大不同层次和领域的生态资本市场化工作方案，增强企业参与能力，提高海洋生物资源等的市场化开发能力和金融支持水平，将生态保护修复由财政投入向市场投入演替，为大鹏特色市场化体制注入生态“底色”。

参考文献

曹言，柴素盈，王杰，等．2018. 昆明市主城区土地利用变化对地表径流的影响［J］. 水电能源科学，36（08）：22-25，38.

陈传明，林忠．2009. 红树林湿地自然保护区的生态评价［J］. 林业建设，（1）：41-43.

陈桂珠，王勇军，黄乔兰．1997. 深圳福田红树林鸟类自然保护区生物多样性及其保护研究［J］. 生物多样性，（2）：25-32.

陈红玲，张兴桃，王晴，等．2020. 宏基因组方法分析医药化工废水厂中抗生素耐药菌及耐性基因［J］. 环境科学，41（1）：313-320.

陈树培，梁志贤，邓义．1988. 中国南海海岸的红树林［J］. 广西植物，（3）：215-224.

陈铁晗．2001. 福建漳江口红树林湿地自然保护区生态系统现状与评价［J］. 福建林业科技，（4）：25-26.

陈小刚．2019. 海岸带典型红树林、盐沼、沙质海滩和岩溶生态系统海底地下水排放［D］. 上海：华东师范大学博士学位论文．

陈晓霞，李瑜，茹正忠，等．2015. 深圳坝光银叶树群落结构与多样性［J］. 生态学杂志，34（6）：1487-1498.

陈雪清．2001. 对红树林的生态功能和生物多样性的全面认识及维护［J］. 林业资源管理，（6）：65-69.

陈妍，梅林．2018. 东北地区资源型城市人口分布与影响因素的定量分析［J］. 地理科学，38（3）：402-409.

陈映霞．1995. 红树林的环境生态效应［J］. 海洋环境科学，（4）：51-56.

董南，杨小唤，蔡红艳．2016. 人口数据空间化研究进展［J］. 地球信息科学学报，18（10）：1295-1304.

段舜山，徐景亮．2004. 红树林湿地在海岸生态系统维护中的功能［J］. 生态科学，（4）：351-355.

高峰．2019. 基于游客感知视角的海滩质量评价——以北海银滩为例［J］. 无锡商业职业技术学院学报，19（3）：38-45.

高秋霞，李田．2003. 国外城市非点源径流水质模型简介［J］. 安全与环境工程，（4）：9-12.

高岩，邢汉发，张焕雪．2022. 夜光遥感与POI数据耦合关系中的城市空间结构分析——以深圳市为例［J］. 桂林理工大学学报，（1）：122-130.

宫宁，牛振国，齐伟，等．2016. 中国湿地变化的驱动力分析［J］. 遥感学报，20（2）：172-183.

郭菊兰，朱耀军，武高洁，等．2015. 海南省清澜港红树林湿地健康评价［J］. 林业科学．51（10）：17-25.

何斌源，范航清，王瑁，等．2007. 中国红树林湿地物种多样性及其形成［J］. 生态学报，（11）：4859-4870.

胡镜荣，鲁智礼，石凤英．2000. 海岛旅游海滩资源的开发利用初探［J］. 地域研究与开发，19（1）：76-77.

胡云锋，赵冠华，张千力．2018. 基于夜间灯光与LUC数据的川渝地区人口空间化研究［J］. 地球信息科学学报，20（1）：68-78.

纪灵，王荣纯，刘昌文 . 2001. 海岸带综合管理中的海洋污染监测及其在决策中的应用［J］. 海洋通报，20（5）：54-59.
黎植权，林中大，薛春泉 . 2002. 广东省红树林植物群落分布与演替分析［J］. 广东林业科技，(2)：52-55.
李亨健，李广雪，丁咚，等 . 2016. 山东半岛重要旅游滨海沙滩的质量评估［J］. 旅游纵览，(1)：177-180，184.
李可，李学云，丘汾，等 . 2019. 深圳主要水体中 20 种抗生素药物分布特征［J］. 环境卫生学杂志，9（5）：455-461.
李明峰 . 2014. 游憩活动对沙滩潮间带大型底栖动物的影响研究［D］. 长沙：中南林业科技大学博士学位论文 .
李淑娟，马晴，张志卫，等 . 2017. 基于使用者感知视角的海滩质量评价——以广东省汕头市青澳湾为例［J］. 海洋环境科学，36（6）：832-837.
李占海，柯贤坤，周旅复，等 . 2000. 海滩旅游资源质量评比体系［J］. 自然资源学报，(3)：229-235.
梁士楚 . 1993. 广西的红树林资源及其开发利用［J］. 植物资源与环境，(4)：44-47.
梁士楚 . 1999. 广西的红树林资源及其可持续利用［J］. 海洋通报，(6)：77-83.
林鹏，陈贞奋，刘维刚 . 1997. 福建红树林区大型藻类的生态学研究［J］. Acta Botanica Sinica，(2)：176-180.
林鹏 . 2001. 中国红树林湿地生物资源和研究进展［C］. 长春：中国科协 2001 年学术年会会议论文 .
林鹏 . 2003. 中国红树林湿地与生态工程的几个问题［J］. 中国工程科学，(6)：33-38.
刘升发，石学法，刘焱光，等 . 2010. 东海内陆架泥质区表层沉积物常量元素地球化学及其地质意义［J］. 海洋科学进展，28（1）：80-86.
刘文红 . 2018. 新疆人口空间分布的影响因素研究［J］. 农村经济与科技，29（12）：17-18.
刘修锦，邱若峰，邢容容，等 . 2016. 唐山市海岛岸滩旅游环境质量评价［J］. 海洋开发与管理，33（2）：31-35.
罗静海，郭梦媞，李浩，等 . 2011. 基于水质分析的海滨休闲行为对生态环境影响研究［J］. 生态经济（学术版），(1)：214-218.
莫珍妮，曹庆先，陈圆，等 . 2018. 广西沿海典型海滩海洋垃圾调查研究初探［J］. 化学工程与装备 .（7）：299-301.
区庄蔡，郑全胜，黄俊泽，等 . 2003. 珠海淇澳岛湿地红树林自然保护区现状评价［J］. 广东林勘设计，(4)：1-4.
彭涛，陈晓宏，王高旭，等 . 2014. 基于集对分析与三角模糊数的滨海湿地生态系统健康评价［J］. 生态环境学报，23（6）：917-922.
邵超峰，关杨，刘灿 . 2015. 基于 DPSIR 模型的天津海岸带生态环境安全变化趋势分析［J］. 中国科技论文在线精品论文，(8)：2550-2560.
史戈，曾辉，常文静 . 2019. 我国海岸带污染生态环境效应研究现状［J］. 生态学杂志，38（2）：576-585.
孙静，王永红 . 2012. 国内外海滩质量评价体系研究［J］. 海洋地质与第四纪地质，32（2）：153-159.

孙伟，李焕军，徐艳东，等.2020. 2009—2017年山东省海滩垃圾时空分布特征与来源分析研究［J］. 海洋环境科学.39（1）：133-137.

陶思明.1999. 中国自然保护区发展与湿地保护［J］. 世界环境，（4）：44-46.

田韫钰，周伟奇，钱雨果，等. 2020. 台风“山竹”对深圳城市绿地及生物量的影响［J］. 生态学报，40（8）：2589-2598.

王伯荪，余世孝，胡玉佳.1986. 深圳宝安盐灶的银叶树林［J］. 生态科学，（2）：89-91.

王鹏，齐述华，陈波.2015. 赣江流域土地利用方式对河流水质的影响［J］. 生态学报，35（13）：4326-4337.

王倩，向静雅，陈钦冬，等.2020. 深圳市全海岸线垃圾成分及其特性研究［J］. 环境卫生工程.28（2）：30-36.

王文卿，林鹏.1999. 红树林生态系统重金属污染的研究［J］. 海洋科学，（3）：45-48.

王永红，孙静，褚智慧.2017. 海滩质量评价体系建立和应用——以山东半岛南部海滩为例［J］. 海洋通报，36（3）：260-267.

王玉图，王友绍，李楠，等.2010. 基于PSR模型的红树林生态系统健康评价体系——以广东省为例［J］. 生态科学.29（3）：234-241.

吴侃侃.2012. 海岸带区域战略决策的环境风险评价研究［D］. 厦门：厦门大学博士学位论文.

徐志伟，魏云林，季秀玲.2020. 病毒宏基因组学研究进展［J］. 微生物学通报，47：2560-2570.

许林之.2008. 我国海洋垃圾监测与评价［J］. 环境保护，（19）：67-68.

于帆，蔡锋，李文君，等.2011. 建立我国海滩质量标准分级体系的探讨［J］. 自然资源学报，26（4）：541-551.

于松延，徐宗学，武玮，等.2014. 北洛河流域水质空间异质性及其对土地利用结构的响应［J］. 环境科学学报，34（05）：1309-1315.

曾祥云.2015. 海南东寨港红树林湿地水生生态系统健康评价研究［D］. 广州：华南理工大学博士学位论文.

张乔民，张叶春.1997. 华南红树林海岸生物地貌过程研究［J］. 第四纪研究.（4）：344-353.

张忠华，胡刚，梁士楚.2007. 广西红树林资源与保护［J］. 海洋环境科学，（3）：275-279.

赵玉杰，焦桂英.2011. 山东省海滩休闲旅游可持续发展对策研究［J］. 海洋开发与管理，28（3）：95-98.

周晨昊，毛覃愉，徐晓，等.2016. 中国海岸带蓝碳生态系统碳汇潜力的初步分析［J］. 中国科学：生命科学，46（4）：475-486.

朱伟华，谢良生.2001. 台风灾害对深圳城市园林树木的影响和对策——以9910号台风为例［J］. 广东园林，（1）：25-28.

Agardy M T. 1993. Accommodating ecotourism in multiple use planning of coastal and marine protected areas［J］. Ocean & Coastal Management，20（3）：219-239.

Alam O，Billah M，Ding Y J. 2018. Characteristics of plastic bags and their potential environmental hazards［J］. Resources，Conservation and Recycling，132：121-129.

Bouillon S，Borges A V，Moya E C，et al. 2008. Mangrove production and carbon sinks：A revision of global budget estimates [J]. Global Biogeochemical Cycles, 22 (2): 1-12.

Cagilaba V, Rennie H G. 2005. Literature review of beach awards and rating systems [J/OL]. https://docs.niwa.co.nz/library/public/EWTR2005_24.pdf [2020-05-20].

Camacho L D, Gevaña D T, Garandang A P, et al. 2011. Tree biomass and carbon stock of a community-managed mangrove forest in Bohol, Philippines [J] . Forest Science and Technology, 7 (4): 161-167.

Chen L, Zan Q, Li M, et al. 2009. Litter dynamics and forest structure of the introduced Sonneratia caseolaris mangrove forest in Shenzhen, China [J]. Estuarine, Coastal and Shelf Science, 85 (2): 241-246.

Coe J M , Rogers D B. 1997. Marine Debris: Sources, Impacts and Solutions [M] . NewYork: Springer.

Comeaux R S , Allison M A , Bianchi T S. 2012. Mangrove expansion in the Gulf of Mexico with climate change: Implications for wetland health and resistance to rising sea levels [J] . Estuarine Coastal & Shelf Science, 96: 81-95.

Costanza R, D'Arge R, de Groot R, et al. 1997. The value of the world's ecosystem services and natural capital [J]. Nature: International Weekly Journal of Science, 387: 253-260.

Deboudt P, Dauvin J C, Lozachmeur O. 2008. Recent developments in coastal zone management in France: The transition towards integrated coastal zone management (1973-2007) [J]. Ocean & Coastal Management, 51 (3): 212-228.

Donato D C, Kauffman J B, Mackenzie K A, et al. 2012. Whole-island carbon stocks in the tropical Pacific: Implications for mangrove conservation and upland restoration [J] . Journal of Environmental Management, 97 (1): 89-96.

Galgani F, Clara F, Depledge M, et al. 2014. Monitoring the impact of litter in large vertebrates in the Mediterranean Sea within the European Marine Strategy Framework Directive (MSFD): Constraints, specificities and recommendations [J]. Marine Environmental Research, 100: 3-9.

Hanne S, Lars K P, Dale R, et al. 2008. Discursive biases of the environmental research framework DPSIR [J]. Land Use Policy, (25): 116-125.

Jambeck J R, Geyer R, Wilcox C, et al. 2015. Marine pollution. Plastic waste inputs from land into the ocean [J]. Science, 347 (6223): 768-771.

Kauffman J B, Heider C, Cole T G, et al. 2011. Ecosystem carbon stocks of Micronesian mangrove forests [J]. Wetlands, 31 (2): 343-352.

Kim M, Oh H S, Park S C, et al. 2014. Towards a taxonomic coherence between average nucleotide identity and 16S rRNA gene sequence similarity for species demarcation of prokaryotes [J]. International Journal of Systematic and Evolutionary Microbiology, 64 (2): 346-351.

Kovacs J M , Vandenberg C V , Flores-Verdugo W F . 2008. The Use of Multipolarized Spaceborne SAR Backscatter for Monitoring the Health of a Degraded Mangrove Forest [J] . Journal of Coastal Research, 24 (1): 248-254.

Lebreton L, Joost V, Damsteeg J W, et al. 2017. River plastic emissions to the world's oceans [J]. Nature Communications, 8: 15611.

Lefkowitz E J, Dempsey D M, Hendrickson R C, et al. 2018. Virus taxonomy: The database of the International

Committee on Taxonomy of Viruses (ICTV) [J]. Nucleic Acids Research, 46 (D1): D708-D717.

Leivuori M, Niemistö L. 1995. Sedimentation of trace metals in the Gulf of Bothnia [J]. Chemosphere, 31 (8): 3839-3856.

Li W C, Tse H F, Fok L. 2016. Plastic waste in the marine environment: A review of sources, occurrence and effects [J]. Science of the Total Environment, 566-567: 333-349.

Lithner D, Larsson A, Dave G. 2011. Environmental and health hazard ranking and assessment of plastic polymers based on chemical composition [J]. Science of the Total Environment, 409 (18): 3309-3324.

Liu Q, Sutton P C, Elvidge C D. 2011. Relationships between Nighttime Imagery and Population Density for Hong Kong [J]. Proceedings of the Asia-Pacific Advanced Network, 31: 79.

Liu Z, He C, Zhang Q, et al. 2012. Extracting the dynamics of urban expansion in China using DMSPOLS nighttime light data from 1992 to 2008 [J]. Landscape & Urban Planning, 106 (1): 62-72.

Mcleod E, Chmura G L, Bouillon S, et al. 2011. A blueprint for blue carbon: Toward an improved understanding of the role of vegetated coastal habitats in sequestering CO_2 [J]. Frontiers in Ecology and the Environment, 9 (10): 552-560.

Micallef A, Williams A T. 2004. Application of a novel approach to beach classification in the Maltese Islands [J]. Ocean & Coastal Management, 47 (5): 225-242.

Micallef A. 2003. Designing a bathing area management plan-a template for Ramla Bay, Gozo [J/OL]. https://citeseerx. ist. psu. edu. viewdoc? doi=10. 1. 1. 607. 9778&rep=rep=pdf[2020-11-20].

Mir-Gual M, Pons G X, Martin J A, et al. 2015. A critical view of the Blue Flag beaches in Spain using environmental variables [J]. Ocean & Coastal Management, 105: 106-115.

Morgan R. 1999. A novel, user-based rating system for tourist beaches [J]. Tourism Management, 20 (4): 393-410.

Nelson C, Morgan R, Williams A T, et al. 2000. Beach awards and management [J]. Ocean & Coastal Management, 43 (1): 87-98.

Rochman C M, Browne M A, Halpern B S, et al. 2013. Policy: Classify plastic waste as hazardous [J]. Nature, 494 (7436): 169-171.

Sarkar S K, Cabral H, Chatterjee M, et al. 2008. Biomonitoring of Heavy Metals Using the Bivalve Molluscs in Sunderban Mangrove Wetland, Northeast Coast of Bay of Bengal (India): Possible Risks to Human Health [J]. CLEAN-Soil Air Water, 36: 187-194.

Shi K, Yu B, Hu Y, et al. 2015. Modeling and mapping total freight traffic in China using NPP-VIIRS nighttime light composite data [J]. Mapping Sciences & Remote Sensing, 52 (3): 274-289.

Single M. 2010. Global change and integrated coastal management: The Asia-Pacific region [J]. New Zealand Geographer, 64 (2): 171-172.

Sippo J Z, Maher D T, Tait D R, et al. 2017. Mangrove outwelling is a significant source of oceanic exchangeable organic carbon [J]. Limnology and Oceanography Letters, 2 (1): 1-8.

Snelgrove P V R. 1997. The importance of marine sediment biodiversity in ecosystem precesses [J]. Ambio, 26 (8): 578-583.

Turner A. 2016. Heavy metals, metalloids and other hazardous elements in marine plastic litter [J]. Marine Pollution Bulletin, 111 (1/2): 136-142.

Victoria R. 2002. Feasibility of Identifying Family Friendly Beaches along Victoria's Coastline [J/OL]. https://webarchive. nla. gov. au/awa/20031230195319/http://www. general. monash. edu. au/muarc/rptsum/beach. pdf [2021-11-20].

Wang F , Sanders C J , Santos I , et al. 2020. Global blue carbon accumulation in tidal wetlands increases with climate change [J] . National Science Review, (9) : 140-150.

Williams A T, Randerson P, Giacomo C D, et al. 2016. Distribution of beach litter along the coastline of Cádiz, Spain [J]. Marine Pollution Bulletin, 107 (1): 77-87.

Xin Z, Pan W, Peng Z, et al. 2016. Spatial correlation analysis of GDP at township scale of Fujian based on nighttime light data [C]. Guangzhou, China: 2016 4th International Workshop on Earth Observation and Remote Sensing Applications (EORSA).

Zhao M, Weiming C, Chenghu Z, et al. 2017. GDP Spatialization and Economic Differences in South China Based on NPP-VIIRS Nighttime Light Imagery [J]. Remote Sensing, 9 (7): 673.

Zhou L, Dickinson R E, Tian Y, et al. 2004. Evidence for a significant urbanization effect on climate in China [J]. Proceedings of the National Academy of Sciences of the United States of America, 101 (26): 9540-9544.